化学工业出版社"十四五"普通高等教育规划教材

环境工程微生物学

李玉瑛 主编　杨　涛　汪　涛　副主编

化学工业出版社

·北京·

内 容 简 介

《环境工程微生物学》将微生物学的理论知识和技术方法融合于生态环境保护、污染物的处理应用中，共 10 章。主要内容如下：微生物学基础知识包括原核微生物、真核微生物、病毒、微生物的营养与代谢、微生物的生长繁殖与生存因子、微生物的遗传和变异；微生物在生态环境保护中的应用包括微生物的生态、污染物的微生物处理、微生物学技术在环境工程中的应用；环境工程微生物实验包括基础性微生物实验和综合性实验。

本教材可作为环境工程、环境科学、市政工程、环境监测、环境科学与工程等专业的本科教学用书，也可为从事环保行业的科技人员提供参考。

图书在版编目（CIP）数据

环境工程微生物学/李玉瑛主编；杨涛，汪涛副主编 . —北京：化学工业出版社，2023.9
化学工业出版社"十四五"普通高等教育规划教材
ISBN 978-7-122-43907-9

Ⅰ.①环… Ⅱ.①李…②杨…③汪… Ⅲ.①环境微生物学-高等学校-教材 Ⅳ.①X172

中国国家版本馆 CIP 数据核字（2023）第 137523 号

责任编辑：刘丽菲 李建丽　　　　　　文字编辑：刘洋洋
责任校对：宋　玮　　　　　　　　　　装帧设计：张　辉

出版发行：化学工业出版社（北京市东城区青年湖南街 13 号　邮政编码 100011）
印　　装：大厂聚鑫印刷有限责任公司
787mm×1092mm　1/16　印张 12½　字数 307 千字　　2024 年 4 月北京第 1 版第 1 次印刷

购书咨询：010-64518888　　　　　　售后服务：010-64518899
网　　址：http://www.cip.com.cn
凡购买本书，如有缺损质量问题，本社销售中心负责调换。

定　　价：45.00 元　　　　　　　　　　　　　　　　版权所有　违者必究

本书编写人员

主　　编：李玉瑛

副主编：杨　涛　汪　涛

参　　编：（按姓名拼音排序）

白卯娟　李　冰　李玲玲

李青松　李　武　刘长宇

王　翠　吴俊文

前言

　　《环境工程微生物学》是环境类专业必修的一门专业基础课，主要讲述微生物学基础知识、各类微生物在生态环境保护中的应用。本教材内容分为三部分。第一～六章为微生物学基础知识，包括原核微生物、真核微生物、病毒、微生物的营养与代谢、微生物的生长繁殖与生存因子、微生物的遗传和变异；第七～九章为微生物在生态环境保护中的应用，包括微生物的生态、污染物的微生物处理、微生物学技术在环境工程中的应用；第十章为环境工程微生物实验，包括环境微生物的培养和分离技术、环境微生物的观察和计数、环境微生物生理生化实验、微生物在环境工程中的应用实验。

　　本教材紧扣国家关于生态文明建设的理念，以微生物对人类环境可持续发展的影响为主线，系统介绍环境工程微生物学的基本理论知识、微生物在生态环境保护中的应用和基本实验操作，使读者认识到微生物在生态文明建设、环境工程中的作用和地位，学会利用微生物净化环境、保护生态、促进可持续发展。本教材可为环境监测、水污染控制工程、大气污染控制工程、固体废物处理与处置等课程提供微生物基本理论和实验技能相关知识，并为污染物的生物处理提供思路和方法。

　　本教材力求内容简明，突出基本概念、基本原理及其应用，兼顾理论知识的系统性和微生物在生态环境保护中的实践应用性，注重新理论和新技术、实践技能和应用能力的培养，有利于提高学生解决复杂问题的综合能力。

　　本教材可作为环境工程、环境科学、市政工程、环境监测、环境科学与工程等专业的本科教学用书，也可为从事环保行业的科技人员提供参考。

　　由于作者水平有限，教材中不免有疏漏和不足之处，敬请广大读者批评指正。

编者
2023 年 12 月

目录

绪 论

第一节 微生物概述

微生物并非分类学上的概念，通常指不借助显微镜就看不见或看不清的微小生物类群的总称。但也有例外，例如许多真菌的子实体、有些藻类等肉眼可见。

一、微生物的特点

微生物种类很多，各类微生物在形态、结构、生理等方面有很多不同的地方，但与动植物相比微生物有许多共同特点。微生物与人类生活有着密切的关系。利用微生物可以兴利除弊、趋利避害地为人类服务。

1. 个体微小

大多数微生物的个体十分微小，其大小一般以微米或纳米为单位，要借助显微镜才能看到。个体微小这一特点是微生物具有其他特点的基础。

2. 分布广、种类多

微生物在自然界的分布极其广泛，这是由于微生物个体微小而且很轻，可随着尘土随风飞扬，漂洋过海，可栖息于世界各处。上至几万米的高空和下至数千米的深海，温度高达90℃的温泉和低至−80℃的南极等地都有微生物存在。土壤是微生物的"大本营"，一克肥沃土壤含有的微生物数量可达数十亿个。微生物在不同地方的分布密度差异性很大，环境条件适宜、有机物丰富的地方，微生物的种类和数量就多；而条件恶劣、营养缺乏的地方，微生物的种类和数量就大大减少。

微生物种类繁多，随着人类对其认识和研究工作的不断深入，越来越多的微生物被发现。微生物的营养类型和代谢途径呈现多样性，能充分利用各种自然资源。其呼吸类型也呈现多样性，在有氧环境、缺氧环境、无氧环境中都有某些种类微生物能生存。环境的多样性也造就了微生物种类和数量的庞大。

3. 代谢能力强

微生物具有很高的代谢能力。这是由于微生物体积小、比表面积大，能快速和周围环境进行物质交换，有利于吸收营养物质进行新陈代谢。

微生物这一特性使其可以在短时间内迅速利用环境中的营养物质，环境生物治理就是利用微生物这一特性来快速分解污染物质的。

4. 繁殖快

在适宜条件下，微生物可以快速繁殖。例如，大肠杆菌在合适的条件下，十几分钟至二十分钟左右便可繁殖一代。微生物的这一特性在发酵工业中具有重要意义，发酵周期短、生产效率高。但对于病原微生物来说，这一特性会给人类、动植物带来极大的危害。

5. 易变异

微生物具有繁殖快、个体小、比表面积大、与外界环境直接接触等特点，这些特点使它们容易发生变异。变异是多方向的，或变异为优良菌种，或变异后菌种退化。在生产实践中，常利用这个特点来进行诱变育种。例如，利用理化因素、营养水平对微生物进行诱变，从中筛选高产量、简化工艺需要的菌株。在环境工程领域，可以通过一定的驯化措施，在污水生物处理工艺中培养大量可分解有些污染物的微生物菌种，以达到有效的污水生物处理效果。

二、微生物的分类和命名

1. 微生物的分类

微生物种类繁多，为了更好地识别和研究微生物，并为微生物资源的开发、利用、控制提供理论依据，将各种微生物按其生物属性和亲缘关系分门别类地排成一个系统，从大到小按界、门、纲、目、科、属、种进行分类。种是最小的分类单位。为了区分种内微生物之间的微小差别，可用株表示，但株不是分类单位。在微生物的系统分类单元中，把性质相近或相似的低级分类单元归纳成更高一级的分类单元。如将相似的种归纳为属，又将相似的属归纳为科，以此类推，形成含有不同等级的分类系统。

人类对自然界生物的认识过程是逐步完善的，对其分类越来越全面。1866 年，生物学家海克尔（E. N. Haeckel）提出生物的三界系统：原生生物界、动物界、植物界。1938 年，科帕兰（H. F. Copeland）提出四界分类系统：原核生物界、原始有核界、后生动物界和后生植物界。1969 年魏泰克（R. H. Whittaker）提出把真菌单独列为一界，将生物分为五界：原核生物界、原生生物界、真菌界、动物界和植物界。目前，普遍接受的是我国王大耜、陈世骧等于 1977 年提出的六界分类系统：病毒界、原核生物界、原生生物界、真菌界、动物界和植物界。病毒为一类没有细胞结构的特殊微生物，单独列为一界；而其他所有生物都具有细胞结构，这些具有细胞结构的生物可分为三域：古菌域、细菌域和真核生物域。

2. 微生物的命名

微生物名称有俗名和学名之分。俗名指微生物通俗的、地区性的名字，具有简洁易懂的优点，但其含义不够确切，容易重复，使其使用范围受限。例如，俗名为"绿脓杆菌"的是"铜绿假单胞菌"（*Pseudomonas aeruginosa*）。

学名是微生物的科学名称，采用生物学中的二名法，即用两个拉丁词命名一个微生物的种。学名是由一个属名和一个种名组成，即：属名＋种名。属名和种名都为斜体字；属名在前，用拉丁文名词表示，第一个字母大写；种名在后，用拉丁文的形容词表示，第一个字母小写；其他字母均为小写。

学名在印刷时用斜体字，而手写时可不用斜体字但需在属名和种名下加下划线。如大肠埃希氏杆菌（简称大肠杆菌）的学名是 *Escherichia coli*。手写时可写为：Escherichia coli。为了避免同物异名或同名异物，在微生物名称之后缀有首次命名人的姓氏（外加括号）、现名命名人的姓氏和现名命名年份，但一般可忽略这三项后缀。例如大肠埃希氏杆菌的名称为 *Escherichia coli*（Migula）Castellani et Chalmers 1919，命名人的姓氏和年份不用斜体字。当只将细菌鉴定到属而没有鉴定到种时，该细菌的名称只有属名而没有种名，例如芽孢杆菌属的名称是 *Bacillus*。

3. 原核微生物与真核微生物

具细胞结构的微生物，按照细胞核、核膜、细胞器及有无有丝分裂等不同，可划分为原核微生物和真核微生物两大类。

（1）原核微生物

原核微生物的核很原始，只是由脱氧核糖核酸（DNA）链高度折叠形成的一个核区。没有核膜，核质裸露，与细胞质没有明显的界线，一般称为拟核。原核微生物的细胞器只有核糖体，而缺少真核微生物中高度分化的其他细胞器（如叶绿体、线粒体、高尔基体、内质网、溶酶体等）。但原核微生物具有由细胞膜内陷形成的不规则的泡沫结构体系，如间体和光合作用层片及其他内褶。原核微生物不进行有丝分裂。

原核微生物比真核微生物古老。原核微生物结构简单，多以二分裂方式进行繁殖，是在自然界分布最广、个体数量最多的有机体，是自然界物质循环的主要参与者。

原核微生物包括细菌、古菌、蓝细菌、放线菌、立克次氏体、支原体、衣原体和螺旋体。

（2）真核微生物

真核微生物有发育完好的细胞核，核内有核仁和染色质。核膜将细胞核和细胞质分开，使两者有明显的界线。真核微生物有高度分化的细胞器，如线粒体、中心体、高尔基体、内质网、溶酶体和叶绿体等。真核微生物进行有丝分裂。

真核微生物包括酵母菌、霉菌、伞菌、藻类、原生动物和微型后生动物。

三、微生物学发展简史

微生物学发展简史见表0-1。

表 0-1　微生物学发展简史

发展时期	时间	特点	代表人物
史前期	约 8000 年前—1676 年	有利用微生物进行生产和生活的经验,但没有证实微生物的存在。为感性认识阶段	各国劳动人民
初创期	1676—1861 年	发现微生物,利用显微镜看到微生物,对一些微生物进行形态描述。为形态描述阶段	安东尼·列文虎克
奠基期	1861—1897 年	从形态描述发展到生理学研究,是开创发现病原菌的黄金时期;建立了一套研究微生物的技术方法。为生理水平研究阶段	路易·巴斯德 罗伯特·科赫
发展期	1897—1953 年	利用无细胞酵母汁成功发酵酒精,开创微生物生化研究;寻找各种有益微生物代谢产物;开始形成普通微生物学。为生化水平研究阶段	爱德华·布赫纳
成熟期	1953 年—至今	生物学的基础理论和实验技术推动了生命科学领域的巨大发展。为分子生物学水平研究阶段	沃森和克里克

第二节　环境工程微生物学的研究内容和任务

　　环境工程微生物学主要研究内容包括微生物学基础知识、微生物净化作用与原理、微生物在环境工程中的应用三部分。微生物学基础知识主要讨论微生物的形态、结构、分类和功能;微生物净化作用与原理包括微生物的营养和代谢、微生物的生长繁殖及微生物生态;微生物在环境工程中的应用主要包括微生物在废气、废水、有机固体废物生物处理和环境监测中的应用。

　　环境工程微生物学的研究任务本质上就是充分利用有益微生物资源为人类造福,控制和消除有害微生物的活动,化害为利,兴利除弊。

　　自然界中有丰富的微生物资源,微生物在生态系统中可作为生产者、消费者和分解者。作为真正的分解者,微生物在物质循环和能量转化中具有重要的作用。环境工程中的生物处理法是主要利用微生物将污染物分解转化成无机物的技术,这一过程是依靠微生物细胞分泌各种酶所催化的反应完成的。微生物在环境保护和生态治理中具有举足轻重的作用。随着新型污染物的种类和数量越来越多,由于微生物容易变异,微生物的种类也随之增多,表现出更加丰富的多样性。废水、废气与有机固体废物的生物处理就是微生物在污染控制中重要的应用。微生物不仅可以将污水、废气和有机固体废物进行净化处理,还能将污染物转化为有用资源,使污染环境得到修复。

思考题

1. 微生物是如何分类的?
2. 微生物的学名是如何命名的?
3. 微生物有哪些特点?
4. 微生物的特点对利用有益微生物和防治有害微生物有何影响?
5. 原核微生物和真核微生物有什么区别?
6. 哪些微生物属于原核微生物?哪些微生物属于真核微生物?

第一章
原核微生物

第一节　细菌

细菌为一类结构简单、多以二分裂方式进行繁殖的单细胞原核微生物，是在自然界分布最广、个体数量最多的有机体，是自然界物质循环的主要参与者。

一、细菌的个体形态与大小

（一）细菌的个体形态

细菌个体形态简单，有球状、杆状、螺旋状和丝状 4 种形态，分别称为球菌、杆菌、螺旋菌和丝状菌。图 1-1 为细菌形态模式图。

在正常的生长条件下，细菌的形态是相对稳定的。但随着培养基的化学组成和浓度、培养温度、pH、培养时间等的变化，细菌的形态会发生改变，或死亡，或细胞破裂，或出现畸变。有些细菌有周期性的生活史，在不同阶段是多形态的，例如黏细菌可形成无细胞壁的营养细胞和子实体。

1. 球菌

球菌的个体形态呈球形或椭球形。根据分裂的方向及空间排列方式，可分为单球菌、双球菌、排列不规则的葡萄球菌、四联球菌、八叠球菌、链球菌。

2. 杆菌

杆菌的细胞呈杆状或圆柱形。杆菌有单杆菌、双杆菌、栅杆菌和链杆菌。单杆菌中有长

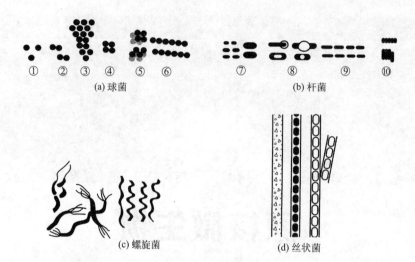

图 1-1　细菌形态模式图

①—单球菌；②—双球菌；③—葡萄球菌；④—四联球菌；⑤—八叠球菌；⑥—链球菌；
⑦—短杆菌和长杆菌；⑧—芽孢杆菌；⑨—链杆菌；⑩—栅杆菌

杆菌和短杆菌。

3. 螺旋菌

螺旋菌的细胞呈螺旋卷曲状，不同螺旋菌的弯曲情况是不同，有的呈逗号形；有的互相连接成螺旋形，其中螺纹不满一周的称为弧菌。

4. 丝状菌

丝状菌主要分布在水生环境、潮湿土壤和活性污泥中。菌丝较长，不同形态的丝状体是丝状菌分类的特征。在一定条件下，活性污泥中的丝状菌占优势时，会引起活性污泥的膨胀而导致其沉淀性能下降。

（二）细菌的大小

细菌的大小以微米（μm）计。

多数球菌大小一般用直径表示，为 0.5~2.0μm；杆菌和螺旋菌一般用宽度和长度表示，如杆菌大小为 (0.5~1.0)μm×(1~5)μm，螺旋菌的大小为 (0.25~1.7)μm×(2~60)μm。

细菌的大小在个体发育过程中是变化的。其中细菌的宽度变化小，而长度变化稍大。刚分裂的幼龄细菌个体比较小，随着其生长逐渐变大，到老龄时又变小。

二、细菌的细胞结构

细菌为单细胞微生物。所有的细菌均包含的结构称为一般结构，包括细胞壁、细胞膜、细胞质、内含物、拟核。仅部分细菌包含的结构称为特殊结构，例如荚膜、黏液层、菌胶团、衣鞘、芽孢、鞭毛等。图 1-2 为细菌细胞结构模式图。

（一）细胞壁

细胞壁是包围在细菌体表最外层的、坚韧而有弹性的薄膜，占菌体质量的 10%~25%。

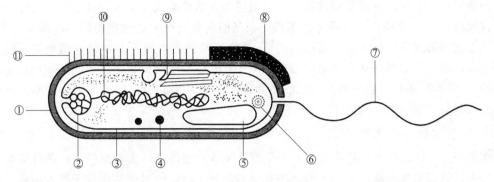

图 1-2　细菌细胞结构模式图

①—细胞壁；②—间体；③—细胞膜；④—内含颗粒；⑤—气泡；⑥—核糖体；⑦—鞭毛；
⑧—荚膜；⑨—光合作用层片；⑩—拟核；⑪—纤毛

1. 细胞壁的化学组成与结构

不同细菌细胞壁的化学组成和结构不同，通过革兰氏染色法可将细菌分为革兰氏阳性菌（G^+）和革兰氏阴性菌（G^-）两大类。

革兰氏阳性菌的细胞壁厚，厚度为 20～80nm。其结构简单，含肽聚糖、磷壁酸、少量蛋白质和少量脂肪。图 1-3 为革兰氏阳性菌细胞壁示意图。

革兰氏阴性菌的细胞壁较薄，厚度约为 10nm。但其结构比革兰氏阳性菌的复杂，分外壁层和内壁层。其外壁层分为 3 层：最外层是脂多糖，中间是磷脂层，最内层为脂蛋白。内壁层含肽聚糖，不含磷壁酸。图 1-4 为革兰氏阴性菌细胞壁示意图。

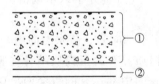

图 1-3　革兰氏阳性菌细胞壁示意图

①—肽聚糖、磷壁酸；②—细胞膜

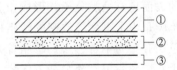

图 1-4　革兰氏阴性菌细胞壁示意图

①—外壁层；②—肽聚糖；③—细胞膜

革兰氏阳性菌和革兰氏阴性菌细胞壁化学组成上也有区别。革兰氏阳性菌含大量的肽聚糖，只含磷壁酸，不含脂多糖。革兰氏阴性菌含极少肽聚糖，含脂多糖，不含磷壁酸。两者的不同还表现在各种成分的含量不同，例如革兰氏阳性菌脂肪含量为 1%～4%，而革兰氏阴性菌脂肪含量为 11%～22%；革兰氏阳性菌蛋白质含量约为 20%，而革兰氏阴性菌蛋白质含量约为 60%。

尽管普遍认为细胞壁是细菌的一般结构，但也发现有缺损或缺失细胞壁的一些细菌，即细胞壁缺陷型细菌；也包括那些原先具有细胞壁的各种细菌，在受到影响细胞壁合成或破坏细胞壁结构因素的作用下，形成的细胞壁缺陷变异型菌。这类微生物通常包括原生质体、原生质球和细菌 L-型。①原生质体：脱去细胞壁的细胞叫原生质体。革兰氏阳性菌最易形成原生质体。在革兰氏阳性菌培养物中加入溶菌酶或通过加入青霉素阻止其细胞壁的正常合成可获得完全缺壁细胞，原生质体对环境条件很敏感。②原生质球：指细胞壁未被全部去掉的细菌细胞，该类菌细胞壁的肽聚糖虽然已经被除去，但外壁层中仍然保留了脂多糖、脂蛋白，外壁的结构尚存，所以呈圆球状。可以通过加入溶菌酶或青霉素处理革兰氏阴性菌而获得。③细菌 L-型：是细菌在某些环境条件下因基因突变而产生的无壁类型。细胞呈多形态，有的能通过细菌滤器，故又称"滤过型菌"。细菌 L-型的营养要求基本与原菌相似，但需在高渗透压、琼脂含量低并且含血清的培养基中生长。L-型菌落生长速度比原菌缓慢很多，一般需经 2～7 天。在软琼脂平板上生长成小菌落（0.5～1.0mm），特点是中间较厚、四周较薄，呈典型的"油煎蛋"状。

2. 细菌细胞壁的生理功能

细菌细胞壁的主要生理功能有：①保护原生质体免受渗透压影响而破裂；②维持细菌的细胞形态，提高机械强度；③细胞壁是多孔结构的分子筛，能阻挡某些分子进入周质，还能使蛋白质留在周质；④细胞壁为鞭毛提供支点；⑤赋予细菌特定的抗原性以增加对抗生素和噬菌体的敏感性。

（二）细胞膜

1. 细胞膜的化学组成

细胞膜是紧贴在细胞壁的内侧并包围细胞质的一层柔软而富有弹性的薄膜，是半透膜，对进出细胞的物质有很强的选择透过性。细胞膜约占细胞干重的 10%，是分隔细胞内、外不同介质的界面。细胞膜中蛋白质含量为 60%～70%，脂质为 30%～40%，还含有 2% 左右的多糖。细胞膜也称为原生质膜。

2. 细胞膜的结构

细胞膜结构特征是：细胞膜的骨架是磷脂双分子层，蛋白质分子以不同的方式镶嵌其中，膜的表面还有糖类分子，形成糖脂、糖蛋白。

细胞膜是由上下两层致密的磷脂构成骨架，磷脂的亲水端向外、疏水端向内，构成上下两层着色层和中间不着色层。磷脂骨架中嵌埋着许多蛋白质：有的蛋白质结合在膜的表面；有的位于双层磷脂中，疏水基占优势；有的由外侧伸入膜的中部；有的贯穿两层磷脂分子。有些蛋白质能运动扩散，磷脂也有一定流动性，所以细胞膜为一个流动镶嵌的功能区。细胞膜还可内陷成层状、管状、囊状的膜内折系统，常见的有中间体，每个细胞有一个或几个中间体。中间体上镶嵌有较多的酶蛋白，细菌的能量代谢主要在中间体上进行，所以中间体又被称为拟线粒体。图 1-5 为细菌的细胞膜结构模式图。

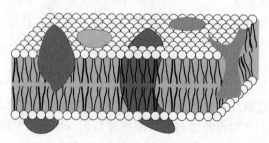

图 1-5　细胞膜结构模式图

3. 细胞膜的生理功能

细胞膜把细胞与周围环境隔开，具有的主要生理功能有：①维持渗透压的梯度和溶质的转移，能选择性地控制细胞内、外营养物质和代谢产物的运送。②细胞膜上有合成细胞壁组分的酶，故可以在细胞膜的外表面合成细胞壁。③膜内陷形成的中间体含有细胞色素，参与呼吸作用。中间体与染色体的分离和细胞分裂有关，并为 DNA 提供附着点。④在细胞膜上进行物质代谢和能量代谢。⑤细胞膜上有鞭毛基粒，鞭毛由此长出，为鞭毛提供附着点，并提供鞭毛运动所需的能量。

（三）细胞质、内含物和拟核

细胞质是在细胞膜以内，除核物质以外的无色透明、黏稠的复杂胶体。细胞质由蛋白质、核酸、多糖、脂质、无机盐和水组成。幼龄菌的细胞质稠密、均匀，富含核糖核酸（RNA），占固体物的 $15\%\sim20\%$，嗜碱性强，易被碱性染料和中性染料着色。老龄菌细胞因缺乏营养，核糖核酸被细菌用作氮源和磷源导致其含量降低，结果细胞着色不均匀。故可通过染色后均匀与否判断细菌的生长阶段。成熟细胞的细胞质可形成各种贮藏颗粒。

细胞质内含物指细胞质内各种颗粒，主要包括：核糖体和内含颗粒。①核糖体：是分散在细胞质中的一种核糖核蛋白颗粒，是合成蛋白质的部位。主要由核糖体核糖核酸（rRNA）和蛋白质构成，其中 rRNA 占 60%、蛋白质占 40%。核糖体的功能是按照 mRNA 的指令将遗传密码转换成氨基酸序列并把氨基酸单体构建成蛋白质聚合物。核糖体直径约为 20nm。核糖体的蛋白质有维持核糖体形态和稳定功能的作用。rRNA 是核糖体合成蛋白质的关键结构。②内含颗粒：细菌生长到成熟阶段时，当营养过剩后会形成一些储藏颗粒，如多聚磷酸盐颗粒（异染粒）、聚 β-羟基丁酸、磁小体、硫粒、气泡、淀粉粒、羧酶体、糖原等。一种细菌通常含一种或两种内含颗粒。

细菌的核因没有核膜和核仁，故称为原始核或拟核，也称为细菌染色体。拟核由一条环状双链的 DNA 分子高度折叠缠绕形成，在电子显微镜下呈现的是一个透明的、不易着色的纤维状区域。对拟核进行特异性的福尔根染色后在光学显微镜下可见。

拟核携带着细菌的大部分遗传信息，其功能是决定遗传性状和传递遗传性状，是重要的遗传物质。有些细菌内含有质粒，是闭合环状的双链 DNA 分子，存在于细胞质中，质粒携带的遗传信息能赋予其某些生物学性状，有利于细菌在特定环境条件下生存。

（四）荚膜、黏液层、菌胶团和衣鞘

1. 荚膜

荚膜是某些细菌表面的特殊结构。在某些细菌的细胞表面分泌有一种黏性物质，把细胞壁完全包围封住，这层黏性物质就叫荚膜。荚膜能相对稳定地附着在细胞壁表面，使细菌与外界环境有明显的边界。荚膜是细菌的分类特征之一。

通常，细菌的荚膜很厚，但也有的细菌荚膜厚度小于 $200\mu m$，称为微荚膜。

荚膜的含水率高达 $90\%\sim98\%$。荚膜的主要成分为葡萄糖与葡萄糖醛酸组成的聚合物，也有些细菌的荚膜含多肽、脂质或脂质蛋白复合体。

荚膜对染料亲和力低，很难着色。可用负染色法进行染色。先用染料对菌体进行染色，然后用墨汁将背景涂黑，在光学显微镜下观察到菌体和背景之间的透明区即荚膜。

荚膜具有如下功能：①抗干燥作用。荚膜含水率高，其多糖为高度水合分子，使细菌免

受干燥的影响。②抗吞噬作用。荚膜因其亲水性、空间占位和屏障作用,可有效抵抗宿主吞噬细胞的吞噬作用,也可保护其不被噬菌体吸附。③黏附作用。荚膜多糖可使细菌彼此间粘连,也可使其黏附于组织细胞或无生命物体表面。例如:具有荚膜的肺炎链球菌毒力强,荚膜是引起感染的重要因素,有助于肺炎链球菌侵入人体;具有荚膜的唾液链球菌会牢牢黏附于牙齿表面,将蔗糖转变成果聚糖时所产生的乳酸会累积在局部牙齿表面,严重腐蚀牙齿表层而引起龋齿;废水生物处理中的细菌荚膜有生物吸附作用,易于将废水中的有机物、无机物及胶体吸附在细菌表面,从而利于进一步吸收利用。④保护作用。荚膜处于细菌细胞最外层,荚膜可有效保护菌体免受或少受多种杀菌、抑菌物质的损伤,如溶菌酶、重金属离子等。⑤营养补充作用。当缺乏营养时,荚膜可被用作碳源和能源被利用,有的荚膜还可用作氮源。

2. 黏液层

黏液层是某些细菌表面的特殊结构。在一定的环境条件下有些细菌表面分泌黏性的多糖,疏松地附着在细菌胞壁表面,但与外界没有明显边界,这种黏性物质称为黏液层。黏液层在废水生物处理过程中有生物吸附作用。在曝气池中,由于曝气搅动和水的冲击力,细菌黏液层容易被冲刷下来进入水中,使水中有机物含量增加,黏液层能够被其他微生物所利用。

3. 菌胶团

有些细菌由于其遗传特性,细菌之间按一定的排列方式互相黏集在一起,被一个公共荚膜包围形成一定形状的细菌集团,称为菌胶团。并非所有的细菌都能形成菌胶团。不同细菌形成的菌胶团形状是不同的,有球形的、椭圆形的、分枝状的、垂丝状的、蘑菇形的、片状的和其他不规则形状的。

菌胶团内的细菌位于胶体物质内,受到保护,不受原生动物吞噬,也增强了其对不良环境的抵抗能力。污水生物处理厂中活性污泥性能的好坏,与所含菌胶团多少、大小及结构的紧密程度有关。菌胶团是活性污泥和生物膜的重要组成部分,与污泥的吸附性能、氧化分解能力及凝聚沉降性能等有关。新形成的菌胶团,颜色较浅,生命力旺盛,氧化分解有机物的能力强;老化了的菌胶团,颜色较深,生命力较差。

4. 衣鞘

水生境中多数丝状菌表面的黏液层或荚膜硬质化后形成一个透明坚韧的空壳,称为衣鞘,如球衣菌属、纤发菌属、发硫菌属、亮发菌属、泉发菌属等丝状菌。

衣鞘对染料的亲和力极低,很难着色,可用负染色法染色后进行观察。

(五) 芽孢

芽孢又称内生孢子,某些细菌在其生活史中某个阶段或某些细菌在遇到外界不良环境时,其细胞内可形成一个内生孢子。芽孢是细菌抵抗外界不良环境的休眠体。不同的细菌其芽孢具有不同的着生位置 (见图 1-6)。有的芽孢位于菌体的中间,有的芽孢位于菌体的一端。芽孢是细菌分类鉴定的依据之一。在显微镜下观察简单染色的细菌涂片时,可以很容易地区分芽孢与营养细胞,因为营养细胞染上了颜色,而芽孢因抗染料且折光性强,表现出透明而无色的外观。芽孢不易着色,但可用孔雀绿染料染色。

芽孢的抗逆性强,能抵抗高温、紫外线、干燥、电离辐射和很多有毒的化学物质。这是

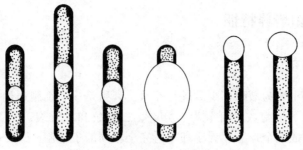

图 1-6　芽孢着生位置

由于芽孢具有如下特点：①芽孢的含水率低，为 $38\%\sim40\%$。②芽孢壁厚而致密。③芽孢中的 2,6-吡啶二羧酸含量高。而在营养细胞和不产生芽孢的细菌体内不含 2,6-吡啶二羧酸。当芽孢萌发为营养细胞时，其 2,6-吡啶二羧酸会消失，并且其耐热性也丧失。④芽孢含有耐热性酶。⑤芽孢中的大多数酶处于不活动状态，代谢活力极低。

　　鉴于芽孢的这些特点，芽孢有利于菌种的长期保藏。可利用芽孢的高抗逆性制备生物指示剂，有利于判断消毒和杀菌措施的处理效果。

　　有许多产芽孢细菌是强致病菌。例如，炭疽杆菌、肉毒梭菌和破伤风梭菌等。有些芽孢菌（如苏云金杆菌等）在形成芽孢时，产生的蛋白质伴孢晶体，对多种昆虫尤其是鳞翅目的幼虫有毒杀作用，因而可将这类产伴孢晶体的细菌制成有利于环境保护的生物农药，实行以菌治虫，称之为细菌农药。

（六）鞭毛

　　由细胞膜上的鞭毛基粒长出并穿过细胞壁伸向体外的纤细波浪状的丝状物，称为鞭毛。鞭毛的直径为 $0.01\sim0.02\mu m$，长度一般为 $2\sim50\mu m$。具有鞭毛的细菌大多是弧菌、杆菌，个别球菌也具有鞭毛。鞭毛具有运动功能。鞭毛很细，通常需要在电镜下进行观察；也可以用鞭毛染色液进行染色，染料沉积到鞭毛上使鞭毛加粗，在光学显微镜下观察。不同细菌的鞭毛数量、排列和着生部位不同（见图 1-7），是细菌分类的依据之一。

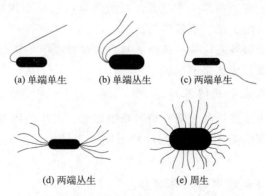

(a) 单端单生　　(b) 单端丛生　　(c) 两端单生

(d) 两端丛生　　(e) 周生

图 1-7　细菌鞭毛的数量和着生位置示意图

三、细菌的繁殖和培养特征

（一）细菌的繁殖

细菌的繁殖方式主要为裂殖，少数进行芽殖。裂殖是一个细胞通过分裂形成几个子细胞进行增殖的方式，按子细胞数量可分为二分裂、三分裂和复分裂。绝大多数细菌进行二分裂，即一个细胞分裂成两个形态、大小和构造完全相同的子细胞。三分裂是某些细菌进行的一种特殊裂殖方式，如绿色硫细菌，大部分细胞能进行正常的二分裂，一小部分细胞个体能够一分为三，形如"Y"，之后仍然进行二分裂，结果形成网眼状结构。复分裂是一种寄生于细菌细胞中的蛭弧菌所具有的繁殖方式，在宿主细菌内形成不规则的盘曲长细胞，然后在细胞多处发生分裂，形成均等的多个弧形子细胞。芽殖是母细胞表面形成一个小突起，小突起逐渐膨大成为子细胞，当长大到与母细胞差不多后与母细胞分离并独立生活的一种繁殖方式。通过芽殖进行繁殖的这类细菌称为芽生细菌。

（二）细菌的培养特征

1. 细菌在固体培养基上的培养特征

细菌在平板固体培养基上的培养特征就是菌落特征。所谓菌落是由一个细菌繁殖起来的、由无数细菌组成的具有一定形态特征的细菌集团。不同细菌在固体培养基上具有不同菌落特征，包括大小、颜色、形态、光泽、质地等情况，每一种细菌在一定条件下形成的菌落特征具有一定的稳定性，是细菌分类鉴定的依据之一，也是衡量菌种纯度的重要依据。大多数球菌的菌落是隆起的；大多数有鞭毛的细菌所形成的菌落，具有不规则的边缘；具有荚膜的细菌所形成的菌落，其表面较透明、边缘光滑整齐；而有芽孢的细菌的菌落表面比较干燥，有皱褶。

可从表面特征、边缘特征和纵剖面特征3方面描述菌落特征。细菌在固体培养基上的边缘特征和纵剖面培养特征如图1-8所示。①表面特征：菌落表面是光滑还是粗糙，是干燥还是湿润等。②边缘特征：有的菌落边缘整齐，有的菌落边缘呈不规则形状。③纵剖面特征：扁平、隆起、凸透镜形、馒头形、草帽形等。

菌苔是指细菌在斜面培养基（或平板培养基）的接种线上生长形成的一片密集的细菌群落，不同的细菌形成的菌苔形态是不同的。

2. 细菌在明胶培养基中的培养特征

用穿刺接种法将某种细菌接种在明胶培养基中培养，产生的明胶水解酶将明胶水解，不同的细菌会形成不同形态的溶菌区，依据这些不同形态的溶菌区或溶菌与否可将细菌进行分类。

3. 细菌在半固体培养基中的培养特征

用穿刺接种法将细菌接种在含 $3\sim5g/L$ 琼脂的半固体培养基中培养，细菌可呈现出各种生长状态。根据细菌的生长状态判断细菌的呼吸类型和有无鞭毛、能否运动。

依据细菌在半固体培养基中生长的深度可判断细菌的呼吸类型：如果细菌在半固体培养基的表面及穿刺线上部生长则为好氧菌；沿着穿刺线自上而下生长则为兼性厌氧菌；如果只

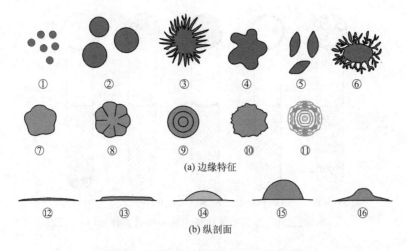

图 1-8 细菌在固体培养基上的培养特征

①—光滑点状；②—光滑圆形；③—丝状；④—不规则状；⑤—纺锤形；⑥—不规则、根状；

⑦—波浪状；⑧—花瓣形；⑨—有同心环、边缘整齐；⑩—齿状；⑪—卷曲形；

⑫—扁平；⑬—隆起；⑭—凸透镜形；⑮—馒头形；⑯—草帽形

在穿刺线的下部生长则为厌氧菌。

根据细菌在半固体培养基中生长的位置与穿刺线的距离可判断细菌是否运动：只沿着穿刺线生长者为没有鞭毛、不能运动的细菌；不但沿着穿刺线生长而且穿透培养基扩散生长者为有鞭毛能运动的细菌（图 1-9）。

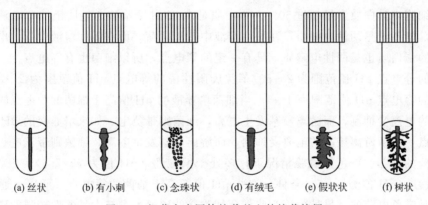

(a) 丝状   (b) 有小刺   (c) 念珠状   (d) 有绒毛   (e) 假状状   (f) 树状

图 1-9 细菌在半固体培养基上的培养特征

4. 细菌在液体培养基中的培养特征

在液体培养基中，细菌的生长状态大致有三种情况：①有的细菌使液体培养基变得浑浊，菌体均匀分布于培养基中。大部分细菌在液体培养基中的培养属于这种情况。②有的细菌在液体培养基表面形成膜而培养基很少变浑浊，例如枯草杆菌在肉汤培养基中生长就属于这种情况，在培养基表面形成无光泽、有褶皱且黏稠的菌膜，有的膜较厚有的较薄，有的呈环状。③有的细菌在液体培养基中相互凝聚沉淀在培养容器底部，而培养基不浑浊。细菌在液体培养基中的这些不同培养特征是分类依据之一（图 1-10）。

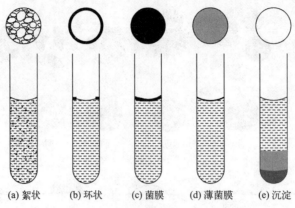

(a) 絮状　　(b) 环状　　(c) 菌膜　　(d) 薄菌膜　　(e) 沉淀

图 1-10　细菌在液体培养基中的培养特征

四、细菌的染色

许多细菌细胞微小而无色透明，经常需要对细菌进行染色以增加菌体与背景的反差，以便在光学显微镜下观察。可用于生物染色的染料主要有碱性染料、酸性染料和中性染料三大类。

（一）细菌表面电荷和等电点

细菌细胞内蛋白质含量超过 50%。蛋白质是由 20 种氨基酸通过肽键按一定顺序排列连接而成的，氨基酸是两性电解质，在酸性溶液中带正电荷，而在碱性溶液中带负电荷。由氨基酸组成的蛋白质也是两性电解质，具有一定的等电点，所以细菌也有等电点。

细菌的等电点 pH 值范围为 2～5。革兰氏阳性菌的等电点 pH 值范围为 2～3，而革兰氏阴性的等电点 pH 值范围为 4～5。当细菌培养液的 pH 值高于细菌的等电点时，细菌的游离氨基的电离受抑制，而游离羧基发生电离，细菌则带负电。如果培养液的 pH 值低于细菌的等电点，细菌游离羧基的电离受抑制，而游离氨基发生电离，细菌则带正电。通常情况下，在细菌的培养、染色等试验情况下，多处于偏碱性（pH 值为 7～7.5）、中性（pH 为 7）和偏酸性（pH 值为 6～7）条件，这些 pH 值都高于细菌的等电点。所以，通常情况下细菌表面是带负电荷的。另外由于有些细菌细胞壁的磷壁酸含有大量酸性较强的磷酸基，结果也是使细菌表面带负电荷。

（二）细菌的染色原理及染色方法

1. 细菌的染色原理

通常培养情况下细菌表面是带负电荷的，故用带正电荷的碱性染料进行染色。碱性染料有结晶紫、龙胆紫、碱性品红、番红、美蓝、甲基紫、中性红和孔雀绿等。少数细菌用酸性染料染色，称为抗酸性染色。酸性染料有酸性品红、刚果红和曙红等。细菌对染料的亲和力与染色液的 pH 值有关。

2. 染色方法

染色方法有简单染色法和复合染色法两大类。简单染色法是只用一种染料对菌体进行染色；复合染色法是采用两种或两种以上的染料或再加媒染剂进行多次染色的方法。复合染色时，有些是两种染料先后使用，有些是同时混合使用。复合染色后不同的细菌，或者细菌构造的不同部分呈现不同颜色，有鉴别细菌的作用，故又称为鉴别染色法。革兰氏染色法是一种典型的复合染色方法。

3. 革兰氏染色法

1884年丹麦医师C. Gram创造了革兰氏染色法。革兰氏染色是细菌学中广泛使用的一种鉴别染色法。革兰氏染色法的机制与细菌等电点、细胞壁化学组分有关。细菌先经碱性染料草酸铵结晶紫进行染色，再经革兰氏碘液进行媒染，然后用95%乙醇脱色，在一定条件下有的细菌的紫色不被脱去，有的细菌的紫色可被脱去；据此把细菌分为两大类，不被脱色的细菌是革兰氏阳性菌（G^+），被脱色的细菌是革兰氏阴性菌（G^-）。为观察方便，脱色后再用碱性番红（或沙黄）染液等进行复染。革兰氏阳性菌仍带紫色，而革兰氏阴性菌则被染上红色。

革兰氏染色步骤包括制片、初染、媒染、脱色和复染几步。

（1）制片

取一洁净载玻片，在载玻片中央滴加一小滴无菌蒸馏水；在无菌操作条件下用接种环从斜面挑取少许菌种与载玻片上的水滴混合，在载玻片上涂布成约$1cm^2$的薄层。干燥、固定。

干燥后进行固定，固定的目的有三个：①杀死微生物，固定细胞结构；②确保菌体能更牢地黏附在载玻片上，以免标本被水冲洗掉；③改变染料对细胞的通透性，因为死的原生质比活的原生质更易于染色。固定常常采用加热法，使标本向上，在火焰外层快速通过2～3次，温度不能太高，放置待冷后，再进行染色。

加热固定法虽然在微生物实验室中经常采用，但在研究微生物细胞结构时应采用化学固定法而不能使用加热固定法。化学固定法中最常用的固定剂有：95%乙醇、乙醇和醚各50%的混合物、丙酮、1%～2%的锇酸等。由于锇酸能很快固定细胞并且不改变其结构，故较常用来固定细胞。

（2）初染

将已经固定并冷却后的载玻片平放，滴加适量（以盖满菌膜为度）草酸铵结晶紫染色液于菌膜部位，染色1～2min。然后倾去染色液，水洗。

（3）媒染

用革兰氏碘液冲去菌膜上的残留水，然后滴加革兰氏碘液覆盖菌膜，媒染1～2min，水洗。

（4）脱色

滴加体积分数为95%的乙醇，30～45s后立即水洗；或滴加体积分数为95%的乙醇到菌膜上，将载玻片晃几下即倾去乙醇，如此重复2～3次后立即水洗。

（5）复染

滴加番红（或沙黄）染色液覆盖菌膜，染色 2～3min，水洗。干燥，冷却后在光学显微镜下进行镜检观察。

第二节　古菌

古菌是一类很古老而独特的原核微生物，多生活在极端的生态环境中，又称为古生菌、古核细胞或原细菌。

过去人们一直认为古菌和真细菌是同一类微生物。古菌这个概念是 1977 年由卡尔·沃斯（Carl Woese）提出的，通过对细胞结构、化学组成、16S rRNA 序列、DNA 的（G＋C）％含量等进行对比研究，发现这类微生物在系统发生树上与一般的真细菌是有区别的。卡尔·沃斯认为它们是两支根本不同的微生物，将其分别命名为古菌和真细菌（简称细菌）。所以，古菌、真细菌和真核生物一起构成了有细胞结构生物的三域系统。

一、古菌的特点

1. 古菌的形态

古菌的细胞呈现不同形态，有球状、杆状、螺旋状、耳垂状、盘状、不规则形状等多形态，有的很薄，呈扁平状，有些古菌由精确的方角和垂直的边构成直角几何形态（这种形态在真细菌中没发现过）。有的以单个细胞形式存在，有的连接成丝状体或团聚体形式存在。其直径大小，一般在 $0.1～15\mu m$，有的丝状体长度可达 $200\mu m$。

2. 古菌的细胞结构

绝大多数古菌具有细胞壁。古菌的细胞壁没有肽聚糖，这一点不同于细菌的细胞壁。古菌的细胞壁可分为三种类型：第一种是由假肽聚糖或酸性杂多糖组成；第二种是由蛋白质或糖蛋白亚单位组成；第三种是兼有假肽聚糖和蛋白质外层。大多数古菌的细胞壁不含二氨基庚二酸和胞壁酸，所以古菌对溶菌酶和内酰胺抗生素不敏感。

古菌的细胞膜所含脂质与细菌的不同，古菌的脂质是非皂化性甘油二醚的磷脂和糖脂的衍生物，而细菌的脂类是甘油脂肪酸酯。有的古菌细胞膜是单层膜，有的古菌细胞膜是双层膜。

3. 古菌的代谢

古菌在代谢过程中有许多特殊的辅酶参与，如绝对厌氧的产甲烷菌含有 F_{420}、F_{430}、辅酶 M（2-巯基乙烷磺酸）、四氢甲烷蝶呤和甲烷呋喃等。古菌有异养型、自养型和不完全光合作用 3 种代谢类型。

4. 古菌的呼吸类型

多数古菌为严格厌氧、兼性厌氧。其中严格厌氧是古菌的主要呼吸类型。

5. 古菌的繁殖

古菌的繁殖方式有二分裂、芽殖。古菌繁殖速度较慢，在进化速率上，古菌比真细菌缓慢。

6. 古菌的生活习性

大多数古菌生活在极端环境：有的古菌可在极高的温度甚至100℃以上的环境中生存，如在间歇泉或者海底黑烟囱中有古菌生长；有的古菌可生存于很冷的环境，如在南极，古菌的数量占南极海岸表面水域原核生物总量的34%以上；有的古菌可在绝对厌氧、强酸或强碱性、高盐的极端生境中生长，如有的古菌可生长在反刍动物瘤胃和肠道中。但也有些古菌是嗜中性的，能够在沼泽、废水和土壤中生存，比如产甲烷菌可以生活在污水处理厂剩余污泥的厌氧消化罐、有机固体废物厌氧堆肥中。

二、古菌的分类

按照古菌的生活习性和生理特性，将古菌分为产甲烷菌、嗜热嗜酸菌和极端嗜盐菌三大类型。

1. 产甲烷菌

产甲烷菌是专性厌氧菌。主要分布于有机质厌氧分解的环境中，如沼泽、底泥、污水和垃圾处理场中。产甲烷菌可与水解菌、产酸菌等协同作用，使有机物甲烷化，并产生有经济价值的生物能物质甲烷。产甲烷菌的形态有球状、杆状、丝状、螺旋状等多种类型。主要有甲烷杆菌属、产甲烷球菌、产甲烷八叠球菌和产甲烷螺菌属等。

可作为产甲烷细菌的能源和碳源的物质主要有5种类型，即H_2/CO_2、甲酸、甲醇、甲胺和乙酸。产甲烷菌含有的辅酶F_{420}，是甲烷细菌特有的辅酶，在形成甲烷过程中起着重要作用。辅酶F_{420}具有如下特点：在波长为420nm的紫光照射下，能产生自发蓝绿荧光，这一现象可用来鉴定产甲烷细菌；在中性或碱性条件下易被好氧光解，并使酶失活。产甲烷菌含有辅酶M，该酶是其独有的辅酶，在甲烷形成过程中充当甲基的载体，起着转移甲基的重要作用。

产甲烷菌需要的环境条件为：①温度：产甲烷菌有三种类型，低温菌的适应范围为20～25℃，中温菌为30～45℃，高温菌为45～75℃。②氧化还原电位：中温产甲烷菌要求环境中应维持的氧化还原电位低于−350mV；高温产甲烷菌要求的氧化还原电位为−500～−600mV。③pH值：大多数中温产甲烷菌的最适pH值范围在6.8～7.2之间。

产甲烷菌的分离和培养等操作需要在厌氧条件下进行。一般可采用在液面加液体石蜡的培养法、抽真空培养法、在封闭培养管中加入焦性没食子酸和碳酸钾消耗氧的方法、厌氧滚管法、厌氧液体培养法、厌氧手套箱方法等。

2. 极端嗜热嗜酸菌

极端嗜热嗜酸菌是一类依赖硫、能耐高温和高酸度的特殊类群，包括古生硫酸还原菌和极端嗜热古菌，只有在极低pH条件下才能生长。主要生活在含硫丰富的温泉、火山口及燃烧后的煤矿等环境中，大多数是硫代谢菌。这类古菌有好氧、严格厌氧、兼性厌氧的，形态有杆状、丝状、球状。专性嗜热，最适合生长温度为70～105℃。

有一类古菌无细胞壁，细胞膜中的脂质为植烷基二甘油四醚，不含有甾醇。

3. 极端嗜盐菌

极端嗜盐古菌对 NaCl 有特殊的适应性和需要性。一般栖息在高盐环境如晒盐场、天然盐湖或高盐腌制食物内等。

极端嗜盐菌需盐下限为 1.5mol/L（约 9% 的 NaCl），大多数极端嗜盐菌所需 NaCl 为 2~4mol/L（约 12%~23%）。有些极端嗜盐菌在极低盐度下也可以生长，而有的极端嗜盐菌能在 5.5mol/L 的 NaCl（约 32% 的饱和状态）下生长。为抵御高盐浓度的生长环境压力，极端嗜盐菌细胞内积累了大量的钾离子以维持渗透压的平衡。生长温度范围为 30~55℃（最适合生长温度为 37℃），pH 范围为 5.5~8.0（最适合生长 pH 为 7.2~7.4）。极端嗜盐古菌由于其特殊的进化地位和潜在的应用价值，是微生物生理、生化、生态及进化学家研究的重要对象。

极端嗜盐菌的细胞呈链状、杆状、球状。主要有嗜盐杆菌属和嗜盐球菌属。由于嗜盐菌细胞含有多种色素，例如类胡萝卜素，故大多数菌落呈红色、粉红色或橘红色。类胡萝卜素有利于保护极端嗜盐菌抵御环境中强烈的阳光照射。有时嗜盐菌与某些藻类大量生长时使海水变成红色。嗜盐菌细胞膜中的菌紫质可用作光存贮材料、制作光电元件和生物芯片。

三、古菌研究对环境工程的意义

古菌在自然界中的分布和数量，比人们想象的要多。古菌特殊的基因结构、特殊的生命过程和特殊代谢产物，使其具有一些特殊的性质，如抗冷、抗热、抗酸和抗盐等，这对人类解决一些重大的问题如生命起源及演化、极端环境污染治理等有很大帮助。鉴于极端微生物对极端环境具有很强的适应性和需要性，对极端微生物基因组的研究有助于从分子水平研究极限条件下微生物的适应性，有利于加深对生命本质的认识。极端微生物的研究有广阔的应用前景，例如从极端嗜碱古菌提取的碱性酶可用于生产洗衣粉；利用嗜冷产甲烷菌可实现低温厌氧生物处理，从本质上突破低温厌氧工艺的技术瓶颈并降低废水处理成本。低温酶用途广，具有催化能力多样、低温活力高、特异性高等特点。

嗜热菌能够产生嗜热酶、抗生素等多种活性物质，有很广泛的应用前景。例如嗜热酶在食品、医药工业、环境保护和能源等领域具有很大的应用潜力。在矿业中，嗜热菌可用于细菌浸矿、石油和煤炭的脱硫。从嗜高温古菌体内提取的热稳定 DNA 聚合酶（Taq DNA 聚合酶）可应用于聚合酶链反应（PCR）技术中，该酶良好的热稳定性，使体外扩增 DNA 成为可能，使该技术得到发展。

自然界中许多污染发生在温度相对低的环境中，通常低温会抑制微生物对有机污染物的降解效果，而嗜冷菌的代谢机制使它们能够在低温下很好地生长和代谢。所以在低温环境条件下采用嗜冷菌对污染物进行降解处理越来越受到重视。在食品行业，冷活性酶可在食品低温加工过程中起重要作用，例如低温 β-半乳糖苷酶、低温果胶酶可用于食品保鲜；低温淀粉酶、蛋白酶可减少生面发酵时间，提高面包质量；低温脂酶可以用于乳制品和黄油的增香；低温凝乳酶可以用于奶酪制作。在冷洗行业中，嗜冷菌可以产生低温酶，例如蛋白酶、酯酶、淀粉酶和纤维素酶，这些低温酶可以作为洗涤添加剂使用，在碱性洗涤条件下具有良好的活性、稳定性并且无需其他活化剂和稳定剂，同时适应低温和碱性环境。在纺织工业上，低温纤维素酶可应用在生物抛光和生物石洗工艺中，可降低工艺难度和所需酶的浓度。

环境工程所涉及的领域广，有很多极端性质的废水，如高盐分废水（例如化工废水、发酵工业废水）、酸性废水（例如味精废水、合成制药废水）、碱性废水（例如造纸废水）、重金属废水、低温废水、超高温废水等，还有极高浓度的有机废水。通常处理这些废水时，需要事先将极端废水调整到合适的范围内才可以进一步进行生物处理。例如，高盐分废水、高有机物浓度废水都需要用大量水来稀释；温度过高或过低的废水，需要调节温度；过酸或过碱的废水需要调至中性，这些调节会使运行费用提高并造成资源浪费。如果将古菌应用于这些极端废水的生物处理，不仅可以减少调节费用还能提高处理效果。加强对古菌的研究，对环境保护和环境工程是有利的。例如产甲烷菌是古菌中最先被人们认识和实践应用的。产甲烷菌可应用于自然界或粪便或污水处理厂剩余污泥的厌氧消化、有机固体废物厌氧堆肥中，可与水解菌和产酸菌等协同作用，将有机物分解成 H_2、CO_2、乙酸并甲烷化，产生有经济价值的清洁燃料和生物能源——甲烷。

第三节　蓝细菌

蓝细菌曾被称为蓝藻。蓝细菌是一类含有色素、能进行产氧光合作用、进化历史悠久的大型原核微生物。

一、蓝细菌的形态结构

蓝细菌的细胞一般比细菌大，通常直径为 $0.5\sim10\mu m$，最大的可达 $60\mu m$，如巨颤蓝细菌。蓝细菌形态多样且差异较大，可分为单细胞、细胞群体、无分枝丝状体、分枝丝状体、有异形胞丝状体 5 个亚群。

蓝细菌的细胞结构简单，只有原始核，没有核膜和核仁，只有叶绿素而没有叶绿体，所以蓝细菌属于原核微生物。蓝细菌与属于真核生物的藻类有很大区别，蓝细菌无叶绿体、无真细胞核、细胞壁中含有肽聚糖和二氨基庚二酸，因而对青霉素和溶菌酶十分敏感。许多种蓝细菌能不断地向细胞壁外分泌胶黏物质，将一群细胞或丝状体结合在一起，形成黏质糖被或鞘。

蓝细菌的细胞有几种特化形式。①静息细胞：是一种位于细胞链中间或末端的形大、壁厚、色深的休眠细胞，也称为静息孢子、后垣孢子。胞内富含贮藏物，具有抗干旱或寒冷等不良环境的能力。静息细胞比营养细胞大，环境适宜时，可萌发成营养细胞。②异形胞：是某些丝状蓝细菌所特有的变态营养细胞，是一种缺乏光合结构、通常比普通营养细胞大的厚壁特化细胞。异形胞中含有丰富的固氮酶，是固氮蓝细菌的固氮部位。异形胞的藻胆素含量很低，而且没有产氧的光合系统。异形胞在分化形成过程中，必须在原有的细胞壁外形成胞被层以阻挡氧气的进入，厚壁中含有大量糖脂，保证在异形胞内部可形成厌氧环境，以保护对氧敏感的固氮酶活性。异形胞比营养细胞稍大、色浅、壁厚，位于细胞链中间或末端。丝状固氮蓝细菌中的鱼腥藻可从营养细胞分化产生具有固氮作用的异形胞，这些异形胞在丝状体上间隔分布，与进行光合作用的营养细胞互相提供对方缺乏的营养。③链丝段：由成串细胞连成丝状的蓝细菌，在细胞链断裂时形成的片段，称为链丝段，具有繁殖功能。④内孢子：少数种类的蓝细菌能在细胞内形成球形或三角形的内孢子，成熟后可释放并具有繁殖功能。

蓝细菌化学组成独特之处是含有由两个或多个双键组成的不饱和脂肪酸。大多数蓝细菌无鞭毛，但可通过丝状体的旋转、逆转、弯曲进行滑行。当许多蓝细菌个体聚集在一起，可形成肉眼可见的很大的群体。

二、蓝细菌的繁殖和生境

蓝细菌的繁殖方式有两类，一类为营养繁殖，包括二分裂、群体破裂和丝状体产生藻殖段等几种方法；另一类为某些蓝细菌可产生内生孢子或外生孢子进行无性生殖。

蓝细菌对极端环境条件有极强的耐受力。蓝细菌可分泌黏性物质形成黏液层、荚膜，或形成衣鞘，具有很强的抗干旱耐高温能力。蓝细菌广泛分布于自然界，几乎所有水域和土壤中都有蓝细菌存在，不仅存在于海水、淡水、潮湿土壤中，而且在树皮、盐湖、干燥的沙漠、岩石表面、冰原中都能生长，具有"先锋生物"之美称。蓝细菌在岩石分解和土壤形成、生态平衡中具有重要作用。有些蓝细菌可以和真菌、苔藓、蕨类和裸子植物、珊瑚和无脊椎动物形成共生关系。一般蓝细菌喜在中温生长，但在80℃的温泉内或冰山上也发现有蓝细菌存在。

三、蓝细菌的代谢

蓝细菌是能够在光合作用时释放氧气的原核微生物。蓝细菌有叶绿素 a、类胡萝卜素、藻胆素及藻胆蛋白。其中藻胆素包括藻蓝素、藻红素、藻黄素。蓝细菌呈现蓝、绿、红或棕、紫和橙色，其颜色可随光照条件改变而改变。红海就是因为海水中有大量含有藻红素的束毛蓝细菌呈现红色的。

蓝细菌的光合作用是依靠叶绿素 a、藻胆素吸收光能，将能量传递给光合系统，通过卡尔文循环固定二氧化碳，同时吸收水和无机盐合成有机物供自身营养并放出氧气。一些自养型蓝细菌，在光照条件下能同化葡萄糖和醋酸盐等有机物。部分蓝细菌可以在黑暗条件下通过氧化葡萄糖和其他糖类，以化能异养方式缓慢生长。颤蓝细菌属在厌氧条件下，可氧化硫化氢进行不产氧的光合作用。螺旋藻属蓝细菌适合在碱性湖泊中生长，可释放大量氧气和氢气。

四、蓝细菌的代表属

1. 微囊藻属

微囊藻属是池塘、湖泊中常见的种类。细胞小，呈球形、长圆形，许多细胞聚集在一起被一层胶质包围，常聚集成肉眼可见的群落。多数生活于各种淡水中，少数生活于海水中。在富营养化水体中会大量繁殖，聚集于水面，使水体变绿，这种现象在湖泊中称为水华，发生在海水中则称为赤潮。其中有些种产生的微囊藻毒素是一种肝毒素，是肝癌的诱因之一。

2. 色球藻属

色球藻属细胞呈球形或近球形，刚分裂时呈半球形。细胞分裂面有 3 个。一般由 2、4、8、16 或更多的细胞组成群体。呈各种颜色，有灰蓝、淡蓝、蓝绿、橄榄绿、黄、橘黄、红或紫红色。每个细胞外都有均质的或有层理的胶质鞘。

3. 鱼腥藻属

鱼腥藻属又称为项圈藻属，细胞为球形，沿着一个平面分裂后排列成链状丝，整条菌丝粗细一致，或在其两端稍变细。多数具有气泡。本属群体外没有坚韧定形的总胶被，但有的藻丝外面有透明无色的水样胶质鞘。异形胞比营养细胞略大，一条菌丝上有多个异形胞，固氮能力很强。有些鱼腥藻属悬浮于水中，大量生长时形成水华，是水体富营养化的一个标志。鱼腥藻属多数为浮游藻，有少数种类可生活于维管植物的组织间隙，具有共生关系，例如在满江红的叶腔中的满江红鱼腥藻、在苏铁的珊瑚状根中的苏铁鱼腥藻。

4. 单歧蓝菌属

单歧蓝菌属细胞沿着一个平面分裂。异形胞在细胞丝顶端，在细胞丝外面有一共同的鞘膜，很多有鞘膜的细胞连在一起形成假分枝状。单歧蓝菌属能固氮，其中的小单歧藻固氮能力强，可为水稻田提供生物氮肥。

5. 颤蓝菌属

颤蓝菌属因生长于水中时不断颤动而得名，其藻丝能沿其长轴作滚转或匍匐的运动，或作滑溜运动。不分枝，一般等宽，没有胶质鞘，无异形胞。颤蓝菌属是分布最广泛的一种蓝细菌，能在各种生境中生长，例如在潮湿土表、岩石表面、稻田、池塘、湖泊、沼泽、溪河以及海边都有发现。繁殖旺盛时往往产生难闻的气味，导致水体无法饮用。

6. 螺旋藻属

螺旋藻属为一种丝状蓝细菌，菌丝体弯曲，多数可进行有规律的螺旋状绕转，能沿其长轴扭曲旋转，向前运动。整个菌丝体无胶质鞘。螺旋藻富含氨基酸和维生素，含有的蛋白质为干重的 $55\%\sim65\%$，有时高达 70% 以上，已有许多地方专门培养螺旋藻作为人类健康食品和饲养动物的高蛋白质饲料。世界上仅有三个天然生长螺旋藻的水域，包括我国云南省永胜县的程海湖、墨西哥的坦克斯可可湖和非洲的乍得湖。在我国程海湖畔，已经成功人工养殖螺旋藻，程海湖成为世人瞩目的"蓝色聚宝盆"。

7. 念珠藻

念珠藻藻体多数为球形，群体外有质地十分坚韧的总胶被。细胞排列呈念珠状，群集于胶团中。念珠藻属含有蓝色的藻蓝素与红色的藻红素，并有固氮能力。厚壁孢子往往大量在异形胞间形成，可以抵抗不良环境，厚壁孢子可在条件适宜时萌发并分裂产生新的藻体。可生长在潮湿土表、岩石上、藓类植物的茎叶间，也可贴附在水底石块上或水生植物上生长。念珠藻属中的发菜、地木耳、葛仙米可食用。

五、蓝细菌与人类的关系

蓝细菌是发现最早的光合产氧生物，在地球大气从无氧环境转变为有氧环境中发挥了巨大的作用。蓝细菌具有重大的经济价值和生态价值，构成了海洋、江河湖等水体光合生产力的重要组成部分。空气中约有体积分数为 78% 的 N_2，但大多数生物不能直接将 N_2 作为氮源，而固氮蓝细菌及根瘤菌、固氮菌可以将大气中的 N_2 固定下来，转化为有机氮，可有效地利用大气中的 N_2。固氮蓝细菌有力地推动了自然界的氮循环，可以提高土壤肥力，使农作物增产。蓝细菌可自生固氮，也可共生固氮。蓝细菌还有利于维护土壤稳定性、保持土壤营养水平、维持土壤水分。蓝细菌不仅可用于改良农业土壤，也被中国科学院水生生物研究所的科学家用于修复荒漠化生境。荒漠蓝细菌是陆生的一个特定的生态类群，可作为先锋拓展生物，荒漠蓝细菌能够适应干旱、强紫外辐射、营养贫瘠等环境胁迫，并通过自身的生命活动影响并改良周围生境。

蓝细菌在污水处理、水体自净中具有积极作用，在氮、磷丰富的水体中生长旺盛，可作为水体富营养化的指示生物。

蓝细菌具有一定经济价值，有许多种类可食用，如发菜念珠蓝细菌、普通木耳念珠蓝细菌（即葛仙米，俗称地耳）、盘状螺旋蓝细菌、最大螺旋蓝细菌等。后两种含有丰富的蛋白质、钙、铁、维生素和 β-类胡萝卜素，已开发成有一定经济价值的"螺旋藻"产品。

有些蓝细菌在富营养化的海湾和湖泊中会引起赤潮和水华。有些蓝细菌产生的毒素，不仅危害水生生物，严重者还会引起水生动物大量死亡，最终会危及人类。蓝细菌产生的藻毒素主要是细胞内毒素，其中微囊藻毒素与肝癌的发病有关系，采用常规的自来水处理工艺和高温处理都很难将其去除。

第四节　放线菌

放线菌是一类呈丝状生长的原核微生物，因在固体培养基上呈辐射状生长而得名。大多数放线菌为腐生型，在自然界物质循环中起积极作用，具有很高的经济价值；少数是寄生型，能使人、畜、植物患病。

一、放线菌的形态和结构

放线菌种类很多，其形态和构造类型多样。链霉菌属是发育较为高等的放线菌，一般以链霉菌属为例描述放线菌的一般形态结构。

（一）典型放线菌的形态和结构

链霉菌属分布广、种类多、形态特征最典型，与人类关系很密切。

放线菌为单细胞，菌体由纤细的、长短不一的菌丝组成，菌丝分枝，无横隔膜。这类放线菌的菌丝体可分为 3 种类型，如图 1-11 所示。①营养菌丝：潜入固体培养基质内或匍匐蔓生在培养基表面摄取营养物和排泄废物，也称为基质菌丝（或基内菌丝）、一级菌丝。菌丝宽度为 $0.2 \sim 1.0 \mu m$，长度为 $50 \sim 600 \mu m$。有的产生色素（包括黄、橙、红、紫、蓝、绿、褐、黑色），包括水溶性的色素和脂溶性的色素。②气生菌丝：营养菌丝生长到一定阶段后长出培养基外、向空气中延伸生长的菌丝为气生菌丝，也称为二级菌丝或基外菌丝。气生菌丝比营养菌丝粗，直径为 $1.0\sim1.4\mu m$，形状有直形、弯曲状、螺旋状。有的气生菌丝产生色素，多为脂溶性色素。气生菌丝主要是输送营养物质和起支撑作用并形成孢子丝。③孢子丝：气生菌丝生长到一定阶段，在其顶端分化出可形成孢子的菌丝称为孢子丝。孢子丝的形状多样，有直形、波曲形、钩形、螺旋形，其着生方式有互生、轮生和丛生等。孢子丝的形状和在气生菌丝上的排列方式，是放线菌分类鉴定的依据之一。孢子丝生长到一定阶段后，在其顶端形成分生孢子，分生孢子的形态极为多样化，有球状、椭圆状、杆状、梭状；颜色也十分丰富（有粉白、灰、黄、橙、红、蓝、绿等颜色）。在一定的培养基和培养条件下，分生孢子的形状、表面结构和颜色这些特征比较稳定，是菌种鉴定和分类鉴定的重要特征。孢子对不良环境有较强的抵抗力，耐干旱但不耐高温。

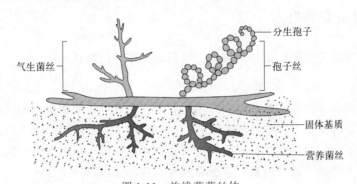

图 1-11　放线菌菌丝体

（二）其他放线菌的形态和结构

1. 营养菌丝会断裂成杆状体的放线菌

以诺卡氏菌属为代表，具有分枝状发达的营养菌丝，多数无气生菌丝。营养菌丝成熟后，会产生较一致的杆状或球状的分生孢子。

2. 菌丝顶端形成少量孢子的放线菌

多数小单孢菌属不形成气生菌丝，营养菌丝成熟后在其顶端产生 1 个孢子；小双孢菌属在气生菌丝顶端形成 2 个孢子；小四孢菌属在气生菌丝顶端形成 4 个孢子；小多孢菌属在营养菌丝和气生菌丝顶端都能形成少量无鞭毛孢子。

3. 具有孢囊的放线菌

链孢囊菌属放线菌的气生菌丝顶端产生的孢子丝可盘卷形成孢囊，内部产生多个孢囊孢子；游动放线菌属的气生菌丝不发达，在营养菌丝顶端可形成孢囊，其内含有许多具有鞭毛的孢囊孢子，可游动。

二、放线菌的培养特征

放线菌的菌落是由一个分生孢子或一段营养菌丝生长繁殖出许多菌丝，是菌丝在固体培养基表面互相缠绕而成的。放线菌的菌落可分为两类。①由产生大量分枝和气生菌丝的菌种形成的菌落，以链霉菌为代表。由于菌丝分枝多而且相互缠绕，其菌落质地紧密、表面呈绒状或密实多皱干燥。其菌落与培养基结合较紧，不易挑起但挑起后不易破碎。有时气生菌丝呈同心环状，当孢子丝产生大量孢子并布满整个菌落表面后，才形成絮状、粉状或颗粒状的典型放线菌菌落。由于基内菌丝和孢子产生的色素不同，菌落正反面的颜色经常不一致，有时候还会有特殊气味。例如：泾阳链霉菌菌落的正面为粉红色而背面为虎皮黄色。②菌落由不产生大量菌丝的种类形成，如诺卡氏菌属，其菌落质地松散呈粉质状，黏着力差，易挑起但也易粉碎。

放线菌在液体培养基中静置培养时，在液体表面形成膜状或在瓶壁与液面交界处形成一圈菌苔培养物，或沉淀于培养瓶底部而不使液体培养基呈浑浊状态。如果在液体培养基中振荡培养时，会形成由菌丝体构成的球状培养物。

三、放线菌的主要类群

除枝动菌属为革兰氏阴性菌外，其余放线菌均为革兰氏阳性菌。

1. 链霉菌属

链霉菌属是较高等的放线菌，菌丝体发达、无横隔，可分化为营养菌丝、气生菌丝、孢子丝，广泛分布于有机物丰富、含水量适中的酸性土壤中，是重要的土壤微生物。链霉菌属在培养基中形成不连续的苔藓状、革质或奶油状的彩色菌落，是最重要的抗生素生产菌，如可产生链霉素、土霉素、制霉菌素、卡那霉素等，有的还可以产生维生素和酶，是医药生产中的主要菌种。链霉菌属在生态系统物质循环中也有重要作用，土壤中生长的多数腐生型链霉菌，可以分解其他微生物难以分解的多种复杂有机物，还可以降解胶质、壳质、木质素、角质素、乳胶。少数寄生型的链霉菌会引起植物病害。

2. 诺卡氏菌属

诺卡氏菌属在固体培养基上形成纤细的菌丝体，多数弯曲成树根状。其主要特点是在培养 15h 至 4d 时，菌丝体会产生横隔膜，分枝的菌丝体突然全部断裂成长短近于一致的杆状、球状或分枝状，以此繁殖成新的菌丝体。

诺卡氏菌属中多数没有气生菌丝，只有营养菌丝；少数种在营养菌丝表面覆极薄的一层气生菌丝。诺卡氏菌属菌落的表面多皱、致密，有黄、黄绿、红橙等颜色。

诺卡氏菌属主要分布于土壤和水体中，多数为好氧腐生型，少数为厌氧寄生型。厌氧寄生型中的星状诺卡氏菌是病原菌。好氧腐生菌型的诺卡氏菌属对氰化物、腈类化合物的分解能力强，适合用于对丙烯腈废水的生物处理。在活性污泥法处理废水中，诺卡氏菌属的某些种可以引起活性污泥丝状膨胀、产生泡沫，从而影响废水处理效果。纤维化诺卡氏菌还能够固氮，分解 1g 纤维素的同时还能固氮 12mg。诺卡氏菌属中也有一些种类可产生抗生素，例如利福霉素等。

3. 小单孢菌属

小单孢菌属分布在土壤、湖泥、堆肥中。小单孢菌属放线菌通常无气生菌丝，偶见稀疏微白色气生菌丝。营养菌丝发达但纤细，直径 $0.3\sim0.6\mu m$，无横隔。小单孢菌属最突出的表观特征是在单轴分枝的菌丝上长出孢子梗，其顶端会产生圆形的单生孢子。腐生的小单孢菌可分解动植物残体，对纤维素和几丁质具有很强的分解能力。小单孢菌属是产生抗生素较多的一个属，其中刺孢小单孢菌可产生庆大霉素。

4. 红球菌属

红球菌属无气生菌丝或气生菌丝很少，形成的菌丝体很快会断裂成杆状和球形。红球菌属广泛分布在土壤和水生境中，能够降解石油烃、清洁剂、苯、多氯联苯和多种杀虫剂，可用于燃料除硫。红球菌属中有些菌种是人和动物的致病菌，如马红球菌是马、猪、牛、人等的致病菌。

5. 游动放线菌属

游动放线菌属没有气生菌丝或气生菌丝不发达。在营养菌丝上长出孢囊柄伸出基质外，其顶端为孢子囊。成熟的孢子囊破裂开，释放出有鞭毛的、可游动的孢子。

6. 放线菌属

放线菌属只有营养菌丝，无气生菌丝，不形成孢子。菌丝细长无分隔，有分枝，直径 $0.5\sim0.8\mu m$。以裂殖方式繁殖。放线菌属培养比较困难，它们的生长需要较丰富的营养，通常需在培养基中加放血清等营养物质。放线菌属在自然界分布广泛，种类繁多，多为致病菌，对人致病的主要有衣氏放线菌和龋齿放线菌。

7. 链孢囊菌属

链孢囊菌属主要特点是能形成孢囊和孢囊孢子。有营养菌丝和气生菌丝，营养菌丝分枝很多；气生菌丝上形成孢子囊并产生孢囊孢子。有些种需要有机生长因子。链孢囊菌属中有些种能产生广谱抗生素，在医药研究中备受重视，例如粉红链孢囊菌产生的多霉素，可抑制细菌、病毒等，对肿瘤也有一定抑制作用；绿灰链孢囊菌产生的绿菌素对细菌、霉菌、酵母菌均有抑制作用。

8. 弗兰克氏菌属

弗兰克氏菌属不易人工培养，是在广泛分布的非豆科植物根瘤内进行绝对共生生活的微生物。最显著的特征是能与非豆科木本植物共生固氮。菌体为丝状，纤细、稀疏，直径为 $0.3\sim0.5\mu m$。生长到一定阶段，营养菌丝顶端或中间经纵横分裂，膨大形成多腔孢囊，内含有许多孢子。着生于菌丝顶端的泡囊为固氮场所。

9. 枝动菌属

枝动菌属的革兰氏染色呈阴性。菌丝体断裂为弯曲而不规则的杆菌，具有端生长鞭毛，能游动。至今发现的两个种都能以酚和类似芳香族化合物作为唯一能源，使液体培养基呈浑浊状态，在普通培养基上生长良好。

四、放线菌的繁殖

自然条件下，多数放线菌通过形成无性孢子的方式进行繁殖，也可由菌丝分裂片段繁殖。放线菌无性孢子有分生孢子和孢囊孢子两种。分生孢子的形成方式有横隔分裂和凝聚分裂。液体培养时，主要靠菌丝片段进行繁殖。

有的放线菌气生菌丝生长到一定阶段，一部分气生菌丝在其顶端形成孢子丝，成熟后形成横隔，分化许多孢子；有的放线菌由菌丝盘卷形成孢子囊，其间产生横隔，孢子囊成熟后形成孢子。孢子在适宜环境条件下吸收水分、萌发、形成许多菌丝。

图1-12以链霉菌为例说明放线菌的生活史，包括孢子的萌发，菌丝的生长、发育及繁

殖等过程。

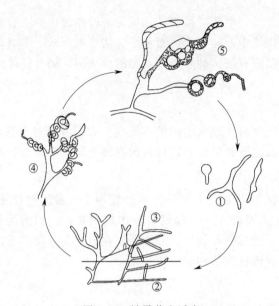

图 1-12　链霉菌生活史
①—孢子；②—营养菌丝；③—气生菌丝；④—孢子丝；⑤—孢子丝分化为孢子

五、放线菌与人类的关系

　　放线菌广泛存在于土壤、水体、空气、食品、动植物体表或体内。在含水量较少、有机质丰富的微碱性土壤中放线菌最多，土壤中放线菌的数量仅次于细菌的数量。土壤特有的泥腥味，主要是由放线菌的代谢产物所致。放线菌中绝大多数是腐生菌，能将动植物的残体分解后转化成有利于植物生长的营养物质，在自然界物质循环中具有重要的地位。

　　放线菌的菌落颜色鲜艳，对人体无害，因此，人们常用它作为食品染色剂，不仅美观还很安全。

　　放线菌与人类的关系很密切，在医药、工业上有重要作用。抗生素中有约 70% 是放线菌所产生的。有的放线菌还能产生多种酶制剂（蛋白酶、淀粉酶和纤维素酶等）、维生素和有机酸等。放线菌还是除草剂、抗寄生虫剂及其他药物的重要来源。

　　有些放线菌具固氮作用，可用于生产生物菌肥，例如弗兰克氏菌能够诱导大范围的放线菌根瘤植物产生根瘤。与弗兰克氏菌共生结瘤固氮的非豆科植物是一种重要的固氮资源。这些共生关系的成员是陆地生态系统中有机氮输入的主要贡献者之一，在自然界氮素循环和生态平衡中起着重要作用。

　　放线菌可以分解许多有机物，包括芳香族化合物、石蜡、橡胶、纤维素、木质等复杂化合物和一些含氰等毒性强的化合物，某些放线菌还可利用几丁质、丹宁甚至橡胶。因此，放线菌不仅在自然界物质循环中起着重要作用，在污水及有机固体废物的生物处理中也具有积极的作用，并且还能改善土壤、促使形成土壤团粒结构。

　　在已经发现的放线菌中，大多数种类是有益于人类或对人类无害的，但是也有少数种类对人类健康构成了威胁，如某些放线菌属、诺卡氏菌属、结核分枝杆菌、疮痂链霉菌等多种病原放线菌给人类健康和农业生产带来了很大危害。其中放线菌属和诺卡氏菌属的某些种会引起人和动物的皮肤炎、脑膜炎、肺炎和脚部感染等疾病；结核分枝杆菌可引起人类结核病；疮痂链霉菌能引起植物病害，例如马铃薯和甜菜的疮痂。

第五节　其他原核微生物

一、立克次体属

1909 年，青年医生霍华德·泰勒·立克次（Howard Taylor Ricketts）首次发现落基山斑点热的病原体，后来在研究过程中不幸感染而牺牲，故以他的名字命名这一类微生物以示纪念。1934 年，我国科学工作者谢少文首先应用鸡胚培养立克次体并获得成功，为人类认识立克次体做出了重大的贡献。立克次体是一类专性寄生于真核细胞内的原核微生物。其特点介于细菌与病毒之间，但更接近于细菌。立克次体有细胞壁，没有核仁及核膜，同时含DNA 和 RNA。不产芽孢，不具鞭毛不运动。立克次体以二分裂方式繁殖，繁殖一代需要9～12h。大多数立克次体不能用人工培养基培养，可用敏感动物、鸡胚、卵黄囊及动物组织培养，最适宜的培养温度为 37℃。

立克次体一般呈球状或杆状，细胞大小为 $(0.3\sim0.6)\mu m\times(0.8\sim2.0)\mu m$，多数不能通过细菌过滤器，可通过陶瓷滤器，可在光学显微镜下观察到。营寄生生活，主要寄生于节肢动物体内，有的会通过蚤、虱、蜱、螨传入人体，引起流行斑疹、伤寒、恙虫病、战壕热等疾病。

立克次体的常见种类有：①普氏立克次体，是流行性斑疹伤寒的病原体。当流行时，病人平均死亡率 20%，严重时可达 70%。②莫氏立克次体，是地方性斑疹伤寒的病原体。自然宿主是家鼠，发病较缓，病死率较低。③立氏立克次体，可引起人类患落基山斑点热，疾病流行时病人的死亡率高达 90%。寄生于蜱。④恙虫病立克次体，是恙虫病的病原体。贮藏病原体的动物为野生啮齿动物并借螨传播，本病首先在日本发现，病人的死亡率高达 60%。

不同的立克次体会引起不同的疾病。预防这类疾病时应对昆虫等中间宿主加以控制和消灭。立克次体对磺胺和抗生素敏感，对热、干燥、光照、化学消毒剂的抗性较差，在温度高于 56℃时 30min 即可被杀死。

二、支原体

支原体是一类无细胞壁、革兰氏染色呈阴性、形体最小的原核微生物。支原体细胞中唯一可见的细胞器是核糖体。支原体结构比较简单，由于没有细胞壁，只有包含三层结构的细胞膜，故不能维持固定的形态而呈现多形性，并且对渗透压敏感。可分布在土壤、污水、垃圾、昆虫、脊椎动物和人体中。与人类有关的支原体有肺炎支原体、人形支原体和生殖器支原体等。

支原体的特点：①细胞很小，支原体直径为150～300nm，可通过细菌过滤器，在光学显微镜下勉强可见。②缺乏细胞壁，细胞膜中胆固醇含量较高。③在固体培养基上的菌落形态很特殊，菌落小（0.1～0.3mm）而呈"油煎蛋"状，中央厚、周围薄而透明，嵌入培养基；在液体培养基中生长时，液体培养基一般不会浑浊。④可在人工培养基上生长，但营养要求较高，需在含血清、酵母膏、胆固醇等营养丰富的特殊培养基上独立生长；支原体还能在鸡胚绒毛尿囊膜或培养细胞中生长。⑤多数以二等分裂繁殖，也有出芽生殖。⑥对抗生素敏感（除抑壁抗生素外）。凡是能作用于胆固醇的物质均可引起支原体死亡，对干扰蛋白质合成的土霉素和四环素敏感。⑦革兰氏染色时不易着色，故常用支原体染色法（Dienes 染色法）将其染成淡紫色。

三、衣原体

衣原体是一类能通过细菌滤器、严格细胞内寄生、有独特生活周期的革兰氏阴性原核微生物。衣原体是一种比细菌小但比病毒大的微生物。衣原体具有一定的代谢能力，但缺少独立的产能系统，没有合成高能化合物 ATP 和 GTP 的能力，必须由宿主细胞提供能量，所以是能量寄生物。多数衣原体呈球状、堆状，有细胞结构，无运动能力，同时含有 DNA 和 RNA 两种核酸，一般寄生在动物细胞内。衣原体以二等分裂繁殖，有独特发育周期，仅在活细胞内以二分裂方式繁殖。衣原体对抑制细菌的抗生素和药物都很敏感。乙醚、0.1% 的甲醛、0.5% 石炭酸可以灭活衣原体。

衣原体是专性细胞内寄生，而不能用人工培养基培养，绝大多数能够在鸡胚或鸭胚卵黄囊中生长繁殖。衣原体耐冷不耐热，56～60℃下仅可存活 5～10min，但在 −70℃可保存数年。其中有少数可致病，例如肺炎衣原体、鹦鹉热衣原体、沙眼衣原体和兽类衣原体。衣原体不需要媒介就能直接侵入人类、哺乳动物和鸟类。1956 年我国学者汤飞凡等人用鸡胚卵黄囊接种法，在世界上首次成功分离出沙眼衣原体，从而促进了衣原体的研究。

四、螺旋体

螺旋体是一类细长、柔软、弯曲呈螺旋状、运动活泼的原核微生物。其在生物学位置上介于细菌与原生动物之间。螺旋体不具鞭毛，但可依靠轴丝的收缩而运动。螺旋体宽度为 0.1～0.5μm、长度为 3～20μm，有的长达 500μm。螺旋体与细菌的相似之处有：具有与细菌相似的细胞壁，内含脂多糖和胞壁酸，以二分裂（纵裂）方式繁殖，对抗生素敏感。与原生动物的相似之处有：体态柔软，胞壁与胞膜之间绕有弹性轴丝，借助它的屈曲和收缩能活泼运动，易被胆汁或胆盐溶解。

螺旋体有腐生型的和寄生型的，腐生型的常存在于河流、池塘、湖泊、海洋或淤泥中，寄生型种类可引发人和动物的疾病。螺旋体对温度、干燥、抗生素、化学消毒剂敏感；在干燥环境下几分钟即可死亡；而对低温有较强的抵抗力，经反复冻融后仍可存活。大多数螺旋体是非病原菌。致病的螺旋体有密螺旋体属、疏螺旋体属和钩端螺旋体属等，它们分别引起梅毒、回归热及钩端螺旋体病。

1. 革兰氏阳性菌和革兰氏阴性菌的细胞壁结构有什么区别？

2. 简述革兰氏染色的机制及染色步骤。

3. 什么是荚膜？什么是黏液层？荚膜和黏液层有何相同点，又有什么区别？

4. 什么是芽孢？为什么芽孢是抵抗不良环境的休眠体？

5. 什么是鞭毛？通过半固体培养基如何判断细菌有没有鞭毛？

6. 何为菌落？可从哪几个方面来描述菌落的特征？

7. 细菌在液体培养基和半固体培养基中有何培养特征？

8. 原核微生物有核糖体细胞器吗？它有什么生理功能？

9. 通常（中性偏碱性培养条件下）细菌表面带什么电荷？

10. 简述古菌的特点。

11. 古菌包括哪几种类型？

12. 简述古菌在环境保护中有哪些应用。

13. 古菌和细菌有什么区别？

14. 细菌的一般结构和特殊结构分别包括哪些？这些结构分别有什么生理功能？

15. 原核微生物有什么特点？

16. 蓝细菌为什么归为原核微生物？

17. 简述蓝细菌与人类的关系。

18. 简述蓝细菌的生境，为什么说蓝细菌是"先锋生物"？

19. 蓝细菌细胞有哪些特化形式？蓝细菌的固氮部位是什么？

20. 简述放线菌的形态和结构。

21. 简述放线菌的繁殖方式。

22. 简述放线菌与人类的关系。

23. 立克次体、支原体、衣原体和螺旋体分别是什么样的微生物？

第二章

真核微生物

第一节　真菌

　　真菌是真核微生物中的一大类群，通常分为酵母菌、霉菌及伞菌三类，它们在有机废水和有机固体废物生物处理中都起着积极作用。

一、酵母菌

　　酵母菌泛指能发酵糖类的各种单细胞真菌，是人类文明史中应用最早的微生物。酵母菌在无氧和有氧环境下都能生存，属于兼性厌氧菌。在缺氧时，发酵型的酵母将糖类转化成为二氧化碳和乙醇并获得能量；在有氧条件下，把糖分解成二氧化碳和水且酵母菌生长较快。酵母菌在自然界分布广泛，主要生长在偏酸性潮湿的含糖环境中，可以在空气、土壤、水、动物体内存活，还有一些酵母菌能够存活于昆虫体内。多数酵母菌可从富含糖类的环境中分离获得。

（一）酵母菌形态和大小

　　酵母菌的形态有球状、卵圆状、椭圆状、柱状、假丝状。酵母菌细胞宽度（直径）约 $1\sim6\mu m$，长度 $5\sim30\mu m$，有的甚至更长。假丝酵母菌在经出芽繁殖后，子细胞没有脱离母体，并与母细胞连成链状且有分枝，故称为假丝状。图 2-1 为假丝酵母菌示意图。

　　对人致病的酵母菌包括白假丝酵母菌、热带假丝酵母菌、近平滑假丝酵母菌等。其中，白假丝酵母菌即白色念珠菌最常见，致病力也最强，为双相菌，正常情况下一般为卵圆形，致病时转化为菌丝相。

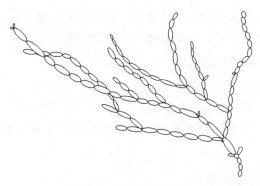

图 2-1　假丝酵母菌形态

（二）酵母菌的细胞结构

酵母菌的细胞结构包括细胞壁、细胞膜、细胞质、内含物和细胞核。细胞核具有核膜、核仁和染色体。酵母菌的细胞质含有核糖体、中心体、线粒体、RNA、中心染色质、高尔基体、内质网膜和液泡等。啤酒酵母还含几丁质。老龄酵母细胞中通常由于营养过剩形成一些内含物，主要为异染颗粒、脂肪颗粒、糖原、蛋白质和多糖等。

酵母菌细胞壁含有葡聚糖、甘露聚糖、蛋白质及脂类，不同于细菌的细胞壁。酵母菌的细胞壁呈"三明治"式结构：外层主要为甘露聚糖；中间层主要是蛋白质；内层主要为葡聚糖。其中葡聚糖是赋予细胞壁机械强度的主要物质，酵母葡聚糖是第一个被发现具有免疫活性的葡聚糖，同时还具有较强的增强免疫、清除毒素、抗辐射、细胞修复、降低血脂等生物活性。当酵母细胞处于高渗的环境下而收缩时，葡聚糖能维持细胞的弹性。

（三）酵母菌的生长繁殖

适宜酵母菌生长的 pH 值范围为 3.0～7.5，其最适 pH 值为 4.5～5.0。酵母菌需要的水分比细菌少，某些酵母菌能在水分极少的环境中生长，如蜂蜜和果酱。适宜酵母菌生长的温度范围一般为 20～30℃。

酵母菌的繁殖方式有无性繁殖和有性繁殖两种。有些酵母菌在营养状况不良时，可形成子囊孢子进行有性繁殖，在条件适合时再萌发。但有一些酵母菌，例如假丝酵母（或称念珠菌）是不能进行有性繁殖的，只能进行无性繁殖。

无性繁殖包括芽殖、裂殖、无性孢子。①芽殖：是酵母菌进行无性繁殖的主要方式。成熟的酵母菌细胞，先长出一个小芽细胞，生长到一定程度后脱离母细胞形成新个体。有一端出芽、两端出芽和多端出芽几种情况。②裂殖：少数种类的酵母菌进行裂殖，即由细胞横分裂而繁殖，对称性分裂成两个大小和形状一致的新个体。③无性孢子：无性孢子包括掷孢子、节孢子和厚垣孢子。少数酵母可在营养细胞上长出小梗，小梗上产生掷孢子，孢子成熟后通过一种喷射机制将孢子射出；还有少数酵母菌的菌丝成熟后呈竹节状断裂，产生大量节孢子；有的酵母菌在其假菌丝顶端产生厚垣孢子。

（四）酵母菌的培养特征

1. 在固体培养基上的培养特征

大多数酵母菌在固体培养基上的菌落特征与细菌相似，但比细菌的菌落大而厚，菌落质地均匀，菌落表面光滑、湿润黏稠，容易挑起。酵母菌菌落多为乳白色，少数为红色。培养时间久后其菌落表面会变得干燥，并呈皱褶状。酵母菌菌落往往有"酒香味"。

2. 在液体培养基中的生长特征

在液体培养基中，不同酵母菌的生长情况不同。有的酵母菌在液体培养基表面上形成菌膜，其厚度因种而异；有的酵母菌在生长过程中始终沉淀在液体培养基底部；有的酵母菌在液体培养基中均匀生长，使液体培养基呈浑浊状态；发酵型酵母菌使液体培养基表面充满泡沫。

（五）酵母菌与人类的关系

1. 用途

酵母菌细胞中含有丰富的蛋白质、碳水化合物、脂类物质、维生素、矿物质、酶类和活性物质，可将其应用在食品、医药、饲料等方面。食用干酵母粉可提高食品营养价值，可作为食物的添加剂。在医药方面，可将其制成酵母片，用于治疗消化不良症，一定程度上有调理新陈代谢机能的作用；酵母中的抗氧化物有一定的解毒作用，可以保护肝脏。在酵母菌培养过程中，添加一些特殊的元素可制成含硒、铬等微量元素的酵母，可用于治疗某些疾病、提高人体的免疫力。某些酵母菌也可制作成动物饲料，为动物补充蛋白质并促进其生长发育、增强幼禽畜的抗病能力。

有些氧化型酵母菌在石油加工工业、含油含酚废水的处理过程中起到积极作用。在利用酵母菌处理淀粉废水、油脂废水和味精废水时，一方面使废水得到处理，另一方面还可以收获酵母菌体蛋白，用作饲料。

酵母菌是简单的单细胞真核微生物，不仅生长周期短，而且还容易培养，可广泛用于现代生物学研究中。有的酵母菌可作为模式生物、遗传学和分子生物学的研究材料。酵母菌中的质粒，经常被用作基因工程的载体。

2. 危害

有些酵母菌是有害的。红酵母会生长在潮湿的家具上并对人体有害。白色假丝酵母能够引起鹅口疮以及尿道炎等感染性疾病。正常情况下，白色假丝酵母以椭圆酵母细胞型存在，没有致病性；但在某些因素（例如免疫力缺陷，过量使用抗生素等）的诱导下，会大量转化为假菌丝状生长型，并大量繁殖，入侵人体黏膜系统后引起炎症而致病。

二、霉菌

霉菌分布很广，与人类关系密切。霉菌不是分类学的名词，而是能形成分枝菌丝的真菌的统称。

（一）霉菌的形态结构

霉菌是由发达菌丝交织形成的菌丝体，无较大的子实体。霉菌的菌丝直径为 $3\sim10\mu m$，在光学显微镜下清晰可见。在固体培养基上生长的霉菌，其菌丝可分为三部分：①营养菌丝：伸入培养基内或蔓生在培养基表面，功能是摄取营养和排出废物；②气生菌丝：营养菌丝伸向空中生长的菌丝；③繁殖菌丝：部分气生菌丝发育到一定阶段，分化为繁殖菌丝，长出分生孢子梗和分生孢子。

霉菌的细胞由细胞壁、细胞膜、细胞质和内含物、细胞核等组成，细胞核有核膜、核仁和染色体，属于真核微生物。老龄霉菌的细胞质内会出现糖原、异染颗粒和脂肪粒储藏物。大多数霉菌是多细胞的，少数为单细胞的。通过在光学显微镜下观察菌丝中是否存在隔膜来区分是多细胞霉菌还是单细胞霉菌：菌丝内有横隔膜将菌丝分隔成一段一段的为多细胞霉菌，其中被横隔膜隔开的每一段菌丝就是一个细胞；菌丝内没有横隔膜时为单细胞霉菌，整团菌丝体就是一个单细胞。多细胞和单细胞霉菌菌丝体示意图如图 2-2 所示。青霉、曲霉、木霉、镰刀霉、白地霉和交链孢霉都是多细胞霉菌，而毛霉、根霉和棉霉是单细胞霉菌。

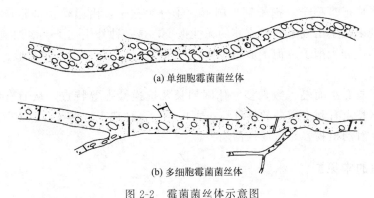

(a) 单细胞霉菌菌丝体

(b) 多细胞霉菌菌丝体

图 2-2　霉菌菌丝体示意图

（二）霉菌的培养特征

在无菌操作条件下，用接种环挑取霉菌的分生孢子或一段菌丝接种到相应固体培养基上，置于一定温度的恒温培养箱中培养后观察霉菌的菌落特征。霉菌的菌落较大，外观干燥，不透明；呈圆形、绒毛状、絮状或蜘蛛网状，呈现或松或紧的形状。霉菌菌落与固体培养基结合不紧，用接种环容易挑取。菌落正面与反面的颜色、构造以及边缘与中心的颜色经常出现不一致的现象。霉菌的菌落比其他微生物的菌落要大，有的霉菌菌丝蔓延扩展铺满整个培养皿，但也有的霉菌菌落大小有一定的局限性，直径仅为 1～2cm 或更小。霉菌菌落具有"霉味"。

不同霉菌的菌落呈现不同形状、结构和色泽，可呈红色、黄色、绿色、青绿色、青灰色、黑色、白色、褐色和灰色等。霉菌可产生水溶性色素和脂溶性色素。水溶性色素可溶于培养基使培养基的背面呈现颜色。而脂溶性色素不会扩散到培养基内部，只是使菌落呈现颜色。同一种霉菌，在含不同成分的培养基上的菌落特征也可能有所不同。但各种霉菌在同一培养基上的菌落形状、颜色等相对稳定。霉菌菌落特征是鉴定的重要依据之一。

霉菌在液体培养基中静置培养时，霉菌菌丝在液体表面生长而形成菌膜，其菌膜厚度因种而异；当在液体培养基中振荡培养时，霉菌菌丝会相互缠绕在一起成为菌丝球，或形成絮片状，主要取决于培养时的振荡速度。

（三）霉菌的繁殖

霉菌繁殖是通过有性孢子和无性孢子进行的；也可以借助菌丝的片段进行繁殖，在菌丝的顶端延伸分枝而生成新的菌丝体。霉菌的有性孢子有卵孢子、接合孢子、子囊孢子、担孢子几种形式。

常见的霉菌无性孢子有节孢子、厚垣孢子、孢囊孢子和分生孢子四种形式。①节孢子：由菌丝隔膜断裂而产生的孢子，例如白地霉，每个菌丝小节段就是一个节孢子。条件适宜时，每个节孢子可以萌发产生一个新的霉菌菌丝体。孢子常呈成串、短柱状。②厚垣孢子：通常是由菌丝中的细胞膨大、细胞质浓缩、细胞壁变厚而形成，然后由断裂的方式产生孢子，当条件适宜时可萌发产生菌丝。能抗御不良外界环境。孢子形态有圆形、柱形等。③孢囊孢子：霉菌发育到一定阶段时，气生菌丝顶端膨大形成"囊状结构"。在囊的内部聚集大量细胞核并与其周围的细胞质浓缩形成孢囊孢子，是一种内生孢子。多细胞的霉菌例如毛霉、根霉主要形成孢囊孢子。孢子呈近圆形。④分生孢子：由菌丝顶端延长形成分生孢子梗，分生孢子梗末端生出成串的或成簇的无性孢子，是一种外生孢子。多细胞的霉菌例如青霉、曲霉主要形成分生孢子。孢子形态多样，有球形、卵形、柱形、纺锤形、镰刀形等不同形状。

霉菌的孢子具有小而轻、数量多、休眠期长及抗逆性强等特点，从而有利于霉菌的散播。孢子的这些特点有利于霉菌的接种、扩大培养、菌种选育、保藏和鉴定等工作，但操作中易造成污染，对动植物容易造成霉菌病害。

（四）霉菌的常见属

1. 毛霉属

毛霉属为单细胞霉菌，多为腐生，极少寄生。菌丝无横隔、多核、分枝状。在固体培养基上菌落快速生长，从絮状到绒毛状，毛霉菌丝初期白色，逐渐变成深灰色，后至黑色，此时大量孢子囊成熟。毛霉又叫黑霉、长毛霉。毛霉属特点有：较大的球形孢子囊，无囊托，有明显的囊轴和囊领（图2-3）。

毛霉分解纤维素、蛋白质的能力强。常用于制作腐乳、豆豉以及制曲、酿酒，有的可用于生产脂肪酶、果胶酶、凝乳酶、柠檬酸和转化甾体物质。

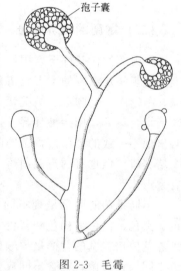

图2-3 毛霉

2. 根霉属

根霉属为单细胞霉菌，根霉的菌丝无隔膜，大部分菌丝匍匐于培养基的表面形成无色匍匐菌丝，生长迅速，向四周蔓延于整个平板。主要外观特征为具有假根及匍匐菌丝。根霉属霉菌的菌丝与营养基质接触处分化出的根状结构称为假根；其功能为固着和吸收养料。从假根处向上形成丛生直立、不分枝的孢囊梗，顶端膨大形成圆形的孢子囊（图2-4）。不形成定形菌落。菌落疏松或稠密，最初呈白色，后变为灰褐色或黑褐色。

常见根霉为黑根霉，分布广泛，常寄生在面包和日常食品上。在运输和贮藏瓜果蔬菜时发生的腐烂与黑根霉有关。黑根霉是发酵工业上常使用的微生物菌种。黑根霉的最适生长温度约为28℃，超过32℃则不再生长。

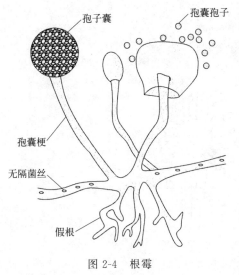

图 2-4　根霉

根霉在自然界分布很广，可分布于酒曲、植物残体、腐败有机物、动物粪便和土壤中。根霉用途很广，其淀粉酶活性很强，是酿造工业中常用的糖化菌。根霉能生产延胡索酸、乳酸等有机酸，还能产生芳香性的酯类物质。根霉亦是转化甾族化合物的重要菌种。

3. 绵霉属

绵霉属为单细胞霉菌，大多数是腐生的，少数是弱寄生的。大多存在于池塘、水田和土壤中。绵霉属的特征是在菌丝顶端形成棍棒形的游动孢子囊。

稻绵霉可寄生于水稻幼苗，引起绵腐病，受害秧苗向四周长出大量放射状菌丝体，使秧苗变黄腐烂。在秧苗期如果长期低温阴雨、秧田灌水过深过多或受到冻害时容易发生霉变。

4. 青霉属

青霉属为多细胞霉菌，菌丝有横隔。分生孢子梗亦有横隔，青霉的分生孢子梗分叉生出小梗并连续分枝，在最后一级的小梗上长出一串分生孢子，呈扫帚状。分生孢子为球形、椭圆形或短柱形，大部分呈蓝绿色（图 2-5）。青霉属菌落通常生长迅速，多呈密毡状，大多为灰绿色。

青霉营腐生生活，多出现于腐烂的水果、蔬菜、肉类和各种潮湿的有机物上。青霉菌丝体生长在植物的表面或深入内部。青霉菌可使许多农副产品腐烂，也有少数种类可使人或动物患病。岛青霉可产生毒素，导致大米发生霉变。

青霉以生产青霉素而著名，还可用于生产有机酸和酶制剂。

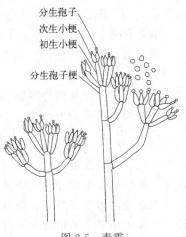

图 2-5　青霉

5. 曲霉属

曲霉属为多细胞霉菌，菌丝有横隔。分生孢子梗直接由营养菌丝产生，分枝形成分生孢子梗的细胞称作足细胞。分生孢子梗顶端膨大成圆形或椭圆形的顶囊，由顶囊向外辐射长出一层或两层辐射状小梗，最上层小梗呈瓶状，在其顶端生成成串的分生孢子（图 2-6）。分生孢子呈绿色、黄色、橙色、褐色、黑色等颜色。分生孢子的形状、大小、表面结构及颜色等，是菌种鉴定的依据。

曲霉属在自然界分布极广，多分布在谷物、土壤和各种有机物品上，是引起多种物质霉腐的主要微生物之一，其中黄曲霉产生毒性很强的黄曲霉毒素。另一方面，曲霉属是发酵工业和食品加工业的重要菌种，广泛用于制酱、酿酒、制醋、生产酶制剂，农业上可用作糖化饲料菌种。

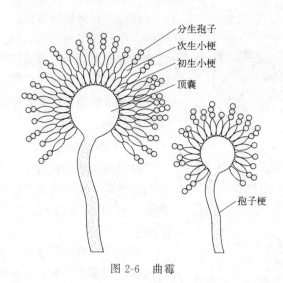

分生孢子
次生小梗
初生小梗
顶囊

孢子梗

图 2-6　曲霉

6. 镰刀霉属

镰刀霉属为多细胞霉菌，菌丝有横隔。由于它产生的分生孢子呈长柱状或稍弯曲像镰刀而得名。镰刀霉在固体培养基上的菌落为扁平圆形和绒毛状，颜色有白色、粉红色、红色、紫色和黄色等。

镰刀霉是导致种薯块茎腐烂最常见的真菌之一，感染后种薯发生局部腐烂，甚至完全烂掉。

镰刀霉对氰化物的分解能力强，可用于含氰废水处理；少数镰刀霉种可利用石油来生产蛋白酶和用于害虫的生物防治。

7. 木霉属

木霉属为多细胞霉菌，菌丝有横隔。木霉广泛分布于自然界，多见于腐木、种子、植物残体、有机肥、土壤和空气中。

木霉在固体培养基上的菌落开始时为白色、致密、圆形；随着向四周扩展，菌落中央开始产生绿色孢子，而菌落周围有白色菌丝的生长带；最后整个菌落全部变成绿色。

木霉对纤维素具有较强的分解能力。在含木质素、纤维素丰富的基质上生长很快，菌落蔓延迅速。木霉能生产纤维素酶、核黄素、抗生素，转化甾族化合物。木霉同时也是木材和相关工业产品的破坏者，也常寄生于某些真菌的子实体上，因此是栽培蘑菇的"劲敌"。在高温、高湿、通气不良和培养基偏酸性时，很容易滋生木霉。

8. 交链孢霉属

交链孢霉属是多细胞霉菌，菌丝有横隔。交链孢霉的分生孢子梗短而有隔膜，顶端长出的分生孢子排列成链状，单个孢子呈纺锤形，有横和竖的隔膜将孢子分隔为砖壁状。交链孢霉属是土壤、空气、工业材料上常见的腐生菌，在固体培养基上的菌落呈暗青褐色。

9. 地霉属

以白地霉为例，地霉属为多细胞霉菌，菌丝有横隔，其分生孢子梗很短，直立。白地霉为地霉属的代表，广泛分布在烂菜、青贮饲料、有机肥、各种乳制品等处。白地霉在营养菌丝的顶端长节孢子，形成的节孢子为单个或连接成链。菌落平面扩散，组织轻软，菌落颜色从白色到奶油色，少数菌株为浅褐色或深褐色。

白地霉的菌体蛋白营养价值高，可供食用及作为饲料。白地霉还能合成脂肪，能利用糖厂、酒厂及食品厂的有机废水生产饲料蛋白。

（五）霉菌与人类的关系

霉菌在自然界中属于分解者，扮演着很重要的角色，可把其他生物难以分解利用的复杂有机物彻底分解转化为植物可以利用的养料，促进物质循环。

霉菌可用于食品制造方面，如酱油的酿造和干酪的制造。霉菌可用来生产酒精、有机酸、抗生素、酶制剂、生物碱、植物生长素、维生素及甾体激素等。在基础理论研究方面，霉菌也是良好的实验材料。霉菌可应用于生物防治、污水处理和生物测定等方面。

霉菌有腐生的和寄生的。腐生的霉菌分解有机物能力强。镰刀霉分解无机氰化物能力强。有的霉菌还可以处理含硝基化合物的废水。寄生霉菌通常是人、动植物的致病菌。霉菌毒素对人和畜禽主要毒性表现在使神经和内分泌紊乱、免疫抑制、致癌致畸、肝肾损伤等方面。

三、伞菌

伞菌指那些能形成大型肉质、革质或木栓质等子实体的真菌。伞菌分布很广，从北极至热带的多林地带都有分布，在森林落叶地带更为丰富。伞菌种类多，有食用菌、药用菌和有毒菌。

伞菌形态多样，典型伞菌的子实体由菌盖、菌柄和基部的菌丝体组成。菌丝体有吸收营养、运输代谢物质、储藏代谢产物及繁殖功能。子实体由已组织化了的菌丝体组成，就是通常说的蘑菇，是食用菌、药用菌的主要食用、药用的部分。子实体形状有伞状、耳状、舌状、球状、花朵状等，其中伞状的最多，所以叫作伞菌。

伞菌多数为有性繁殖，由担孢子萌发形成初生菌丝体，随后很快形成双核的次生菌丝。少数进行无性繁殖，由它产生的粉孢子和厚垣孢子萌发成菌丝体。

伞菌一直被认为是"化腐朽为神奇"的生物。无毒的有机废水可用来培养食用菌的菌丝体，先通入空气培养一定时间后长成子实体；再将子实体移栽到无毒固体废物制成的固体培养基上长成蘑菇。这个过程中既处理了有机废水和无毒固体废物，还获得了大量的食用菌。有的伞菌对重金属具有很强的富集能力。

第二节　藻类

一、藻类的特点

藻类是没有真正根、茎、叶分化，进行光能自养生活，生殖器官由单细胞构成和无胚胎发育的一大类群。藻类具有叶绿体，含多种叶绿素、β-胡萝卜素、藻胆蛋白和叶黄素等，能进行光合作用。少数藻类营腐生生活，还有的藻类与其他生物共生。藻类的种类多、分布广，在江河湖海、温泉、土壤、岩石、树干等地方都有藻类生长，但主要分布于水体中。某些藻类过度繁殖会引起水华、赤潮等现象。藻类的生长需要阳光，pH值范围为4～10，最适宜pH值范围为6～8。大多数藻类是中温性的，也有的藻类可在85℃的温泉中生长，还有的藻类可以在高山积雪上生长。藻类构造简单，形态多样，包括单细胞、各式群体、丝状体、叶状体、管状体等。不同的藻类大小各异，其大小从几微米到几米（例如海带），甚至上百米（巨藻）。生活型包括浮游、附着、固着、底栖等。

根据藻类中光合色素的种类、个体形态、细胞结构、生殖方式和生活史等，将藻类分为10门：绿藻门、轮藻门、裸藻门、硅藻门、金藻门、甲藻门、黄藻门、隐藻门、褐藻门、红藻门。不同藻类细胞含的色素是各式各样的，而不同的色素组成标志着不同的进化方向，是分类的主要依据。

二、藻类的用途

藻类在生态系统中属于生产者，可以利用太阳能制造有机物并为其他生物利用，与人类的生产和生活关系密切。藻类具有汇集二氧化碳、释放氧气、为水生生物提供基础饵料，为人类提供食物和能量等多种生态功能，能促进生物圈的碳氧循环。有些藻类能直接被人食用，例如褐藻门的海带、裙带菜，红藻门的紫菜，绿藻门的石莼和浒苔等都是重要的食用藻类。

藻类在工业上的用途主要是可以提供各种藻胶。好多藻类可作为提取碘、甘露醇及褐藻胶的原料。褐藻胶可广泛应用在食品、造纸、化工、纺织工业上。从石花菜、江蓠、仙菜等中可提取琼胶用作医药、化学工业的原料和微生物学研究的培养基。有的藻类可以直接作药用。在农业方面，土壤藻类可以积累有机物质，并可刺激微生物的活动，增加土壤的含氧量。

有些藻类对环境的变化很敏感，可以根据水体中藻类的种类和数量的变化判断水体是否受到污染及其污染程度。

藻类可用于去除水体中的氮和磷；还可以利用藻类和细菌的互生关系处理污水。在给水处理工艺和废水深度处理中可采用硅藻土作为过滤剂，在制糖或精炼石油时，硅藻土可用于滤除杂质。

三、藻类的分类介绍

1. 绿藻门

绿藻门为藻类中最大的一门。分布很广，大多产于淡水，少数分布于潮湿土表或海水。绿藻含有较多的叶绿素a、叶绿素b、叶黄素和β-胡萝卜素。贮存物为淀粉和油类。藻体有单细胞、群体、丝状体、叶状体、管状多核体等各种类型。绿藻门的个体形态多样：①单细胞类型，如衣藻、小球藻。②群体类型，如空球藻、盘藻。③丝状体类型，如水绵、刚毛藻。④膜状体类型，如石莼、浒苔。⑤异丝体类型，如毛枝藻。⑥管状体类型，如松藻。

水生绿藻有浮游的和固着的。还有的绿藻寄生于植物并导致植物病害。有的绿藻与真菌共生形成地衣。

绿藻有很高的经济价值。绿藻中的石莼、礁膜、浒苔等为食用海藻。栅藻、扁藻、小球藻等单细胞绿藻产量高，富含蛋白质、糖类、氨基酸和多种维生素，可作食品、饲料或用于提取蛋白质、脂肪、叶绿素和核黄素等多种产品。绿藻在水体中起净化作用和指示作用，还可以利用藻菌共生系统和活性藻的方法来处理生活污水和工业污水。

2. 轮藻门

轮藻可生活于各种淡水或半咸水体中，最常见于稻田、沼泽、池塘和湖泊中，营固着生活。光合色素为叶绿素 a、叶绿素 b、β-胡萝卜素、叶黄素和其他类胡萝卜素。

轮藻具有类似根、茎、叶的分化。具有大型顶细胞，有节和节间，在节上有轮生的分枝。

有的轮藻可作为饲料、肥料，有的轮藻还可药用。轮藻可用于熏烟驱蚊，有轮藻生长的水中没有孑孓生长，还可以净化污水。轮藻化石可作为地层鉴定和石油勘探的依据。

3. 裸藻门

裸藻因不具细胞壁而得名，仅具有原生质特化形成的表质膜。裸藻为单细胞，细胞呈卵圆形、卵形、纺锤形或长带形。绝大多数具有叶绿体，含叶绿素 a、叶绿素 b、β-胡萝卜素及三种叶黄素，大多数呈鲜绿色，可进行光合作用，为自养生物；少数没有色素不能进行光合作用，为腐生性营养或全动性营养，吞食有机碎屑或渗透营养。除柄裸藻属外，全在顶端生有鞭毛，能运动。当条件不适宜时，裸藻可形成胞囊，当环境好转时重新形成新个体。

裸藻大多数分布在淡水，少数生长在半咸水，很少生活在海水中，极少数可生长在潮湿土壤或冰雪中，也有寄生或附生的种类。裸藻在有机质丰富的静止水体中生长良好，是水质污染的指示植物。对温度的适应范围广，在 25℃时繁殖最快，大量繁殖时使水呈绿色、红色或褐色，并浮在水面上形成水华。裸藻是水体富营养化的主要指示生物。

4. 硅藻门

硅藻是一类重要的浮游生物，分布极其广泛，在淡水、半咸水、海水均有。但受气候、盐度等环境因子的制约，又具有明显的区域性特征。硅藻种类多、数量大，是海洋主要的初级生产力，因而被称为海洋的"草原"。

硅藻为单细胞，彼此可相连成群体。细胞壁由两个套合的硅质半片组成，形体像小盒，由上壳和下壳组成，套在外边稍大的半片称上壳，套在里边稍小的半片称下壳。繁殖方式主要为细胞分裂，母细胞的上下壳均形成子细胞的上壳，而子细胞的下壳则需要各自分泌形成。硅藻细胞经多次分裂后，个体逐渐缩小，到一定限度后产生一种复大孢子，以恢复原来的大小。

硅藻也可作为水体盐度、腐殖质含量和酸碱度的指示生物。当海洋环境富营养化时，有些硅藻会大量生长，形成赤潮，使水质恶化。有些硅藻（如根管藻）数量太多并密集聚在一起时，会阻挡鲱鱼的洄游路线或迫使其改变路线，导致渔获量降低。

硅藻是鱼、贝、虾类特别是其幼体的主要饵料。硅藻还是形成海底生物性沉积物的重要组成部分。经过漫长的年代，海底沉积下来的以硅藻为主要成分的沉积层，逐渐形成了经济价值极高的硅藻土。

5. 金藻门

多数金藻具有两条鞭毛，个别具有一条或三条鞭毛。除含叶绿素外，金藻还有较多的 β-胡萝卜素和叶黄素，藻体呈现黄绿色和金棕色。贮存物为金藻糖和油类。有的金藻无细胞壁，有的金藻具有果胶质衣鞘。

三毛金藻为一种害藻，能产生鱼毒素，导致鱼类大量死亡。

金藻多数为淡水产的，主要分布在温度较低的清澈淡水中。在寒冷季节也可大量繁殖，是重要的浮游藻类。

6. 甲藻门

甲藻多为单细胞的，呈近球形、三角形、针形，有 2 条不等长、排列不对称的鞭毛。多数甲藻有细胞壁。含叶绿素 a、叶绿素 c、β-胡萝卜素、甲藻黄素，藻体呈棕黄色或黄绿色，偶尔呈红色。贮存物为淀粉和脂肪。

甲藻分布十分广泛，在海水、淡水和半咸水均有，多数种类生活在海洋中，是海洋浮游生物的一个重要类群。多数甲藻对光照强度和水温要求较高。甲藻通过光合作用，合成大量有机化合物，是海洋小型浮游动物的重要饵料之一。富营养化、适宜的光照强度及温度和酸碱度，是甲藻过量繁殖，造成赤潮的主要因素。大量甲藻死亡后沉积海底，形成甲藻化石，在石油勘探中常把甲藻化石作为地层对比的主要依据。

7. 黄藻门

黄藻有单细胞个体和群体、多核管状或丝状体。细胞壁含较多果胶质。黄藻体内含叶绿素 a、叶绿素 c、β-胡萝卜素和藻黄素，大多为黄绿色。贮存物为油类。具有两条长短不一和结构不同的鞭毛，所以，这一类群又称为不等鞭毛藻类。大多数黄藻细胞具有细胞壁，但最简单的黄藻是无壁的。

绝大多数黄藻分布于淡水，有些生活于土壤中，少数生活于海水中。大部分种类可作鱼的饵料。

黄藻在气温高、降水少、日照长的半流动清洁水体中生长旺盛，会大量消耗水内氧气，对鱼类和其他水生生物的生长造成不利影响；严重时，会危害栖息地的水禽，并造成严重的水体污染，破坏渔业资源。

8. 隐藻门

隐藻为单细胞，多数种类体内含叶绿素 a、叶绿素 c、β-胡萝卜素和藻胆素。隐藻能寄生于红藻中，形成一种内共生关系，并把藻胆素带给宿主。多数隐藻具有 2 根鞭毛，能运动。淡水中常见，隐藻喜生于富含有机物和氮丰富的水体，是我国高产肥水鱼池中极为常见的鞭毛藻类。在隐藻形成水华的鱼池中，白鲢生长快、产量高，所以隐藻是水肥的标志。

9. 褐藻门

褐藻门为多细胞，褐藻比较高级，营固着生活。细胞壁分为两层，内层是纤维素，外层由藻胶组成；在细胞壁内还含有褐藻糖胶。除含有叶绿素 a 和叶绿素 c 外，还含有大量的胡萝卜素和叶黄素，所以藻体多呈橄榄色和深褐色。主要分布于寒带和温带海洋，生长在低潮带和潮下带的岩石上。褐藻种类多，个体大，如巨藻长达几十米。绝大多数海产，许多褐藻细胞中含有大量碘，是提取碘的工业原料。

褐藻门的许多种类是重要的经济海藻。可食用的褐藻有海带、裙带菜、昆布、羊栖菜和鹿角藻等。在医药方面，褐藻可被用作抗凝剂、止血剂等。海带、裙带菜、羊栖菜等有预防甲状腺肿大的功效。

10. 红藻门

红藻绝大多数分布于海水中，少数生长于淡水。海水中红藻的分布受海水水温的限制，大多数是固着生活的。除少数为单细胞的外，多数红藻为多细胞的，通常为丝状、片状或树枝状。红藻除含叶绿素、胡萝卜素和叶黄素外，还含有大量的藻红素和藻蓝素。藻体呈紫红、玫瑰红、暗红等颜色。贮存物为红藻淀粉和红藻糖。

红藻中有一些种类的营养很丰富，如紫菜属、麒麟菜属、海萝属等。还有一些重要的经济种类如石花菜属、江蓠属，可用来提取琼胶和卡拉胶。有些红藻还是医学、纺织、食品等行业的工业原料。

第三节 原生动物

原生动物是最原始、最低等、结构最简单的单细胞动物。

一、原生动物的一般特征

（一）原生动物结构与功能

原生动物形体微小，除海洋有孔虫个别种类可达 10cm 外，大多在 $10\sim200\mu m$，最小的只有 $2\sim3\mu m$，需要在光学显微镜下观察，所以属于微生物范畴。

原生动物为单细胞，没有细胞壁，有细胞膜、核膜和分化的细胞器，属于真核生物。原生动物有独立生活的生命特征和生理功能，以各种细胞器完成各种生理功能，如运动、消化、呼吸、排泄、感应、生殖等，以鞭毛、纤毛或伪足来完成运动。

原生动物有全动性营养、植物性营养和腐生性营养三种营养类型。绝大多数原生动物为全动性营养，以其他生物为食。有色素的原生动物为植物性营养的，在有光照条件下吸收二氧化碳和无机盐进行光合作用，合成有机物。无色鞭毛虫和寄生的原生动物为腐生性的，它们借助体表从环境中或宿主中吸收可溶性的有机物为营养。原生动物与人类关系密切，不仅有经济价值，而且有重要的科学研究价值。

（二）原生动物的繁殖

原生动物的繁殖方式有无性生殖和有性生殖。无性生殖包括二分裂法、出芽生殖、多分裂法。其中二分裂法为主要繁殖方式，但在环境条件差时进行有性生殖。有些原生动物通过交替进行有性生殖和无性生殖来提高活力。

二、原生动物的分类与简介

原生动物主要类群有鞭毛纲、肉足纲、纤毛纲和孢子纲。其中鞭毛纲最原始，肉足纲结构较简单，纤毛纲结构最为复杂，孢子纲营寄生生活。鞭毛纲、肉足纲、纤毛纲在水体自净和污水生物处理中发挥积极作用。

（一）鞭毛纲

鞭毛纲的原生动物称为鞭毛虫，具有一根或多根鞭毛。鞭毛虫多自由生活，在海水、淡水中都可生存，还可作为鱼类的天然饵料。有些种类如裸甲腰鞭毛虫繁殖过多时，可使海水变色形成赤潮，对渔业生产造成损害。有的营寄生生活，寄生在人体或禽畜体内，造成很大危害。

鞭毛纲的代表生物有眼虫、夜光虫、粗袋鞭虫等。眼虫也称为裸藻，是一类单细胞真核生物。眼虫生活在有机物质丰富的水沟、池沼或缓流中。在环境不良的条件下形成胞囊。夜光虫的身体为圆球形，直径为 1mm 左右，颜色发红，在夜间由于海水波动的刺激能发光，因而得名。粗袋鞭虫具有两根鞭毛，一根粗壮而较长，运动时笔直地指向前方。另一根鞭毛细而短，并附着在体表而不易看出。

在自然水体中，鞭毛虫喜在多污带和 α-中污带生活；在污水生物处理系统中，在活性污泥培养初期或在处理效果差时鞭毛虫大量出现，所以可作为污水处理效果差的指示生物。

（二）肉足纲

肉足纲的原生动物称为肉足虫，是原生动物门中结构最简单的一纲。

肉足纲形体小、无色透明，大多数没有固定形态。体表常伸出指状、叶状或丝状的临时突起，细胞质也随之流入，称为伪足，伪足可作为运动和摄食的细胞器，为全动性营养。根据伪足形态，肉足纲分为根足亚纲（例如变形虫）和辐足亚纲（例如太阳虫、壳虫）。肉足纲大多数为自由生活，也有寄生的，例如痢疾阿米巴。

在自然水体中，变形虫喜在 α-中污带或 β-中污带生活。在污水生物处理系统中，则在活性污泥培养中期出现。

（三）纤毛纲

纤毛纲的原生动物成体或生活周期的某个时期具有纤毛，以纤毛为其运动及取食的细胞器。纤毛纲的原生动物称为纤毛虫。纤毛虫是构造最复杂的原生动物。纤毛虫喜欢取食游离细菌和有机颗粒，与废水的生物处理关系密切。有游泳型纤毛虫、固着型纤毛虫和吸管虫。

游泳型纤毛虫有喇叭虫属、斜管虫属、扭头虫属、豆形虫属、肾形虫属、草履虫属、漫游虫属等。在自然水体中，游泳型纤毛虫多数在 α-中污带和 β-中污带生活，少数在寡污带生活。在污水生物处理中，游泳型纤毛虫在活性污泥培养中期或在处理效果较差时出现。扭头虫、草履虫在缺氧或厌氧环境中生活，耐污力极强；漫游虫喜欢在较清洁的水体中生活。

固着型纤毛虫，虫体的前段口缘有纤毛带，虫体呈典型的钟罩形，故称为钟虫类。多数有柄，营固着生活。独缩虫和聚缩虫在钟罩的基部和柄内有肌原纤维组成的基丝，能够收缩。累枝虫和盖纤虫的尾柄内没有基丝不能收缩。在污水生物处理中，固着型纤毛虫，尤其是钟虫喜在寡污带中生活；有些钟虫类在 β-中污带也能生活，而累枝虫耐污力较强。大部分钟虫是水体自净程度高，污水生物处理好的指示生物。

吸管虫的幼体有纤毛，成虫纤毛消失，而长出长短不一的吸管，吸管分布于全身或局部。吸管虫的虫体呈球形、倒圆锥形或三角形等，靠一根柄固着生活，在自然界分布广泛。

吸管虫以原生动物和轮虫为食，吸管碰到微小动物时分泌毒素将其麻醉，然后溶化其细胞膜并吸干其体液。在自然水体中，吸管虫多数在β-中污带出现，有的也能耐α-中污带和多污带。在污水处理效果一般时出现。

（四）孢子纲

孢子纲为原生动物门的一纲。营寄生生活，没有运动器。会产生孢子，借以传播，习称孢子虫。分布广，在人体、家畜、家禽及其他动物等中都有孢子虫寄生，危害很大。

孢子纲的代表动物有疟原虫，能引起疟疾，这种病发作时一般会发冷发热，而且是在一定间隔时间内发作，在有些地方俗称"打摆子"。疟原虫的分布极广，遍及全世界。疟原虫对人的危害很大，它能大量地破坏红细胞，造成贫血，使肝脾肿大，甚至导致死亡。

大部分黏孢子虫寄生在鱼类中，极少数寄生于两栖类、爬虫。可寄生的部位也较广，几乎每个器官都能寄生。

三、原生动物的胞囊

原生动物分布十分广泛，淡水、海水、潮湿的土壤、污水沟，甚至雨后积水中都会有大量的原生动物分布，从两极的寒冷地区到60℃温泉中都可以发现它们。有的还可寄生在其他动物体内。

在正常的环境条件下，原生动物各自保持自己的形态特征。当环境条件变差时，如水干涸、水温和pH过高或过低、溶解氧不足、缺乏食物或排泄物积累过多、污水中的有机物浓度超过原生动物的适应能力等情况下，都可使原生动物不能正常生活而形成胞囊。胞囊是抵抗不良环境的一种休眠体。胞囊形成的过程：先是原生动物变圆，鞭毛、纤毛或伪足等细胞器缩入体内或消失，体内水分由伸缩泡陆续排出体外，虫体缩小；然后伸缩泡消失，并分泌一种胶状物质于体表；最后凝固形成胞壳。胞囊很轻、很容易随尘飘浮或被其他动物带到别的地方，当胞囊遇到适宜环境时，其胞壳破裂恢复原形。所以，原生动物分布很广，多为世界性的。

原生动物在污水生物处理中起着指示生物的作用，一旦形成胞囊，就可判断污水处理不正常。

第四节　微型后生动物

原生动物以外的多细胞动物为后生动物。鉴于有些后生动物体形微小，要借助光学显微镜才可看清楚，故称为微型后生动物。例如轮虫、线虫、寡毛虫、浮游甲壳动物、苔藓虫和拟水螅等。这些微型后生动物在天然水体、潮湿土壤、水体底泥和污水生物处理构筑物中均存在。

一、轮虫

轮虫形体微小，多数不超过0.5mm，需在光学显微镜下观察。轮虫身体为长形，分头部、躯干及尾部。由于其头部有一个由 1~2 圈纤毛组成并能转动的轮盘形如车轮，所以称为轮虫。轮盘为轮虫的运动和摄食器，咽内有一个几丁质的咀嚼器。

轮虫在自然界分布很广，多存在于淡水水体中，多数自由生活，以底栖的种类较多，栖息在沼泽、池塘、湖的沿岸。轮虫适合的 pH 范围广，有适应中性、偏碱性和偏酸性的种类，其中在 pH 值为 6.8 左右生活的种类较多。轮虫的基本生活方式有两类，一类营浮游生活；另一类营吸着、固着生活。轮虫有隐生的特性，当环境条件恶化如水体干涸、温度不适宜时，轮虫可停止活动，代谢几乎处于停滞状态，当环境适宜后又复苏。

大多数轮虫为杂食性的，可以以细菌、霉菌、单胞藻、原生动物、小型甲壳动物、有机颗粒为食。在污水处理中，轮虫吞食游离细菌和有机颗粒物，所以可以起到净化污水、提高污水处理效果的作用。活性污泥中常见的有转轮虫和玫瑰旋轮虫。但猪吻轮虫为肉食性的，当其大量出现于活性污泥处理系统时会蚕食污泥，严重时还会造成污水处理失败。若发现有大量猪吻轮虫繁殖时，需要暂时停止曝气制造厌氧环境来抑制猪吻轮虫生长。

一般在淡水水体中出现的轮虫要求较高的溶解氧量，所以轮虫是水体寡污带、污水生物处理效果好的指示生物。但轮虫数量过多时，说明污泥极度老化或污泥膨胀，会使净化效果变差。

轮虫繁殖速度快，生产量很高，是大多数经济水生动物幼体的开口饵料，在渔业生产上有很大的应用价值。在环境监测和生态毒理研究中被普遍用作指示生物。

二、线虫

线虫为长圆柱形，通常两端尖，形体微小，有的不到 1mm，有的却长达 8mm。线虫广泛分布在淡水、海水、陆地上。线虫有寄生的和自由生活的，在污水处理中出现的多是自由生活的。但也有许多种的线虫是寄生性的，是动物、植物及人类的病原体。

许多自由生活的线虫是肉食性的，以小型的动物为食；也有许多种线虫为植食性的，以藻类为食；还有的线虫取食细菌、真菌及沉积物，还可以取食有机碎屑，在食物链中具有重要作用。

线虫有好氧和兼性厌氧的，在缺氧时兼性厌氧者会大量生长。

线虫是污水净化程度差的指示生物。

三、寡毛类动物

寡毛类动物比轮虫和线虫高级，身体细长分节，每节两侧长有刚毛，依靠刚毛做爬行运动。颗体虫、颤蚓和水丝蚓属于寡毛类动物，也称为寡毛虫。在活性污泥中寡毛类动物是体形最大的动物。

在污水生物处理中经常出现红斑颗体虫，营杂食性，主要取食污泥中有机碎片和细菌。红斑颗体虫分布广，适合的生长温度为 20℃，温度低于 6℃ 后其活动力会下降，形成胞囊。如果大量红斑颗体虫生长，会把活性污泥蚕食光，使污水处理的出水水质急剧下降；可采取的措施为停止曝气但同时连续进污水，使其处于厌氧状态，可有效抑制红斑颗体虫的生长。红斑颗体虫可以用于污泥减量和污泥好氧消化的研究。

有些颤蚓和水丝蚓为厌氧生物，以土壤和底泥为食，可以作为河流、湖泊底泥污染的指示生物。

四、浮游甲壳动物

浮游甲壳动物是剑水蚤和水蚤等一类的甲壳纲浮游生物的总称，这类生物的主要特点是有坚硬的甲壳。摄食方式有滤食性和肉食性两种。以细菌和藻类为食，可用来去除氧化塘中过多的藻类。

浮游甲壳动物的数量大、种类多、分布广，多分布在河流、湖泊和水塘等水体中，也生活在海洋中。浮游甲壳动物是鱼类的基本食料，其数量对鱼类有很大影响。

剑水蚤长约 1.5mm，头胸部卵圆形，腹部细长。剑水蚤是一类分布地域广泛、食性复杂、能适应多种生存环境的甲壳型浮游动物。

水蚤体长约 2mm，浅肉红色，多生活在淡水中。水蚤体内含有大量的蛋白质、碳水化合物、钙质、维生素、脂肪，是鱼类的饵料，俗称鱼虫。但大量存在时可造成鱼卵、鱼苗大批死亡。水蚤还有一个重要作用是可作为北极生态变化的天然标尺。

水蚤血红素的含量通常随环境中溶解氧的高低而变化。水体中含氧量低时，水蚤的血红素含量高；水体中含氧量高时，水蚤的血红素含量低。因为在污染水体中溶解氧含量低，清水中溶解氧含量高，所以在污染水体中的水蚤颜色比在清水中的红些。可利用水蚤的这个特点，判断水体的清洁程度，所以水蚤是水体污染和水体自净的指示生物。

五、苔藓虫、拟水螅

苔藓虫是固定生活的群体动物，固着在其他生物体上，体外分泌一层胶质，形成群体的骨骼。苔藓虫可适应的温度范围很广，多生活在海水中，较少生活在淡水中。苔藓虫喜欢在较清洁、富含藻类、溶解氧充足的水体中生活，并吞食水中微型生物和有机杂质，具有一定的生物吸附作用，对水体净化有一定积极作用。当在水体中大量繁殖时，会降低水流速度，给工程运行造成一定不利影响。

拟水螅的虫体柔软，头部呈三角形，周围的 5 条触手可缓慢收缩、摇摆。它们利用触手可捕食藻类、细菌和小的原生动物等微生物。拟水螅经常和钟虫、轮虫和苔藓虫存在于较清洁的水体中。

思考题

1. 真菌包括哪些微生物？在废水生物处理中有什么作用？与我们日常生活、生产有什么利害关系？
2. 霉菌菌落有什么特点？
3. 酵母菌在污水处理方面有什么作用？
4. 藻类有哪些用途？哪些藻类可形成水华、赤潮？
5. 原生动物在水体自净和污水生物处理中有什么指示作用？
6. 在污水生物处理系统有哪些微型后生动物？有什么特征？
7. 原生动物和微型后生动物在自然界有何作用？

8. 霉菌有哪几种菌丝？如何区分多细胞和单细胞菌丝？

9. 如何利用浮游甲壳动物判断水体的清洁程度？

10. 什么是原生动物的胞囊？如果污水处理系统出现大量胞囊，有什么指示作用？

11. 原生动物分为哪几纲？在废水处理中常出现的是哪些？

12. 伞菌在自然界物质循环中有何作用？

13. 如果污水处理系统出现大量的猪吻轮虫，如何解决？

14. 水体富营养化与藻类大量繁殖是什么关系？水体富营养化有什么危害？

15. 霉菌与我们生产、生活有什么关系？

16. 原生动物的胞囊在什么情况下形成？有何特点。

第三章

病　毒

　　病毒是一类个体极为微小、没有细胞结构、专性寄生在活的敏感宿主体内的微生物。病毒具有简单的独特结构，可通过细菌过滤器，一般在电子显微镜下才能观察到。

　　病毒能够增殖，并能通过遗传变异和自然选择而演化，因而具有最基本的生命特征。现代病毒学家把这类特殊微生物分为真病毒和亚病毒因子两大类。真病毒（通常简称为病毒）至少含有核酸和蛋白质两种组分；亚病毒因子包括类病毒（只含具有独立侵染性的 RNA 组分）、卫星病毒（与真病毒伴生的缺陷病毒）、拟病毒（只含不具独立侵染性的 RNA 组分）和朊病毒（只含蛋白质单一组分）。

第一节　病毒的特点和形态结构

一、病毒的特点

　　病毒与其他微生物相比，具有以下特点：①病毒是不具有细胞结构的生命体，故也称为"分子生物"。②病毒个体非常微小，大多数在 $0.2\mu m$ 以下，一般为 $10\sim300nm$。③结构简单，没有合成蛋白质的结构——核糖体；没有合成细胞物质和繁殖所必备的酶系统；不具独立的代谢能力；必须专性寄生在活的敏感宿主细胞内，依靠宿主细胞合成病毒的化学组分和繁殖新个体。④病毒在活的敏感宿主细胞内是具有生命的超微小微生物，然而在宿主体外却以不具生命特征的生物大分子状态存在，也不能独立自我繁殖，但仍保留感染宿主的潜在能力，一旦重新进入活的宿主细胞内就又具有了生命特征。⑤在敏感宿主细胞内，通过核酸的复制和核酸蛋白装配的形式进行增殖；病毒不存在个体生长和二等分裂等细胞的繁殖方式。⑥病毒的化学组成简单，主要成分仅包括核酸和蛋白质两种，而且只含 DNA 或 RNA 一类核酸。目前尚未发现一种病毒同时含有 DNA 和 RNA。⑦病毒比其他微生物更容易发生变异，并具有强抗药性和耐药性。⑧病毒对一般抗生素不敏感，但对干扰素很敏感。⑨有些病毒的核酸可整合在宿主染色体上并同步复制。

二、病毒的分类

早期的病毒分类是以宿主的种类进行的，将病毒分为动物病毒、植物病毒和微生物病毒三种；然后对微生物病毒又细分为细菌病毒（噬菌体）、放线菌病毒（噬放线菌体）、藻类病毒（噬藻体）和真菌病毒（噬真菌体）。

上述分类方法比较方便实用，但没有充分反映出病毒的本质特性。随着电镜技术、生物化学和分子物理学的发展，综合根据病毒的宿主、所致疾病、病毒的结构和组成、核酸类型、复制的模式和有无被膜等特性进行分类。按核酸分类，可分为 DNA 病毒和 RNA 病毒。按性质来分，可分为温和病毒和烈性病毒。按病毒结构和组成分类，可分为真病毒（简称病毒）和亚病毒因子（包括类病毒、拟病毒、朊病毒、卫星病毒）。

三、病毒的形态

病毒是非细胞结构生物，所以单个病毒个体不能称为单细胞，而是称为病毒粒子。病毒粒子也称为病毒颗粒，指结构完整的、具有感染性的单个病毒。

不同病毒具有不同的形态。有球状、杆状、卵圆形、砖形、丝状和蝌蚪状等各种形态。动物病毒的形态有球形、砖形、卵圆形等，其中以痘病毒（砖形）最大，长宽高分别为 300nm、200nm 和 100nm；口蹄疫病毒最小，直径 22nm。植物病毒的形态有杆状、丝状和球状等，其中以马铃薯 Y 病毒最大，长度和直径分别为 750nm 和 12nm；南瓜花叶病毒最小，其直径为 22nm。噬菌体的形态有蝌蚪状、球状和丝状，其中大肠杆菌噬菌体 T_2、T_4、T_6 为蝌蚪状，头部为卵圆形，尾部为杆状，其长度和直径分别为 100nm 和 20nm；大肠杆菌噬菌体 f_2 为球状，直径 25nm；大肠杆菌噬菌体 M_{13} 为丝状，长度为 600~800nm。

四、病毒的化学组成及结构

（一）病毒的化学组成

病毒的基本化学组成包括蛋白质和核酸。个体大的病毒如痘病毒，除含有蛋白质和核酸外，还含类脂和多糖。

（二）病毒的结构

病毒没有细胞结构，但有其自身独特的结构。病毒的基本组成单位是核酸内芯和蛋白质衣壳，有些病毒还有被膜、刺突等结构。病毒结构如图 3-1 所示。

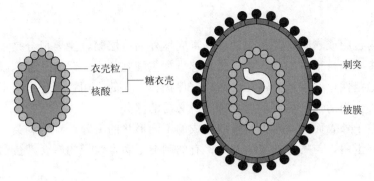

图 3-1　病毒的结构

1. 核酸内芯

核酸内芯位于病毒的中心。一个病毒粒子只含有一种核酸，核糖核酸（RNA）或脱氧核糖核酸（DNA），不能同时含有 DNA 和 RNA。动物病毒有的含 DNA，有的含 RNA。大多数植物病毒含 RNA，少数含 DNA。大多数噬菌体含 DNA，少数含 RNA。

核酸的功能是决定病毒遗传、变异和对敏感宿主细胞的感染力，为病毒的复制、遗传和变异提供遗传信息。

2. 蛋白质衣壳

蛋白质衣壳位于核酸内芯的外部，有保护核酸的作用，与核酸内芯合称为核衣壳。蛋白质衣壳是由一定数量的衣壳粒按一定的排列顺序组合而成的病毒外壳，它决定了病毒的形态。衣壳粒是由一种或多种多肽链折叠而成的蛋白质亚单位。

衣壳粒的排列组合具有对称性。通常病毒可分为 3 种对称性构型（图 3-2）。①立体对称型，主要为 20 面体，如腺病毒、疱疹病毒、脊髓灰质炎病毒、SARS 病毒和禽流感病毒等。②螺旋对称型，如杆状的烟草花叶病毒、丝状的黏病毒、弹状的狂犬病毒。③复合对称型，既有螺旋对称型结构又有立体对称型部分。典型代表为有尾噬菌体，例如大肠杆菌 T 系噬菌体：头部通常为 20 面体的立体对称型，尾部为螺旋对称型，呈蝌蚪状。

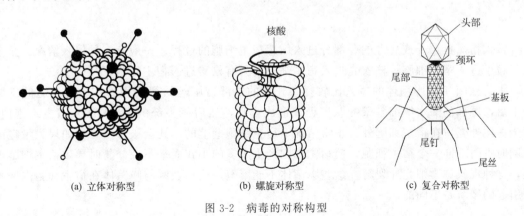

(a) 立体对称型　　　　　(b) 螺旋对称型　　　　　(c) 复合对称型

图 3-2　病毒的对称构型

蛋白质的功能是保护病毒使其免受环境因素的影响，决定病毒感染的特异性，使病毒与敏感细胞表面的特定部位有特异亲和力，病毒可以牢固附着在敏感细胞上。病毒的蛋白质还有致病性、毒力和抗原性。

3. 被膜

被膜也称为包膜或囊膜，是指包被在病毒壳体外的一层膜，主要成分是蛋白质、多糖和脂类。其成分主要来自宿主细胞，是病毒在感染宿主细胞"出芽"时从细胞膜或核膜处获得的。被膜具有稳定性，有维系病毒粒子结构、保护核衣壳的作用，可促进病毒与宿主细胞的吸附，具有多种生物活性，是启动病毒感染所必需的部分。

有些病毒粒子外表面还具有由糖蛋白组成的不同形状的突起，称为刺突。有的刺突是病毒粒子的吸附糖蛋白，与病毒的吸附有关；有的刺突是病毒粒子的融合糖蛋白，与病毒的侵入有关。

第二节　病毒的繁殖

一、病毒的繁殖过程

病毒的繁殖方式与一般生物不同。病毒的繁殖是指病毒核酸在宿主细胞内指挥宿主的生物合成结构合成病毒核酸和病毒蛋白质，并装配成新的病毒粒子后以各种方式释放出来。

动物病毒、植物病毒和噬菌体的繁殖过程基本相似，下面以大肠杆菌 T 系偶数噬菌体为例介绍病毒的繁殖过程。繁殖过程包括吸附、侵入、复制、聚集、释放 5 个步骤。

1. 吸附

吸附是指病毒以其特殊结构与宿主表面的特异受体发生特异结合的过程，是病毒感染宿主细胞的前提。大肠杆菌 T 系噬菌体以它的尾部末端吸附到敏感细胞表面上某一特定的化学成分上。

2. 侵入

侵入指病毒粒子或病毒的一部分进入敏感宿主细胞的过程。一般有三种侵入情况：整个病毒粒子进入宿主细胞；核衣壳进入宿主细胞；只有核酸进入宿主细胞。

大肠杆菌 T 系噬菌体的侵入比较复杂。它的尾部借尾丝的帮助固着在敏感细胞的细胞壁上后，尾部的酶水解细胞壁的肽聚糖并形成小孔，然后将头部的 DNA 注入宿主细胞内，而蛋白质外壳留在宿主细胞外。正常情况下宿主细胞壁上的小孔会被修复。但如果大量噬菌体同时吸附于同一个宿主细胞，使宿主细胞产生太多的小孔而来不及修复时导致宿主细胞破裂，这种现象称为细胞外裂解，这些噬菌体不能繁殖，这种裂解与噬菌体在宿主细胞内增殖所引起的裂解是不同的。

3. 复制

噬菌体侵入宿主细胞后，会引起宿主的代谢发生改变。使宿主的核酸不能按自身的遗传特性复制、不能合成自身蛋白质，相反却被噬菌体核酸所携带的遗传信息控制，并且利用宿主细胞的合成结构复制噬菌体的核酸，合成噬菌体的蛋白质。

4. 聚集

复制的核酸和合成的蛋白质聚集合成核衣壳。具有尾部的噬菌体，其尾部结构与核衣壳结合起来，成为新的子代噬菌体，这个聚集过程也被称为装配。

5. 释放

装配以后，有的病毒释放到宿主细胞外部。释放方式有多种，无被膜的病毒合成溶解细胞的酶，使宿主细胞裂解从而使子代病毒粒子释放到细胞外部；有被膜的病毒以出芽的方式逐个释放，通过细胞膜或核膜时，形成带有宿主细胞膜或者核膜的被膜。

噬菌体的水解酶水解宿主的细胞壁使宿主细胞裂解，噬菌体被释放出来并可以重新感染新的宿主细胞。一个宿主细胞可释放 10～1000 个噬菌体粒子。

二、噬菌体的溶原性

噬菌体有烈性噬菌体和温和噬菌体两种类型（见图 3-3）。噬菌体侵入宿主细胞后，完成繁殖后引起宿主细胞裂解释放子代的噬菌体称为烈性噬菌体（也称为毒性噬菌体），这种是正常表现的噬菌体。温和噬菌体侵入宿主细胞后，其核酸附着并整合在宿主的染色体上，并且和宿主的核酸同步复制，而宿主细胞不裂解并且继续生长。这种在短时间内不能实现繁殖的噬菌体称为温和噬菌体。

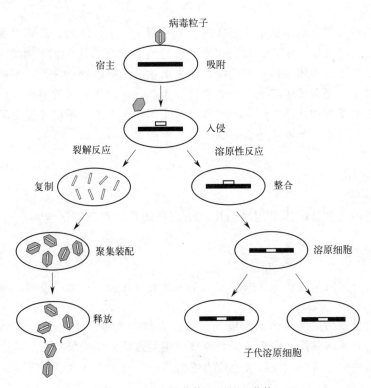

图 3-3　温和噬菌体和烈性噬菌体

含有温和噬菌体核酸的宿主细胞被称为溶原细胞。在溶原细胞内的温和噬菌体称为原噬菌体（或称为前噬菌体），并且可以随宿主细胞的分裂传给子代细胞，这种遗传特性称为溶原性。溶原性细菌的子代细胞也具有溶原性，也是溶原细胞。在溶原性细胞内的原噬菌体是没有感染力的，但是溶原性发生变异后，一旦脱离溶原性细胞，病毒核酸即可恢复其复制能力，随即引起宿主细胞裂解而释放出烈性噬菌体。

溶原性细胞具有抵抗同种或有亲缘关系噬菌体重复感染的能力，使该宿主细胞处在一种对噬菌体的免疫状态。

温和噬菌体在吸附和侵入宿主细胞后，将噬菌体基因组整合在宿主染色体上（或以质粒形式存在于细胞内），随宿主 DNA 的复制而同步复制，随宿主细胞分裂而传递给两个子细胞，宿主细胞可正常繁殖，以上过程称为"溶源周期"。但在一定条件下，噬菌体基因组可进行复制，产生并释放子代噬菌体，即"裂解周期"也称"溶菌周期"。因为温和噬菌体既能进行溶源循环，也能进行裂解循环，所以温和噬菌体可有溶原周期和溶菌周期，而烈性噬菌体只有一个溶菌周期。

第三节　病毒的危害与应用

一、病毒的危害

病毒虽然结构简单、形体微小，但病毒会专性寄生在生物体内，破坏生物机体，引起人类及动植物患病，甚至导致死亡。人类的许多传染病是由病毒引起的，如常见的流感病毒、乙肝病毒等。病毒还会破坏人体免疫功能，使人更容易感染各种疾病，甚至诱发癌症。病毒不仅危害人类健康，还会破坏工业、农业和林业生产。噬菌体威胁着酶制剂、生物农药、有机溶剂、抗生素的发酵和乳品生产等，发酵液被噬菌体污染后，不仅延长发酵周期、降低发酵产量和影响产品质量，严重时还会引起倒罐、停产等。

二、病毒的应用

基因工程中的大多数载体采用噬菌体、动植物病毒。利用灭活的病毒可促进动物细胞融合。

1. 病毒可以用来制备疫苗

疫苗可以有效预防某些病毒性疾病。疫苗主要有三种类型：灭活疫苗、减毒疫苗和基因工程疫苗。

灭活疫苗是指将病原体灭活而制成的疫苗。先培养病毒、细菌或立克次体，然后用物理、化学方法将其灭活，使之完全丧失对原来宿主的致病力但仍保持其免疫原性的一种生物制剂。灭活疫苗使受种者产生以体液免疫为主的免疫反应，如伤寒、霍乱、流行性脑膜炎等灭活疫苗。

减毒疫苗（又称减毒活疫苗）是指病原体经人工处理后，使其毒性减弱、失去致病能力，但却仍保持繁殖和免疫原性的疫苗。这类疫苗免疫力强、作用时间长，但具有潜在的致病危险。常见的减毒疫苗有口服脊髓灰质炎疫苗、麻疹减毒活疫苗、甲型肝炎病毒活疫苗等。1958年顾方舟在我国首次分离出脊髓灰质炎病毒，之后又成功研制了"液体"和"糖丸"两种活疫苗。

基因工程疫苗是使用DNA重组生物技术，将天然的或人工合成的遗传物质定向地插入细菌、酵母菌或哺乳动物细胞中，使之充分表达，然后经过纯化而制得的疫苗。利用基因工程技术可以制造出不含感染性物质的亚单位疫苗、稳定的减毒疫苗及能预防几种不同疾病的多价疫苗。

2. 利用昆虫病毒和噬菌体预防、控制动植物疾病

昆虫病毒的宿主范围具有高度特异性，一种昆虫病毒只对一种或几种特定的昆虫有致命性，不会对人类和其他生物造成危害。可利用昆虫病毒制剂防治农业和林业的病虫害，不仅安全有效，而且减少了化学污染，有利于环境保护。利用病毒进行生物防治具有重要的发展前景。用于生物防治的昆虫病毒有棉铃虫特异性病原病毒、赤松毛虫质型多角体病毒和菜粉蝶颗粒体病毒等杀虫剂。

3. 噬菌体的应用

噬菌体可用于鉴定未知细菌和分型。利用噬菌体对敏感宿主细胞的高度专一性和敏感性，可以对菌种进行鉴定，也可用于检测人和动植物病原菌。

噬菌体是分子生物学领域重要的实验工具和最理想的材料，可用于预防和治疗传染性疾病，主要是用于细菌感染疾病的治疗。在疾病治疗中使用噬菌体可使细菌裂解，特别适用于对抗生素产生抗药性的细菌类疾病。

噬菌体可用于测定辐射剂量。某些噬菌体对辐射剂量的反应很敏感，在特定条件下，噬菌体被射线照射一定时间后，测定噬菌体的侵染能力可计算出射线的辐射剂量。这种方法可测定射线辐射的直接生物效应，是其他理化方法不能测量到的。

噬菌体可用于筛选抗癌物质和检测致癌物质。噬菌体还可用于环境保护领域，用于评价废水处理效率。

第四节　病毒对环境因素的抵抗力

一、病毒在环境中的存活时间

不同病毒对外界因素的抵御能力不同，大部分病毒对外界抵抗力较弱，特别是对加热、紫外线，以及消毒剂很敏感，容易被灭活。但对低温有很强的抵抗能力。

在水体中，温度是影响病毒存活时间的主要因素。不同病毒存活时间不相同。另外还与病毒所处场所有关，例如在肠道中，病毒滴度下降99.9%所需时间，在3~5℃、22~25℃、37℃时分别为40~49d、2.5~9d和5d。但实际上在水体中许多肠道病毒可以存活更长时间，这是由于病毒与水中的悬浮颗粒结合在一起后具有较强的抵抗力。

病毒在土壤中的存活时间受许多因素影响，其中受温度和相对湿度的影响较大。在低温时比高温下存活时间长；相对湿度低时容易将病毒灭活，当土壤水分含量低于 10% 时，病毒的数量会大大降低。

空气中病毒的存活时间受温度、紫外辐射、相对湿度和风速等因素的影响。相对湿度越小，病毒存活时间越短。不同种类的病毒在空气中存活时间是有一定差异的。

二、物理因素对病毒的影响

对病毒影响最大的物理因素有温度、光和湿度。

1. 温度的影响

温度是影响病毒存活的一个重要因素。大多数病毒喜冷怕热，低温不会使病毒灭活，通常在 -75℃ 下保存病毒。例如天花病毒在鸡胚膜中冰冻 15 年后仍然存活。大部分病毒对反复冻融很敏感。

大多数病毒离开宿主细胞后，经 55~65℃ 处理不到 1h 就会被灭活。但也有例外，例如乙肝病毒在 100℃ 高温下加热 10min 才能被灭活；脊髓灰质炎病毒中的抗热变异株，可以在 75℃ 下生存。通常，高温会使病毒的核酸和蛋白质衣壳受到损伤，其中对蛋白质的灭活比对核酸的灭活更快。蛋白质在高温下变性后会阻碍病毒吸附到宿主细胞上，从而削弱了病毒的感染力。当环境中有蛋白质、金属阳离子、黏土、矿物和土壤时，这些物质可能会保护其中的病毒免受热的破坏作用。

2. 辐射的影响

紫外辐射、X 射线和 γ 射线对病毒均有灭活的作用。

日光中的紫外辐射和人工制造的紫外辐射对病毒均具有灭活的作用。其灭活的部位是病毒的核酸，使核酸中的嘧啶环受到影响而形成胸腺嘧啶二聚体，结果使病毒的遗传物质被破坏而被灭活。紫外辐射时尿嘧啶残基发生的水合作用也会损伤病毒。紫外辐射的致死作用随培养基的浊度和颜色的增加而降低。

在天然水体和氧化塘中，日光对肠道病毒有灭活作用。在有氧气和染料（例如美蓝、中性红等）存在时，大多数肠道病毒对可见光更敏感而容易被杀死，这种现象称为"光灭活作用"，这是由于染料附着在病毒的核酸上后可催化其光氧化过程，结果加速病毒的灭活。

3. 湿度

湿度是影响病毒在环境中存活的主要因素。在相对湿度低时，病毒的核酸会被释放出来，随后被裂解。在污泥中当含水量小于 35% 时，病毒量会降低。不同病毒适宜在不同相对湿度的环境中生存。无被膜的病毒如腺病毒，在相对湿度较高时存活较好；而有被膜的病毒如黏液病毒类、副黏液病毒类等，在相对湿度低时也适宜存活。

三、病毒对化学因素的抵抗力

环境中有许多化学因素会对病毒产生影响。化学因素对病毒的化学灭活包括体内灭活和体外灭活两种形式。

（一）体内灭活

体内灭活的化学物质有抗体和干扰素。

病毒侵入宿主细胞后，宿主产生一种特异蛋白质，用以抵抗外来入侵的病毒。入侵的病毒称为抗原，宿主产生的特异蛋白质称为抗体。

两种病毒同时或短时间内先后感染同一宿主细胞时，其中一种病毒可以抑制另一种病毒增殖的现象称为病毒的干扰现象。产生干扰现象的原因主要是宿主细胞感染病毒后诱导机体产生了干扰素。干扰素是一种糖蛋白，它可以诱导宿主产生一种抗病毒蛋白并将病毒杀死，进而能保护宿主细胞免受其他病毒的干扰。

病毒感染时，宿主产生的干扰素可阻止、中断病毒增殖，从而中断发病；如果已经发病，在还没有产生足够的抗体之前，干扰素可使机体恢复健康。在防治病毒性疾病方面，可通过调节疫苗用量或分期接种疫苗，避免产生干扰现象，以便达到预期的免疫效果。

（二）体外灭活

体外灭活病毒的化学物质有酚、低渗缓冲溶液、甲醛、亚硝酸、氨、醚类、十二烷基硫酸钠、氯仿、去氧胆酸盐、氯、溴、碘、臭氧、乙醇、强酸、强碱和其他氧化剂等。病毒对氧化剂敏感，如高锰酸钾、过氧化氢、漂白粉、二氧化氯都可以用来灭活病毒。氯和臭氧对病毒的蛋白质和核酸均有破坏作用，对病毒的灭活效果很好。病毒一般对碱性环境敏感，由于碱性环境可破坏病毒的蛋白质衣壳和核酸，特别是当 pH 高于 11 时会严重破坏病毒。

酚对病毒能够灭活是因为它可破坏病毒蛋白质的衣壳。低离子浓度的环境能使有些病毒蛋白质的衣壳发生细微变化，阻止病毒附着在宿主细胞上。但脊髓灰质炎 I 型病毒和柯萨奇病毒 B 在低离子浓度的环境下不会被灭活。

甲醛是有效的消毒剂，它能有效破坏病毒的核酸，因此常用甲醛消毒器皿和空气。亚硝酸对病毒的灭活作用，主要是由亚硝酸与病毒核酸反应导致嘌呤和嘧啶基的脱氨基作用造成的。氨对病毒的灭活是由于它可引起病毒颗粒内 RNA 的降解。

含脂类被膜的病毒对醚、十二烷基硫酸钠、氯仿、去氧胆酸钠等脂溶剂敏感而被破坏。无被膜的病毒对上述物质不敏感。可用上述脂溶剂鉴别病毒有无被膜：凡对醚类等脂溶剂敏感的病毒为有被膜的病毒；对醚类等脂溶剂不敏感的病毒为不具被膜的病毒。

四、生物因素对病毒的影响

少数细菌如枯草杆菌、大肠杆菌和铜绿假单胞菌能够灭活病毒，这是由于这些细菌具有分解病毒蛋白质衣壳的酶，从而病毒的蛋白质衣壳可被用作这些细菌的生长底物。

抗生素主要针对的是细菌，除细菌之外，还对立克次体或者支原体、衣原体、螺旋体等微生物有影响。但是因为病毒并没有细胞结构，所以一般抗生素对大部分病毒没有灭活作用。

虽然各种链霉菌产生的抗生素对大多数病毒无灭活作用，但可以灭活鹦鹉热-淋巴肉芽肿病毒。部分藻类产生的代谢产物如丙烯酸和多酚对某些病毒有灭活作用。

人们已发现一些抗生素对病毒有作用，有的已用在病毒病的预防和治疗上，如金刚胺、利福霉素、放线菌素 D 等。

第五节　亚病毒因子

不具有完整病毒结构的一类病毒称为亚病毒因子，包括类病毒、卫星病毒、拟病毒和朊病毒。

一、类病毒

类病毒是无蛋白质外壳保护的游离闭合环状单链 RNA 分子，侵入宿主细胞后可自我复制，并使宿主致病或死亡。类病毒是目前已知的最小致病感染因子，比普通病毒简单、更小。所有的类病毒 RNA 没有 mRNA 活性，不编码任何多肽，它的复制是借助宿主的 RNA 聚合酶 II 的催化，在宿主细胞核中进行的 RNA 到 RNA 的直接转录。

植物的类病毒可通过机械途径、花粉和胚珠侵染高等植物，引起特定症状或引起植株死亡。植物的类病毒能引发多种疾病，危害很大，例如马铃薯纺锤形块茎病、柑橘裂皮病、黄瓜白果病、番茄簇顶病、菊矮化病等。类病毒的感染力很强，但一般呈隐性感染，有时候不表现出症状。类病毒感染的潜伏期很长，例如马铃薯被纺锤形块茎病毒感染几个月甚至在第二代才出现症状，造成严重减产；柑橘裂皮病病毒的潜伏期更长，有时候长达几年。

类病毒耐受紫外线和作用于蛋白质的各种理化因素，但对 RNA 酶很敏感。

类病毒的发现是生命科学中的一个重大事件，是研究有机生物大分子结构和功能的好材料，并为人类揭开各种传染性疑难杂症的病因带来希望。对类病毒的研究可能为揭示生命起源和进化、生命过程的实现等生命科学的重大理论问题作出贡献。

二、卫星病毒

卫星病毒是一类基因组缺损、需要依赖辅助病毒基因才能复制和表达，进而完成增殖的亚病毒，不单独存在，常伴随着其他病毒一起出现。典型的例子是伴随着烟草坏死病毒而出现的卫星病毒；丁型肝炎病毒必须利用乙型肝炎病毒的包膜蛋白才能完成复制周期。常见的卫星病毒还有卫星烟草花叶病毒、卫星玉米白线花叶病毒、卫星稷子花叶病毒等。

卫星病毒首先是在植物中发现的。植物卫星病毒对辅助病毒的依赖性很专一。

正如病毒利用宿主细胞的能量、原料及酶一样，可以认为卫星病毒是寄生于辅助病毒的小分子寄生物。有学者认为卫星病毒相当于是侵染病毒的病毒。卫星病毒需要依赖于病毒才能复制，并能干扰或辅助病毒的复制，改变病毒的致病能力。卫星病毒可用于病毒病的生物防治，具有广阔的应用前景。

三、拟病毒

拟病毒是指一类包裹在真病毒粒子中有缺陷的类病毒。拟病毒极其微小，拟病毒的粒子中含有两类 RNA，一类为线状单链 RNA（RNA-1），另一类是环状单链 RNA（RNA-2）。拟病毒的 RNA-1 和 RNA-2 之间存在着互相依赖的关系，两者必须同时存在才能感染寄主、复制核酸和产生新的拟病毒粒子。拟病毒的侵染对象是植物病毒。被侵染的植物病毒被称为辅助病毒，拟病毒必须通过辅助病毒才能复制。单独的辅助病毒或拟病毒都不能使植物受到感染。拟病毒可干扰辅助病毒的复制。

四、朊病毒

朊病毒又称蛋白质侵染因子、毒朊或感染性蛋白质，是一类能侵染动物并在宿主细胞内复制的小分子无免疫性疏水蛋白质，不含核酸。朊病毒是一类不含核酸而仅由蛋白质构成的可自我复制并具感染性的因子。朊病毒有可滤过性、传染性、致病性、对宿主范围的特异性。朊病毒比已知的最小的常规病毒还小得多；电镜下观察不到朊病毒的结构，且不呈现免疫效应，不诱发干扰素产生，也不受干扰作用。

朊病毒无免疫原性，对高温、核酸酶、紫外线、辐射、非离子型去污剂和蛋白酶具有很强的抗性，但尿素、苯酚之类的蛋白质变性剂能使之失活。

朊病毒的发现具有重大的理论和实践意义。对朊病毒的深入研究可能会丰富"中心法则"的内容，还可能给一些疾病的治疗带来新的希望。

思考题

1. 病毒是什么样的微生物？和其他微生物相比，病毒有什么特点？
2. 简述病毒的化学组成和结构。
3. 由于衣壳粒的排列组合不同，病毒有哪几种对称性结构？
4. 什么是烈性噬菌体？什么是温和噬菌体？
5. 如何判断病毒有无被膜？
6. 病毒有哪些危害？如何控制病毒？
7. 破坏病毒的化学物质有哪些？
8. 紫外线是如何破坏病毒的？
9. 破坏病毒的物理因素有哪些？
10. 简述病毒的繁殖过程（以大肠杆菌 T 系偶数噬菌体为例）。
11. 常用的抗生素能否破坏病毒？
12. 什么是朊病毒？
13. 什么是类病毒？有什么特点？

第四章

微生物的营养与代谢

第一节　微生物的营养

　　微生物进行生长繁殖时，需不断吸收营养物质以维持其生命活动，这些营养物质经过一系列生物化学反应后，其中一部分转变为自身细胞组分，这种微生物与环境之间的物质交换过程，称为新陈代谢。新陈代谢包括同化作用（合成代谢）和异化作用（分解代谢），两者是相辅相成的，异化作用为同化作用提供物质基础和能量，同化作用为异化作用提供基质。营养物质指具有营养功能的物质和能量。

　　营养是指生物体从外部环境中摄取其生命活动所必需的能量和物质，以满足正常生长繁殖需要的一种最基本的生理功能。

一、微生物的营养物质和营养类型

（一）微生物细胞的化学组成

　　通过分析微生物的化学组成，可以初步了解微生物需要的营养物质的种类和数量。微生物细胞与其他生物细胞的化学组成没有本质上的差异。一般情况下，微生物细胞含水分为 $70\%\sim90\%$，干物质为 $10\%\sim30\%$。

　　水分是微生物细胞的主要组成成分。不同类型的微生物水分含量不同。细菌含水 $75\%\sim85\%$，酵母菌含水 $70\%\sim85\%$，霉菌含水 $85\%\sim90\%$，芽孢含水 $38\%\sim40\%$。

　　微生物机体的干物质由有机物和无机物组成。其中有机物占 $90\%\sim97\%$，包括蛋白质、核酸、糖类和脂质。无机物占 $3\%\sim10\%$，包括 P、S、K、Na、Ca、Mg、Fe、Cl 和微量元素（Cu、Mn、Zn、B、Mo、W、Co、Se 和 Ni 等）。C、H、O、N 是所有生物体的有机元素。糖类和脂类由 C、H、O 组成，蛋白质由 C、H、O、N、S 组成，核酸由 C、H、O、N、P 组成。微生物细胞中的碳素含量很高，占干物质质量的 50% 左右。

不同微生物细胞所含化学元素的量不相同，即使同一种微生物在不同条件下也会有差异，幼龄微生物比老龄微生物含氮量高。根据微生物元素组成分析数据，可得出不同微生物的化学组成实验式。有研究报道：细菌、原生动物和霉菌的化学组成实验式分别为 $C_5H_7O_2N$、$C_7H_{14}O_3N$ 和 $C_{10}H_{17}O_6N$。

（二）微生物的营养要素及营养类型

从微生物的化学组成可知，微生物在新陈代谢活动中，必须吸收充足的水分以及构成细胞物质的碳源和氮源以及钙、镁、钾、铁等多种多样的矿质元素和一些必需的生长辅助因子，还需要能源，才能正常地生长发育。

微生物需要的营养要素有水、碳源和能源、氮源、无机盐及生长因子五种类型。

1. 水

虽然大多数微生物并没有把水作为营养物，但由于水在微生物代谢活动中的重要性，水也被认为是微生物的营养要素。

水是微生物机体的重要组成成分，也是微生物代谢过程中必不可少的良好溶剂，有助于使营养物质溶解，并通过细胞膜被微生物吸收，保证细胞内、外各种生物化学反应在溶液中正常进行。水能够维持各种生物大分子结构的稳定性，并参与某些重要的生物化学反应。水还有许多优良的物理性质能保证生命活动的进行。

不同种类微生物细胞的含水量不同。即使同种微生物处于不同发育时期或不同的环境下其水分含量也有差异，幼龄菌含水量较多，衰老细菌和休眠体含水量较少。微生物所含水分以游离水和结合水两种状态存在。

2. 碳源和能源

可以被微生物利用并能供给微生物碳素营养的物质称为碳源。碳源的主要作用是构成微生物细胞的含碳物质（碳架）和供给微生物生长、繁殖及运动所需要的能量。自然界蕴藏着丰富的微生物碳源，最好的碳源是糖类，特别是葡萄糖、蔗糖，它们最容易被微生物吸收和利用。废水中的有机物种类很多，淀粉、有机酸、醇类等都含有碳元素，能作为微生物的碳源。

能为微生物生命活动提供最初能量来源的营养物或辐射能，称为能源。有些碳源在细胞内分解代谢，除了提供小分子碳架外，还能产生能量供微生物合成代谢需要，所以部分碳源物质同时又是能源物质。

根据对各种碳素营养物的同化能力的不同，微生物分为无机营养微生物、有机营养微生物和混合营养微生物三类。根据能源的形式不同，微生物分为光能营养型和化能营养型两类。

（1）无机营养微生物

无机营养微生物也称为无机自养型微生物，具有完备的酶系统，合成有机物的能力强。不需要外界提供有机碳化合物作为碳源，以 CO_2、CO、CO_3^{2-} 中的碳素为唯一碳源，利用光能或化学能合成复杂的有机物以构成自身的细胞组分。

根据能源不同，自养型微生物可以分为光能自养型微生物和化能自养型微生物。

光能自养型微生物：以光为能源，依靠体内光合色素，以 H_2O、H_2S 等无机物作为供氢体，以 CO_2 为碳源，把 CO_2 还原的同时合成有机物构成自身细胞物质。其中藻类、蓝细菌的光合作用，以水为供氢体还原 CO_2 合成细胞有机物，同时释放氧气；而光合细菌例如硫细菌的光合作用，在以 H_2、H_2S 等为供氢体还原 CO_2 合成细胞有机物时，不产生氧气。

化能自养型微生物：不含光合色素，不进行光合作用。不依赖任何有机营养物，能氧化某种无机物并利用所产生的化学能还原二氧化碳并生成有机碳化合物。化能自养菌氧化无机物的专性很强，例如硝化杆菌只能氧化亚硝酸盐。

化能自养微生物的能源是一些还原态的无机物质，例如 NH_4^+、Fe^{2+}、S、H_2S、H_2 等。可以利用这一类能源的是原核微生物。

（2）有机营养微生物

有机营养微生物也称为异养微生物，这类微生物的酶系统不如自养微生物那么完备，只能利用有机化合物作为碳源和能源。

根据能源不同，异养微生物可分为光能异养微生物和化能异养微生物两类。

光能异养微生物是以光为能源，以简单有机物为供氢体，还原 CO_2 合成有机物的一类厌氧微生物，也称为有机光合细菌。

凡以有机物为碳源、能源和供氢体的微生物称为化能异养微生物，是一群依靠氧化有机物获得化学能的微生物，通过氧化磷酸化产生 ATP，碳源也是其能源，化能异养微生物包括大多数细菌、放线菌和全部的真菌。

（3）混合营养微生物

混合营养微生物是既能以无机碳为碳源，又能以有机化合物为碳源的一类微生物，也称为兼性营养微生物。

对异养微生物来说，碳源同时也作为能源，这种碳源称为双功能营养物。

3. 氮源

凡是能够供给微生物含氮物质的营养物称为氮源，是微生物生长所需要的主要营养源。氮源种类有 N_2、NH_3、硫酸铵、硝酸铵、硝酸钾、硝酸钠、尿素、氨基酸和蛋白质等。氮源可作为构成生物体的蛋白质、核酸及其他氮素化合物的材料，一般不提供能量。但硝化细菌却能利用氨作为氮源和能源，还有某些氨基酸也能作为能源。

根据对氮源的要求不同，将微生物分为 4 类：①固氮微生物利用空气中的 N_2 合成自身的氨基酸和蛋白质，如固氮菌、根瘤菌和固氮蓝细菌。②利用无机氮作为氮源的微生物，如利用氨、铵盐、硝酸盐和亚硝酸盐等无机氮源的微生物。③需要某种氨基酸作为氮源的微生物，这类微生物也称为氨基酸异养微生物，须供给某些现成的氨基酸才能生长繁殖。例如乳酸细菌、丙酸细菌等，它们只有肽酶，没有蛋白酶，不能水解蛋白质，也不能利用简单的无机氮化合物合成蛋白质。④从分解蛋白质水解产物如蛋白胨中获得铵盐或氨基酸来合成蛋白质的微生物，例如氨化细菌、尿素细菌等。

4. 无机盐

为微生物细胞生长提供碳源、氮源以外的多种重要元素，包括大量元素和微量元素的物质，多以无机盐的形式供给。

一般微生物生长所需要的无机盐有：硫酸盐、磷酸盐、氯化物以及含有钠、钾、镁、铁等金属元素的化合物。还需要某些微量的金属元素，例如锌、钼、镍、钴、钨、铜等。在需要加入磷、钾、硫、镁等元素时，通常以 K_2HPO_4、KH_2PO_4、$MgSO_4$ 的形式加入，以满足微生物对主要无机元素的需要。

无机盐的生理功能包括：①构成细胞成分；②构成酶的组分和维持酶的活性；③调节渗透压、氢离子浓度、氧化还原电位等；④参与并维持生物体的代谢活动；⑤供给自养微生物的能源。有些元素如 S、Fe，既可构成酶的组成成分，又能维持酶的活性。Mg、Ca、K 还是多种酶的激活剂。

5. 生长因子

生长因子是一类调节微生物正常生长和代谢所必需，但不能用简单的碳源和氮源自行合成或合成量不足的有机物。狭义的生长因子一般仅指维生素。而广义的生长因子除了维生素外，还包括碱基、嘌呤、嘧啶、生物素及烟酸等。

并非所有微生物都需要外界为其提供生长因子，只是当某些微生物在供给上述4大类型营养后仍生长不好时，才需供给生长因子。

生长因子可以提供微生物细胞重要物质和辅助因子的组成成分，并参与微生物代谢。生长因子与微生物的关系有以下3类。①生长因子自养型微生物：这些微生物不需要从外界吸收任何生长因子，多数真菌、放线菌和不少细菌本身有合成生长因子的能力。②生长因子异养型微生物：这些微生物需要从外界吸收多种生长因子才能维持正常生长，如各种乳酸菌、动物致病菌、支原体和原生动物等。例如，一般的乳酸菌需要多种维生素。③生长因子过量合成型微生物：少数微生物在其代谢活动中，能合成大量某些维生素等生长因子，如生产维生素的各种菌种。

配制生长因子异养型微生物的培养基时，通常用生长因子含量丰富的天然物质作为原料，例如酵母膏、玉米浆、麦芽汁等。

二、微生物的营养吸收

除原生动物、微型后生动物外的微生物没有专门的摄食器官或细胞器。微生物需要的各种营养物是依靠细胞膜的功能进入细胞的。某种物质是否能作为营养物质支持微生物生长繁殖，首先取决于该物质能否进入细胞，其次是该细胞是否具有分解利用此物质的能力，这涉及物质运输和物质分解两个过程。

根据微生物对营养物质的吸收过程是否消耗能量、是否需要载体、是否发生化学变化等特点，营养物质进入细胞的方式可以分为单纯扩散、促进扩散、主动运输和基团转位四种类型。

（一）单纯扩散

单纯扩散是指在无需载体蛋白参与下，营养物质顺浓度梯度以扩散方式进入细胞内的一种运送方式，被运送的物质以其在细胞内外的浓度梯度为动力，从浓度高的地方向浓度低的胞内扩散。这种方式是一种被动扩散，也是细胞内外物质最简单的一种交换方式，但不是细胞获取营养物质的主要方式。

单纯扩散的特点有：①物质在扩散过程中没有发生任何反应，是物理过程；②不需要载体参与；③单纯扩散是一个不需要消耗能量的运输方式，营养物质不能进行逆浓度运输，所以不是细胞获取营养物质的主要方式；④营养物质的运输速率与膜内外物质的浓度差成正比；⑤非特异性，扩散速度慢；⑥是一种被动扩散。

某种物质能否通过单纯扩散方式通过膜，不仅取决于膜两侧浓度差，还取决于细胞膜的通透性。单纯扩散可运送的营养物质种类不多，主要是 O_2、CO_2、乙醇和某些氨基酸分子。

（二）促进扩散

促进扩散是借助存在于细胞膜上的底物特异载体蛋白，不消耗能量，依靠浓度梯度驱动将营养物质从细胞膜外表面运送到细胞膜的内表面并释放的过程。

这里的特异性载体蛋白，因具有类似酶的特异性，所以称作渗透酶。通过促进扩散进入细胞的营养物质主要有氨基酸、单糖、维生素及无机盐等。一般微生物通过专一的载体蛋白运输相应的物质，但也有微生物对同一物质的运输可由一种以上的载体蛋白来完成。

促进扩散的特点：①不消耗能量；②参与运输的物质本身的分子结构不发生变化；③不能进行逆浓度运输；④比单纯扩散速率高，运输速率与膜内外物质的浓度差成正比；⑤需要载体蛋白参与；⑥是一种被动扩散。

促进扩散是可逆的，可以把细胞内浓度高的某些物质运送至胞外。

在单纯扩散中，结构上相似的分子以基本相同的速度通过膜；而在促进扩散中，运输蛋白具有高度的选择性，如运输蛋白能够帮助葡萄糖快速运输，但不能帮助与葡萄糖结构类似的其他糖类运输。

单纯扩散和促进扩散都是被动扩散。当微生物细胞内所积累的营养物质浓度比细胞外的浓度还高时，该营养物质就不能靠浓度梯度被动扩散到细胞内。

（三）主动运输

主动运输是消耗能量，通过细胞膜上特异性载体蛋白构象的变化将营养物质逆浓度梯度运进或运出细胞膜的一种运送方式。主动运输是微生物吸收营养物质的主要方式，这种运输物质出入细胞的方式，能够保证按照生命活动的需要，主动地选择吸收所需的营养物质、排出产生的废物和对细胞有害的物质。

主动运输的特点是：①需要消耗能量；②可以进行逆浓度运输的运输方式；③需要载体蛋白参与，对被运输的物质有选择性和特异性；④被运输的物质在转移的过程中不发生任何化学变化。

通过主动运输进入细胞的物质有氨基酸、糖类、无机离子（Na^+、K^+ 和 Ca^{2+} 等离子）、硫酸盐、磷酸盐、有机酸等。在 $E.coli$ 中，一分子乳糖通过主动运输时需消耗 0.5 分子 ATP。

（四）基团转位

基团转位指一类既需特异性载体蛋白的参与，又需耗能的一种物质运送方式，其特点是被运输的物质在运送前后分子结构会发生变化。

基团转位是另一种类型的主动运输，两者运输总效果相似，可以逆浓度梯度将营养物质转移到细胞内。它与主动运输方式的不同之处在于它需要一个复杂的运输系统来完成物质的运输。在细菌中广泛存在的基团运输系统是磷酸转移酶系统，该系统是很多糖类的运输媒介。基团转位是通过单向性的磷酸化作用而实现的。磷酸转移酶系统由酶Ⅰ、酶Ⅱ和一种低分子量的热稳定载体蛋白（heat-stable carrierprotein，HPr）组成，可与磷酸烯醇丙酮酸偶联被磷酸化，磷酸化的养分即可进入细胞后释放到胞内。细胞膜对大多数磷酸化的化合物有高度的不渗透性。当磷酸化的糖类形成被截留在细胞内后，就不能再转移到细胞外，所以细胞内的糖类浓度可以高于细胞外的浓度。

通过基团转位进入细胞的物质有各种糖类、核苷酸、嘌呤、嘧啶等。

除了以上四种运输方式外，还有一种营养物质运输途径是膜泡运输。大分子和颗粒物质被运输时不是直接穿过细胞膜进入胞内，而是由膜包围形成膜泡，通过一系列膜囊泡的形成和融合来完成转运的过程。这种运输方式主要存在于原生动物中（特别是变形虫）。主要过程为：变形虫靠近营养物质后将其吸附到其膜表面；然后该营养物质附近的细胞膜开始内陷，逐步将营养物质包围，形成一个含有该营养物质的膜泡；膜泡离开细胞膜，游离于细胞质中，营养物质通过膜泡运输方式由胞外进入胞内。

三、微生物的培养基

根据微生物对各种营养物的需要（水、碳源、能源、氮源、无机盐及生长因子等）按一定比例配制而成的用以培养微生物的基质，称为培养基。培养基既是提供微生物营养和促使细胞增殖的基础物质，也是为微生物生长和繁殖提供的生存环境。许多培养基成分具有多重功能，如葡萄糖同时可作为碳源和能源，磷酸氢二钾、磷酸二氢钾可作为缓冲剂和磷源、钾源，硫酸铵可作为氮源和硫源。

（一）培养基的配制

配制培养基时需按一定的原则和顺序进行。在烧杯中加一定量的蒸馏水或去离子水或自来水，按配方分别称取各种营养成分逐一加入，待每一种成分溶解后再加下一种成分以免形成沉淀。待全部营养成分配齐后，采用质量浓度为 100g/L 的 NaOH 或 HCl 调节其 pH。

在微生物的培养过程中，随着微生物的生长繁殖和代谢活动的进行，其中的营养物质被分解利用、代谢产物不断积累，导致培养基 pH 发生变化。因此，在配制培养基时，为了维持培养基 pH 值的相对稳定，常常需要在培养基中加入磷酸盐、碳酸盐等缓冲物质，如加入 K_2HPO_4、KH_2PO_4、$NaHCO_3$ 等缓冲性物质。

（二）培养基的分类

1. 按培养基组成物的性质分类

根据培养基组成物的性质不同，可把培养基分为合成培养基、天然培养基和复合培养基 3 类。

（1）合成培养基

又称为组合培养基，是按微生物的营养要求，按顺序加入准确称量的高纯度已知结构的化学试剂与蒸馏水配制而成的培养基，其所含的各种成分（包括微量元素在内）以及其数量都是确切可知的。例如分离放线菌的高氏一号培养基、培养真菌的察氏培养基（蔗糖硝酸盐培养基）。配制合成培养基时重复性强、成分精确，但价格较贵。微生物在合成培养基中生长速度较慢，通常适用于实验室中进行的对营养需求、代谢、菌种鉴定、菌种选育、生物量测定、生理分析、遗传分析、育种等定量要求高的研究工作。

（2）天然培养基

采用天然有机物配制而成的培养基叫天然培养基。天然培养基中各成分是植物、动物或微生物的提取物，例如牛肉膏、酵母膏、蛋白胨等。适用于工业上大规模的微生物发酵生产和实验室使用。天然培养基的优点是含有丰富的营养物质及各种细胞生长因子、激素类物质，并且其渗透压、pH等也与微生物体内环境相似，并且价格低廉；缺点是成分不明确，常受到其来源及法规等问题的限制，并且制作过程比较复杂。所以实际工作中经常将天然培养基与人工合成培养基相结合使用。另外，马铃薯、胡萝卜是天然的固体培养基，可用来培养异养微生物。

（3）复合培养基

又称半合成培养基，是既包括一些已知化学组成的物质，又有天然成分混合配制而成的培养基。典型的复合培养基有牛肉膏蛋白胨培养基和马铃薯蔗糖培养基等。

2．按培养基的物理状态分类

（1）液体培养基

液体培养基是不加凝固剂的呈液体状态的培养基。液体培养基中各营养物质分布均匀，并与菌体表面接触充分，还可以进行通气培养、振荡培养，广泛用于微生物的生理、代谢研究，尤其适用于大规模培养微生物。

（2）固体培养基

在一般培养温度下呈固体状态的培养基都称为固体培养基。

固体培养基可以分为4类：①天然固体培养基，用天然的固体状物质直接制成，如用马铃薯块、胡萝卜条、谷物、面包、麸皮、米糠、豆饼粉、花生饼粉制成的培养基，酒精厂、酿造厂等常用这类培养基。②固化培养基，即通常所说的固体培养基，是在液体培养基中加入较多的凝固剂，一般每升培养基中加入 $15\sim20g$ 琼脂，制作成加热可融化、冷却后则成凝固态的固化培养基。实验室中常用的有平板培养基和斜面培养基。平板培养基是固体培养基在无菌培养皿中冷却凝固后形成的培养基固体平面；斜面培养基是将固体培养基注入试管中，灭菌后趁热倾斜放置成斜面。这种平板培养基和斜面培养基是培养微生物的一个营养表面，用途广泛，多用于微生物的分离、鉴定、保藏、计数及菌落特征的观察等。常用的凝固剂是琼脂。琼脂是从藻类中提取的多糖，按化学结构来说琼脂是以半乳糖为主要成分的一种高分子多糖。绝大多数微生物都不能分解利用琼脂。琼脂的熔点为 $96℃$，凝固点为 $40℃$，因此，在一般的培养条件下都呈固体状态，而且透明度高，是配制固体培养基的最好凝固剂。另外海藻酸胶、多聚醇也可以作为凝固剂。③非可逆性固化培养基，指一旦凝固后不能再重新融化的固化培养基，例如无机硅胶培养基等。④滤膜指带有微孔的醋酸纤维滤膜、硝酸纤维滤膜，把滤膜覆盖在营养琼脂或浸有液体培养基的纤维素衬垫上后，成为具有固化培养基性质的培养条件。滤膜主要用于含菌量很少的水体检测。

固体培养基在科学研究和生产实践上具有广阔的用途，可用于菌种的分离、鉴定、菌落计数、杂菌检验、选种、育种、菌种保藏、抗生素等微生物活性物质的生物测定等。

（3）半固体培养基

在液体培养基中加入少量凝固剂而配成的半固体状态培养基，一般每升液体培养基中加

3～5g琼脂，即为半固体培养基。这类培养基有时可用来进行厌氧菌的分离、培养、计数和菌种鉴定，观察微生物的运动力和趋化性研究，有时用于菌种保藏。

（4）脱水培养基

又称为预制干燥培养基，指含有除水分外的所有其他成分的商品培养基。使用时加入适量水分使其溶解后进行灭菌即可，具有使用方便、成分精准的特点。

3. 按培养基对微生物的功能和用途分类

（1）基础培养基

可用于培养大多数异养细菌的培养基，通常由牛肉膏、蛋白胨、氯化钠按一定比例配制而成，也称为普通培养基。

（2）鉴别培养基

用于鉴别不同类型微生物的培养基。某些微生物在培养基中生长后能产生某种代谢产物，当这种代谢产物与培养基中加入的某种特殊化学物质发生特定化学反应后，产生明显的特征性变化，可以将某些微生物与其他微生物区分开来。在培养基中加一种能与目的菌产生的无色代谢产物发生显色反应的指示剂，只需辨别颜色即可从近似菌落中找出目的菌菌落。

当某几种细菌由于对培养基中某一成分的分解能力不同时，其菌落通过指示剂可显示不同的颜色而被区分开。例如大肠菌群中的大肠埃希氏菌属、柠檬酸杆菌属、产气肠杆菌属和副大肠杆菌属可以通过含乳糖的远藤氏培养基来鉴别。由于它们对乳糖的分解能力不同，在该培养基上呈现不同的颜色：大肠埃希氏菌属，分解乳糖能力最强，菌落呈深紫红色，有金属光泽；柠檬酸杆菌属，分解乳糖能力次之，菌落呈紫红或深红色；产气肠杆菌属分解乳糖能力第三，菌落呈淡红色；副大肠杆菌属，不能分解乳糖，菌落无色透明。

（3）加富培养基

当样品中细菌数量比较少时，或是对营养要求比较苛刻不易培养出来时，需要加入特别的物质或成分促使微生物快速生长，这类培养基称为加富培养基或富集培养基。例如甘露醇可以富集自生固氮菌，纤维素可富集纤维素分解菌，水解酪素可以富集球衣细菌等。

（4）选择培养基

根据不同种类微生物的特殊营养需求或对某种化学物质的敏感性不同而配制的培养基，称为选择培养基。在培养基中加入相应的特殊营养物质或化学物质，抑制不需要的微生物的生长，而有利于所需的微生物的生长。利用这类培养基可以将所需要的微生物从混杂的微生物中分离出来。例如在培养基中加入胆汁酸盐，可以抑制革兰氏阳性菌，有利于革兰氏阴性菌的生长。

4. 按培养基营养水平分类

（1）基本培养基

仅能满足微生物野生型菌株生长需要的培养基。基本培养基又称无机盐培养基。

（2）完全培养基

能满足一切营养缺陷型菌株营养需要的天然或者半天然培养基，称为完全培养基。完全培养基中的营养丰富、全面，可通过在基本培养基中加入富含氨基酸、维生素和碱基之类的天然物质配制而成。

（3）补充培养基

凡是只能满足微生物相应营养缺陷型生长需要的组合培养基或半组合培养基，称为补充培养基。它是在基本培养基中加入该营养缺陷型所不能合成的营养因子而配成的。

第二节　微生物的酶

微生物的生长和代谢都需要在酶的参与下才能正常进行。酶是细胞产生的、能在体内或体外起催化作用的一类具有活性中心和特殊构象的生物大分子，包括蛋白质类酶和核酸类酶。蛋白质类酶是在活细胞内合成的具有高度专一性和高催化效率的蛋白质，可催化生物化学反应，并传递电子、原子和化学基团，为生物催化剂。核酸类酶是具有催化功能的小分子RNA，属于生物催化剂，是一种较为原始的催化酶。由酶催化进行的反应称为酶促反应。酶能够促使生物体内的化学反应在极为温和的条件下高效和特异地进行。

一、酶的组成

所有的酶都含有 C、H、O、N 四种元素。从化学组成来看，酶可分为单成分酶和全酶两类。

单成分酶只含有蛋白质，称为酶蛋白，这种酶的活性取决于蛋白质结构。而全酶除了蛋白质外，还要结合一些辅因子（对热稳定的非蛋白质小分子、有机物或金属离子），全酶一定要在酶蛋白和辅因子同时存在时才起作用，两者单独存在没有催化活性。

全酶有 3 种形式：①全酶由酶蛋白和非蛋白质小分子有机物组成，如脱氢酶类；②全酶由酶蛋白、非蛋白质小分子有机物和金属离子组成，如丙酮酸脱氢酶；③全酶由酶蛋白和金属离子组成，如细胞色素氧化酶。

全酶中的各组分具有不同的功能。其中酶蛋白起识别底物、催化生物化学反应和加速反应进行的作用，酶促反应的特异性及对理化因素的不稳定性也取决于酶蛋白；而辅因子起传递电子、原子和化学基团的作用，并决定着可催化底物的类型，其中金属离子还起激活剂的作用。全酶中的辅因子可以分为辅酶和辅基两类。其中与酶蛋白结合紧密的，称为辅基，不能通过透析或超滤的方法除去，在酶促反应中，辅基不能离开酶蛋白；与酶蛋白结合得比较疏松的，称为辅酶，可以用透析或超滤的方法除去。

辅因子包括：铁卟啉（辅基）、辅酶 A、NAD（辅酶 I）和 NADP（辅酶 II）、FMN 和 FAD、辅酶 Q、金属离子、生物素、辅酶 M、辅酶 F_{420}、辅酶 F_{430} 等。

二、酶的活性中心

酶的活性中心是指酶的活性部位，是酶蛋白分子中直接参与和底物的结合并与酶的催化作用直接有关的区域，是酶行使催化功能的结构基础。

参与构成酶的活性中心、维持酶的特定构象所必需的基团称为酶的必需基团。有些必需基团虽然在一级结构上可能相距很远，但在空间结构上彼此靠近，通过多肽链的盘曲折叠，组成一个在酶分子表面、具有三维空间结构的孔穴或裂隙，以容纳进入的底物与之结合并催化底物转变为产物，这个区域即称为酶的活性中心。

酶的活性中心有两个功能部位：一个是结合部位，是结合底物与酶分子的部位；另一个是催化部位，底物分子中的化学键在此处被打断或形成新的化学键，从而发生一系列的化学反应。酶的活性中心只是酶分子中的很小一部分，酶蛋白的大部分氨基酸残基并不与底物接触。酶的活性中心对催化作用至关重要，其他部位在维持酶的空间构型、保持酶的活性中心和催化作用等方面起着不同程度的作用。还有些必需基团虽然不参加酶的活性中心的组成，但对维持酶活性中心空间构象是必不可少的，这些基团是酶的活性中心以外的必需基团（图 4-1）。

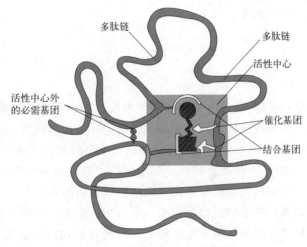

图 4-1　酶的活性中心示意图

三、酶的分类与命名

（一）酶的分类

1. 按催化的反应类型分类

按催化的反应类型，酶可分为：①氧化还原酶类：是催化氧化还原反应的酶。可分为氧化酶和还原酶两类。氧化酶类催化底物脱氢，氧化并生成 H_2O_2 或 H_2O；还原酶，指催化底物进行加氢反应的酶。②转移酶类：能够催化除氢以外的各种化学功能团（官能团）从一种底物转移到另一种底物的酶类，被转移的功能团包括氨基、醛基、酮基和磷酸基。③水解酶类：是催化水解反应的一类酶的总称，属于胞外酶。在生物体内分布最广，数量也最多。④裂解酶类：是催化一个化合物裂解为几个小分子化合物的酶。⑤异构酶类：是催化生成异构体反应的酶的总称。⑥合成酶类：指催化由两种或两种以上的物质合成一种物质的反应，同时偶联有三磷酸腺苷（ATP）的磷酸键断裂释放能量的酶类，又称为连接酶。一般是指伴随 ATP 的分解而催化合成反应的酶，这个过程中，ATP 分解为 ADP 与正磷酸或 AMP 与焦磷酸。

2. 国际系统分类法及酶的编号

国际酶学委员会根据各种酶的催化反应类型，把酶划分为六大类：分别用 1、2、3、4、5、6 号来表示氧化还原酶类、转移酶类、水解酶类、裂解酶类、异构酶类和合成酶类；然后将每一大类分为若干亚类分别表示底物分子中被作用的基团或键的性质，每一个亚类又按顺序编成 1、2、3、4 等数字；每一亚类又按顺序编为亚亚类。因此每个酶被赋予一个系统名（也称为学名）和一个编号，同时推荐一个习惯名。每一个酶的编号由 4 个阿拉伯数字组成，数字之间由"."隔开。例如乳酸脱氢酶的编号为 EC1.1.1.27，EC 是 Enzyme Commission 的缩写；第一个 1 表示该酶属于第一大类，即氧化还原酶类；第二个 1 表示属于第一亚类，即作用于 CHOH 基团；第三个 1 表示属于第一亚类中的第一亚亚类，即氢受体为 NAD^+；第四个数字 27 为该酶在亚亚类中的排号。这种系统命名原则及系统编号是相当严格的，一种酶只可能有一个名称和一个编号。

（二）酶的命名

1. 习惯命名法

① 按酶作用底物的不同命名：可把酶分为淀粉酶、蛋白酶、脂肪酶、纤维素酶、核糖核酸酶等。有时还加上来源以区别不同来源的同一类酶，如胃蛋白酶、胰蛋白酶等。

② 按酶在细胞的部位不同划分，可分为胞外酶、胞内酶和表面酶等。

③ 根据酶催化反应的性质及类型命名：如水解酶、转移酶和氧化酶等。有的酶结合上述两个原则来命名，如琥珀酸脱氢酶是催化琥珀酸脱氢反应的酶。

这些命名法之间是有机联系的。如淀粉酶、蛋白酶、脂肪酶和纤维素酶是按照底物不同而分类的，当按照反应性质分类时属于水解酶类，另外它们均位于细胞外所以属于胞外酶；如氧化还原酶、异构酶、转移酶、裂解酶和合成酶等是按反应性质命名的，它们均位于细胞内，属于胞内酶。

习惯命名比较简单、直观，但缺乏系统性。

2. 国际系统命名法

国际系统命名法的原则是以酶所催化的整体反应为基础的，规定每种酶的名称应当明确表明酶的底物及催化反应的性质。如果一种酶同时催化两种底物反应，应在它们的名称中注明，并用"："将两种底物隔开，同时列出习惯名称。例如乙醇脱氢酶用国际系统命名法命名为乙醇：NAD 氧化还原酶。如果底物之一是水，可将水省去。

四、酶的催化特性及其影响因素

（一）酶的催化特性

1. 酶具有一般催化剂的共性

酶通过降低反应分子的活化能来加快化学反应的速度，只提高反应速率、缩短反应到达平衡所需的时间，而不能改变平衡点。酶只能催化热力学允许的化学反应，并且会出现中毒现象。

2. 酶的催化作用具有高度的专一性

被酶作用的物质称为底物、作用物或基质。酶的催化作用具有高度专一性，一种酶只催化一种或一类化学反应，产生相应的产物。酶的底物专一性又可分为结构专一性和立体异构专一性两种类型。

3. 酶的催化反应条件温和

酶的催化反应作用条件温和，只需在常温、常压和近中性的水溶液中进行催化反应。而一般的催化剂则需在高温、高压、强酸或强碱等特定条件下才能起到催化作用。例如，生物固氮在植物中是由固氮酶所催化的，通常在 27℃ 和中性 pH 下进行；而在工业上合成氨时需要在 500℃、几百个标准大气压下才能完成。

4. 酶对环境条件的变化极为敏感

酶是由细胞产生的生物大分子，能使生物大分子变性的因素都能使酶丧失活性，例如高温、强酸、强碱、重金属离子（Cu^{2+}、Hg^{2+}、Ag^+ 等），都会使酶失活。不同的酶所需要的反应条件有很大区别。例如温度因子，动物体内的酶最适温度区间为 35~40℃，植物体内的酶最适温度区间为 40~50℃，细菌和真菌内的酶最适温度差别较大，有的酶最适温度可高达 70℃。

5. 酶的催化效率高

生物体内的大多数反应，在没有酶的情况下，几乎是不能进行的。通常酶比无机催化剂的催化效率高几千倍至百亿倍。例如，1mol 过氧化氢酶在 1s 内催化 10^5 mol 的 H_2O_2 分解，而铁离子在相同条件下，只能催化 10^{-5} mol 的 H_2O_2 分解。

（二）影响酶促反应速率的因素

1913 年，米契里斯和曼坦根据中间产物学说研究了酶促反应的动力学，推导出了表示整个反应中底物浓度和反应速度关系的著名公式，即米氏方程（或米曼公式、米门公式），米氏方程是表示催化底物反应速率的方程式，是酶学中最基本的方程式。

$$[E]+[S] \underset{k_2}{\overset{k_1}{\rightleftharpoons}} [ES] \underset{k_4}{\overset{k_3}{\rightleftharpoons}} [E]+[P] \tag{4-1}$$

式中，k_1、k_2、k_3、k_4 是有关反应的速率常数；E 是酶，S 是底物，ES 是中间复合体，P 是产物。通常 E＋P 合成 ES 的速率 k_4 极小，所以式(4-1) 可写为：

$$[E]+[S] \underset{k_2}{\overset{k_1}{\rightleftharpoons}} [ES] \overset{k_3}{\rightleftharpoons} [E]+[P] \tag{4-2}$$

在式(4-2) 基础上推导出酶促反应速率方程式：

$$v = \frac{v_{\max}[S]}{K_m+[S]} \tag{4-3}$$

式中，v 为反应速率；$v_{\max}$ 为酶完全被底物饱和时的最大反应速率；[S] 为底物浓度；K_m 为米氏常数，K_m 等于 $(k_2+k_3)/k_1$，其含义是当反应速率为最大反应速率一半时的底物浓度（见图 4-2）。K_m 可以反映酶与底物亲和力的大小，其值越小，则表示酶与底物的亲和力越大；K_m 越大，酶与底物的亲和力则越小。K_m 是酶的特征常数之一，只与酶的性质有关，而与酶的浓度无关，不同的酶对应的 K_m 值不同。

从式(4-3) 可知，在一定条件下，酶催化的反应速率可以用最大反应速率、底物浓度和

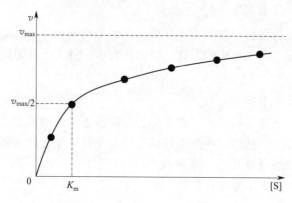

图 4-2　米氏方程和米氏常数

米氏常数 K_m 来表示。

　　酶活力又称酶活性，是指酶催化一定的化学反应的能力。酶活力的大小可用在一定的条件下，酶催化某一化学反应的反应速率来表示。反应速率是用单位时间内底物的减少或产物的生成量来表示的。在最适条件下，每分钟转化 $1\mu mol/L$ 底物的酶为一个酶活力单位。

　　酶促反应速率不仅与酶的浓度和底物浓度有关，也受温度、pH、激活剂和抑制剂等因素的影响。

1. 酶的浓度对酶促反应速率的影响

　　由米氏方程看出，酶促反应速率与酶浓度是成正比的。在最适的温度、pH 等条件下，酶促反应速率（v）与酶浓度 [E] 的关系为：$v=k[E]$，k 为反应速率常数。但随着酶浓度提高，酶浓度与反应速率的关系曲线会很快偏离直线而折向平缓。

2. 底物浓度对酶促反应速率的影响

　　在生化反应中，若酶的浓度为定值，底物的起始浓度 $[S_0]$ 极低时，酶促反应速率随着底物浓度 [S] 的增加而直线上升，表现为一级反应；随着底物浓度的继续增加，反应速率上升的速率变得比较缓慢，表现为混合级反应；当底物浓度增加到某种程度时，中间产物浓度 [ES] 不再增加，酶促反应速率也不再增加，表现为零级反应，大多数酶都有这种饱和作用。

　　底物浓度过时高酶促反应速率降低的原因可能有：①过高的底物浓度会降低反应体系中水的有效浓度、降低分子的扩散性；②过量的底物与激活剂结合后会降低激活剂的有效浓度；③过量的底物结合在酶分子上，生成过多的无效中间产物而使酶不能释放出来。

3. 温度对酶促反应速率的影响

　　在一定的温度范围内，反应速率随着温度升高而加快。但由于酶是蛋白质，温度过高会使酶变性失活。每一种酶都有一个显示最大活力的温度，即最适温度。在低于最适温度的某一范围内，温度每升高 10℃ 酶促反应速率可相应提高 1～2 倍，通常用温度系数 Q_{10} 表示温度对酶促反应的影响：Q_{10} 表示在一定温度范围内温度每提高 10℃，酶促反应速率相应提高的因数。

　　过高过低的温度都会降低酶的催化效率。最适温度并不是酶的特征常数，因为某一种酶的最适温度并不是一成不变的。最适温度与其他反应条件有关，会受到酶的纯度、底物、激活剂和抑制剂等因素的影响。

4. pH 对酶促反应速率的影响

大多数酶对 pH 很敏感，在最适 pH 下酶活力最大。高于或低于最适 pH 时，酶活力显著下降。典型的酶活力与 pH 的关系曲线为较窄的钟罩形曲线。

pH 对酶促反应速率的影响是比较复杂的。pH 值的变化不仅影响酶的稳定性，而且还影响酶活性中心重要基团的解离状态及底物基团的解离状态。酶的最适 pH 会随着酶的纯度、底物的种类、缓冲剂的种类、抑制剂等的改变而变化。

5. 激活剂对酶促反应速率的影响

凡能激活酶的物质称为酶的激活剂。在酶促反应体系中加入激活剂可提高反应速率，激活剂还包括可以把无活性酶前体（即酶原）转变为有活性酶的物质。

按其化学组成，激活剂可分为两类。①无机离子激活剂。无机阳离子激活剂有 Na^+、Al^{3+}、Cr^{3+} 等，金属离子的激活作用主要是在酶和底物之间进行搭桥，使金属离子先与酶结合再与底物结合，组成酶-金属-底物的复合物，从而有利于底物与酶的活性中心结合。无机阴离子激活剂有 Cl^-、Br^-、I^-、CN^-、NO_3^-、S^{2-}、SO_4^{2-}、AsO_4^{3-}、PO_4^{3-} 等。②有机化合物激活剂。可作为激活剂的小分子有机化合物有维生素 C、半胱氨酸、巯基乙酸、还原型谷胱甘肽等；生物大分子有机化合物有肠激酶、磷酸化酶 b 等。

许多酶促反应只有在有适当激活剂存在时才表现出催化活性或强化其催化活性。当某些酶被合成后因缺乏激活剂时呈现出无活性状态，此时称为酶原，它必须经过适当的修饰和某些激活剂的激活后才有活性。

6. 抑制剂对酶促反应速率的影响

能降低酶的活性、对酶促反应引起抑制作用的物质称为抑制剂。抑制作用是指由于某些物质的存在使酶蛋白活性部位的结构或性质发生改变，从而引起酶活力下降或丧失活力的一种效应。

酶的抑制剂有金属离子（如 Ag^+、Cu^{2+}、Hg^{2+} 等）、CO、硫化氢、氢氰酸、氟化物、碘化乙酸、对氯汞苯甲酸、生物碱、乙二胺四乙酸和表面活性剂等。有的物质对某一种酶来说是抑制剂，但又可作为另一种酶的激活剂。

对酶的抑制作用可分为不可逆的抑制作用和可逆的抑制作用两种类型。

（1）不可逆的抑制作用

有些抑制剂能以共价键方式与酶分子上的某些基团相结合后，使酶的活性下降或丧失，这种抑制剂不能用透析等方法除去，称为不可逆的抑制作用。金属离子、有机汞和有机磷化合物等是常见的不可逆的抑制剂。

（2）可逆的抑制作用

抑制剂与酶以非共价键方式结合而引起酶活性下降或丧失，这种抑制剂可用透析、超滤等方法除去从而使酶活性恢复，这种作用被称为可逆的抑制作用。可逆的抑制作用又可分为竞争性抑制、非竞争性抑制和反竞争性抑制三种形式。

①竞争性抑制：有些抑制剂的结构类似于某种底物的结构，从而与底物竞争酶的活性中心，导致底物与酶的结合受到影响，并使反应速率下降，这种作用称为竞争性抑制。这些与底物结构类似的物质称为竞争性抑制剂。抑制剂与底物竞争酶的活性部位，当抑制剂与酶

的活性部位结合后，底物就不能再与酶结合；当底物与酶的活性部位结合后，抑制剂就不能再与酶结合。竞争性抑制中动力学参数特点为：$v_{\max}$ 不变，K_m 增大。抑制程度取决于抑制剂与酶的相对亲和力大小及底物浓度。可通过增加底物浓度使整个反应平衡向生成产物的方向移动，从而削弱这种竞争性抑制作用。

② 非竞争性抑制：抑制剂和底物并不对酶的结合产生竞争性，而是底物和酶结合后，还可以再与抑制剂结合；同样抑制剂与酶结合后，还可以再与底物结合，形成酶-底物-抑制剂三元复合物，但酶不显示活性，也不能转变为产物，这种抑制称为非竞争性抑制。非竞争性抑制剂的化学结构不一定与底物的分子结构类似；底物和抑制剂分别独立地与酶的不同部位相结合；抑制剂不仅与游离酶结合，也可以与酶-底物复合物结合。

在非竞争性抑制过程中，抑制程度与底物浓度无关，所以这种抑制作用并不能用增加底物浓度的方法来消除。非竞争性抑制中动力学参数特点为：$v_{\max}$ 变小，K_m 不变，即只影响酶催化反应的最大反应速度，不影响米氏常数。抑制程度取决于抑制剂的浓度。

③ 反竞争性抑制：抑制剂不直接与游离酶相结合，而是只有在酶与底物结合后，才能与抑制剂结合形成酶-底物-抑制剂三元复合物。该三元复合物并不能生成产物，从而影响酶促反应。当抑制剂不在体系内时，酶与底物正常结合形成酶-底物复合物并进一步转变为游离酶与产物。可能是因为底物和酶的结合改变了酶的构象从而与抑制剂结合；或抑制剂直接与 ES 中的底物反应，结果产生抑制现象。反竞争性抑制常见于多底物反应中。

利用抑制剂作为酶的修饰剂，可获得有关活性部位结构及反应机理等信息。酶抑制剂的开发是新药来源的一个主要途径。酶抑制剂是一种可以抑制生物体内与某种疾病有关的专一酶活性，从而获得疗效的物质。有的酶抑制剂已在临床上使用。

第三节　微生物的生物氧化

新陈代谢的实质是生物体与外界环境之间的物质和能量交换以及生物体内物质和能量的转变过程，包括物质代谢和能量代谢两个方面，一般都是在酶的催化作用下进行的。新陈代谢作为生命活动的基本过程，是维持生物体的生长、繁殖、运动等生命活动的基础。新陈代谢中既有同化作用，又有异化作用。

微生物的生物氧化本质是氧化与还原的统一过程，是细胞内一系列产能代谢的总称，主要为机体提供可利用的能量。

生物氧化过程中有能量的产生和转移，有还原力 [H] 的产生和小分子中间产物的产生，这是微生物进行新陈代谢的物质基础。所产生的能量中有一部分以热能散发掉，还有一部分供给合成反应和生命的其他活动所用，另外一部分能量被储存起来以备微生物生长、繁殖和运动等活动需要。

一、微生物的产能

（一）生物能量的转移中心——ATP

微生物可利用的最初能源包括有机物、无机物和辐射能，但细胞不会直接利用呼吸作用或光合作用所释放的能量，而需要通过一定的媒介（即 ATP）才能被利用。生物氧化过程中底物被氧化分解时产生能量，而微生物细胞合成和进行生命活动时又需要能量，这两者之间需要能量转移中心——ATP。生物代谢过程中产生的能量储存在 ATP 的高能磷酸键中，最外层的磷酸键被水解时释放出的自由能是生物体内最直接的能量来源。生物的能量代谢伴随着 ATP 与 ADP 的不断转变，其中 ATP 是高能态，ADP 是低能态。ATP 分子简式为 A-P～P～P，A 表示腺苷，T 表示三个，P 表示磷酸基团，"-"表示普通的磷酸键，"～"表示一种特殊的化学键，称为高能磷酸键。在微生物细胞中，ATP 与 ADP 的相互转化实现贮能和放能，从而保证了细胞各项生命活动的能量供应。

ATP 只是一种短期的储能物质，可作为微生物的通用能源，当要长期储能时，需要转化为其他形式。大多数微生物会将过剩的 ATP 转化为储能物，如聚 β-羟基丁酸、异染粒、淀粉粒、肝糖、糖原及硫粒等，以备在缺乏营养时利用。

（二）ATP 的生成方式

1. 基质水平磷酸化

基质水平磷酸化，也称为底物水平磷酸化。

微生物在基质氧化过程中，可形成多种含有高能键的中间产物，如发酵中产生的 1,3-二磷酸甘油酸和磷酸烯醇丙酮酸等，这些中间产物将高能键交给 ADP，使 ADP 磷酸化而生成 ATP。此过程中底物的氧化与磷酸化反应相偶联并生成 ATP，称为底物水平磷酸化。糖酵解途径（EMP 途径）和三羧酸循环（TCA 循环）中都存在底物水平磷酸化。

2. 氧化磷酸化

微生物在好氧呼吸和无氧呼吸时，通过电子传递体系产生 ATP 的过程叫氧化磷酸化。氧化磷酸化是营养物质在体内氧化时释放的能量通过呼吸链供给 ADP 与无机磷酸合成 ATP 的偶联反应。氧化磷酸化的实质是把糖、脂、氨基酸等有机物在氧化分解过程中所释放的能量驱动 ATP 合成的过程。

3. 光合磷酸化

光合磷酸化是指由光照引起的电子传递与磷酸化作用相偶联而生成 ATP 的过程。有两种类型：循环式光合磷酸化和非循环式光合磷酸化。产氧光合微生物如藻类、蓝细菌等依靠叶绿素以非循环式的光合磷酸化合成 ATP。不产氧的光合细菌则以循环式光合磷酸化合成 ATP。

二、生物氧化类型

根据最终电子受体的不同，可将微生物的生物氧化分发酵、好氧呼吸和无氧呼吸 3 类。底物（供氢体）失去电子被氧化，接受电子的物质（受氢体）被还原，这是生物氧化的统一过程。

（一）发酵

发酵是指在无外在电子受体时，底物脱氢后所产生的还原力 [H] 不经呼吸链传递而直接交给某一内源性中间产物接受，以实现底物水平磷酸化产能的一类生物氧化反应。发酵过程中有机物底物仅发生部分氧化，以它的中间代谢产物为最终电子受体，释放少量能量，而其余能量保留在最终产物中。

作为被发酵的底物必须具备两点：①不能被过分氧化，也不能被过分还原。因为当被过分氧化后，不能产生足以维持其生长的能量；当被过分还原后，不能作为电子受体，因为电子受体会进一步被还原。②必须能转变成为一种可参与底物水平磷酸化的中间产物。

以葡萄糖为例说明发酵的类型：由于厌氧微生物和兼性厌氧微生物没有外来的受氢体，受氢体只能来自葡萄糖的分解产物，形成多种类型的发酵，发酵类型是以其最终产物来命名的（见表4-1）。发酵的第一步都是进行糖发酵，其产物是丙酮酸；接下来在不同类型微生物参与下，按各种发酵类型继续发酵。例如，乙醇发酵从丙酮酸开始，脱羧后形成乙醛，然后在乙醇脱氢酶的催化下乙醛作为受氢体还原为乙醇。

表 4-1   不同发酵类型及其微生物

发酵类型	产物	微生物
乙醇发酵	乙醇，CO_2	酵母菌
乳酸同型发酵	乳酸	乳酸菌
乳酸异型发酵	乳酸，乙醇，乙酸，CO_2	明串珠菌属
混合酸发酵	乳酸，乙醇，乙酸，甲酸，H_2，CO_2	大肠埃希氏菌

乙醇发酵分为3个阶段。第1阶段包括一系列的不涉及氧化还原的预备性反应，需要消耗2mol ATP，其结果是1mol葡萄糖生成2mol的3-磷酸甘油醛。第2阶段发生氧化还原反应，底物脱氢后产生高能磷酸化合物1,3-二磷酸甘油酸，进而形成磷酸烯醇丙酮酸，并通过底物水平磷酸化形成ATP，一共发生两次底物水平磷酸化合成4mol的ATP。第1阶段和第2阶段合称为糖酵解，净得2mol的ATP。糖酵解途径是将葡萄糖降解为丙酮酸并伴随着ATP生成的一系列反应，是一切生物有机体中普遍存在的葡萄糖降解的途径，又称为EMP途径。在无氧及有氧条件下糖酵解途径都能进行，是葡萄糖进行有氧或者无氧分解的共同代谢途径。第3阶段由丙酮酸开始，发生氧化还原反应，将乙醛还原为乙醇，并产生CO_2。

葡萄糖的乙醇发酵产生的能量中只有26%的能量保存在ATP的高能键中，其余的能量以热的形式散失掉。ATP是酵母菌的决定性产物，为酵母菌体内各种需能的反应提供能量。乙醇和CO_2是酵母菌产生的废物，其中乙醇可作为饮料、试剂和工业原料；CO_2可以用于发面、生产面包，还可用于生产汽水等饮料。

（二）好氧呼吸

好氧呼吸是有外在最终电子受体O_2存在时，对底物的氧化过程。底物经完整的呼吸链（电子传递体系）传递氢，同时把底物氧化释放出的电子经过呼吸链传递给O_2，O_2得到电子被还原，并与脱下的H结合生成H_2O，释放能量。

以葡萄糖为例，好氧呼吸分为两个阶段。①葡萄糖的糖酵解（EMP途径）。参见乙醇发酵部分。②三羧酸循环（TCA循环）。三羧酸循环也称为柠檬酸循环，是丙酮酸有氧氧化过程的一系列步骤的总称。由丙酮酸开始，先经过氧化脱羧作用、乙酰化作用形成乙酰辅酶A和$NADH+H^+$。然后乙酰辅酶A进入三羧酸循环，最后被彻底氧化成二氧化碳和水。

葡萄糖经好氧呼吸的总反应方程式为：

$$C_6H_{12}O_6+6O_2+38ADP+38Pi \longrightarrow 6CO_2+6H_2O+38ATP \qquad (4\text{-}4)$$

1mol葡萄糖完全氧化产生的总能量大约为2876kJ,储存在ATP中的能量为1193kJ。所以好氧呼吸的能量利用率约为42%,其余的能量以热的形式散发掉。而在葡萄糖的乙醇发酵中,能量利用率只有26%。可见,进行发酵的厌氧微生物为了满足能量的需求,需要消耗的营养物质要比好氧微生物需要得多。

电子传递体系,也称为呼吸链,指底物上的氢原子被还原酶激活脱落后,经过一系列的传递体系最后传给被激活的氧分子,最终形成水的全部体系。主要由NAD^+或$NADP^+$、FAD或FMN、铁硫蛋白、辅酶Q、细胞色素b、细胞色素c_1、细胞色素c、细胞色素a和细胞色素a_3等组成。电子传递体系的功能:①接受电子供体提供的电子,在电子传递体系中,电子由一个组分传到另一个组分,最后借细胞色素氧化酶的催化反应,将电子传递给最终电子受体O_2;②合成ATP,把电子传递过程中释放的能量储存起来。在原核微生物中,电子传递体系是作为质膜的一部分;而在真核生物中,电子传递体系存在于线粒体中。

好氧呼吸包括外源性呼吸和内源性呼吸。在正常情况下,微生物利用外界提供的能源进行呼吸,叫外源性呼吸,通常简称为呼吸。但如果外界没有提供能源时,微生物需要利用自身内部储存的能源物质(如多糖、脂肪、聚β-羟基丁酸)进行呼吸,称为内源性呼吸。好氧呼吸能否进行,主要取决于O_2的体积分数能否达到0.2%。只有O_2的体积分数达到0.2%时好氧呼吸才能发生。

(三)无氧呼吸

无氧呼吸又称为厌氧呼吸,是在厌氧条件下,厌氧或兼性厌氧微生物以外源无机氧化物或有机物作为末端氢(电子)受体时发生的一类产能效率较低的呼吸。无氧呼吸特点是底物脱氢后,只经部分电子传递体系传递氢,最终由氧化态的无机物(少数是有机物)接受氢,并释放较少能量。无氧呼吸产能效率低于好氧呼吸,而高于发酵。

在无氧呼吸电子传递体系中,最终电子受体是O_2以外的无机氧化物(如NO_2^-、NO_3^-、SO_4^{2-}、CO_3^{2-}、CO_2等)和少数有机物(延胡索酸、甘氨酸、氧化三甲胺等)。无氧呼吸的氧化底物一般为有机物,如葡萄糖、乙酸、乳酸等。这些底物被氧化为CO_2,还有ATP生成。

无氧呼吸分为两个阶段。以底物是葡萄糖为例说明如下:第一阶段在细胞质基质中进行,与有氧呼吸完全相同,葡萄糖经行糖酵解(EMP途径),一分子的葡萄糖可以分解成两分子的丙酮酸,产生能量;第二阶段是丙酮酸直接转化为乙醇和二氧化碳或者转化为乳酸,不产生能量,葡萄糖中的大部分能量则保留在乙醇或乳酸中。

根据呼吸链末端的最终电子受氢体的不同,可将无氧呼吸分为硝酸盐呼吸、硫酸盐呼吸、碳酸盐呼吸和延胡索酸呼吸等类型。

1. 硝酸盐呼吸

硝酸盐呼吸又称为反硝化作用,兼性厌氧微生物以NO_3^-作为最终电子受体,将硝酸盐还原为NO_2^-、N_2O、N_2。供氢体可以是葡萄糖、乙酸、甲醇、H_2和NH_3。反应式如下:

$$0.5C_6H_{12}O_6+2HNO_3 \Longrightarrow N_2+3CO_2+3H_2O+2[H]+1756kJ \qquad (4\text{-}5)$$

$$CH_3COOH+HNO_3 \Longrightarrow 2CO_2+H_2O+0.5N_2+3[H] \qquad (4\text{-}6)$$

$$CH_3OH+HNO_3 \Longrightarrow CO_2+2H_2O+0.5N_2+[H] \qquad (4\text{-}7)$$

$$2.5H_2 + HNO_3 \rightleftharpoons 3H_2O + 0.5N_2 \qquad (4\text{-}8)$$

$$2NH_3 + HNO_3 \rightleftharpoons 3H_2O + 1.5N_2 + [H] \qquad (4\text{-}9)$$

硝酸盐中的 NO_3^- 在接受电子受体后变成 NO_2^-、N_2 的过程，叫脱氮作用。脱氮分两步进行，第一步是 NO_3^- 被硝酸还原酶催化还原为 NO_2^-，硝酸还原酶被细胞色素 b 还原。第二步是 NO_2^- 被还原为 N_2。

2. 硫酸盐呼吸

硫酸盐呼吸是由硫酸盐还原细菌（是专性厌氧细菌，或称反硫化细菌）把经呼吸链传递的氢传递给硫酸盐末端氢受体的一种厌氧呼吸。硫酸盐还原菌以 SO_4^{2-} 作为最终电子受体，在硫酸还原酶催化下，将 SO_4^{2-} 还原为 H_2S，其电子传递体系只有细胞色素 c，在 $SO_4^{2-} \rightarrow S^{2-}$ 中传递电子，生成 ATP。氧化有机物不彻底，如氧化乳酸时产物为乙酸，反应式如下：

$$2CH_3CHOHCOOH + H_2SO_4 \rightleftharpoons 2CH_3COOH + 2H_2O + 2CO_2 + H_2S + 1125kJ \qquad (4\text{-}10)$$

3. 碳酸盐呼吸

以 CO_2、CO 作为最终电子受体，产甲烷菌、产乙酸菌利用甲醇、乙醇、甲酸、乙酸、H_2 等作供氢体。其电子传递体系末端的受氢体是 CO_2、CO。根据其还原产物不同，可分为两类：一是产生甲烷的碳酸盐呼吸，由产甲烷菌参与；二是产生乙酸的碳酸盐呼吸，由产乙酸细菌参与。反应式如下：

$$2CH_3CH_2OH + CO_2 \rightleftharpoons CH_4 + 2CH_3COOH \qquad (4\text{-}11)$$

$$4H_2 + CO_2 \rightleftharpoons CH_4 + 2H_2O \qquad (4\text{-}12)$$

$$3H_2 + CO \rightleftharpoons CH_4 + H_2O \qquad (4\text{-}13)$$

4. 延胡索酸呼吸

在延胡索酸呼吸中，以延胡索酸作为最终电子受体，延胡索酸的还原产物是琥珀酸。能进行延胡索酸呼吸的微生物大多数是一些兼性厌氧菌和厌氧菌。

另外，发现甘氨酸、二甲基亚砜等有机氧化物也可作为无氧环境下呼吸链的末端氢受体，分别被还原成乙酸、二甲基硫化物等。

三、微生物发光机制与其应用

某些细菌、真菌、藻类能够发光。大多数发光细菌是海洋细菌，少数为淡水细菌。这些细菌一般喜好低温，最适温度约为18℃，超过37℃则不会发光。常寄生在各种动物体上引起"发光病"，即寄生发光。有些发光鱼类、乌贼与发光细菌共生是利用了细菌的发光。

发光细菌含几种成分：萤光素酶、还原性的黄素、分子氧、八碳以上长链脂肪族醛。发光过程是一种光呼吸过程，包括电子的传递和能量转移。电子供体（$NADH + H^+$）的电子传递给黄素单核苷酸（FMN）和萤光素酶，萤光素酶被激活，当有长链脂肪族醛存在时，通入氧气就会发光。

目前环境监测中常用的 3 种发光细菌为：明亮发光杆菌、青海弧菌、费氏弧菌，其中明亮发光杆菌被应用于水质急性毒性的测定。发光细菌由于其独特的生理特性，在环境监测中被作为测定环境中毒物的指标。发光细菌在正常的生理条件下能发出波长为 $450 \sim 490nm$ 的蓝绿色可见光，在一定的试验条件下发光强度是恒定的。与外来受试物接触时，由于毒物具有抑制发光细菌的发光作用，发光细菌的发光强度变化的程度与受试物的浓度在一定范围内呈相关关系，同时与该物质的毒性大小有关。青海弧菌是非致病性淡水发光菌，被制成冻干粉后可用于地震灾害区应急环境监测，具有快速、便捷等优点。费氏弧菌在欧盟的标准中有使用。

发光细菌是兼性厌氧菌，在有氧时才发光，对氧很敏感，很微量的氧也能激发发光细菌发光，所以可将它用于测定溶液中的微量氧。

发光细菌对毒气例如 SO_2、毒药、麻醉剂、氰化物等抑制剂也很敏感，当这些物质的质量分数仅为 10^{-6} 时，就能使发光细菌发光。所以可利用发光细菌进行大气污染的监测、有毒物生物毒性检测、抗生素的筛选、麻醉药物的筛选以及食品卫生方面的快速检测。目前某些发光细菌已被制成生物探测器，用于环境监测及其他领域。发光细菌的发光强度与某些污染物的浓度呈较好的线性关系，在反映环境中污染物的浓度变化时具有稳定、灵敏、快速的优点。因此，利用发光细菌可制备成识别元件，已成为国内外传感器研究工作的热点。

思考题

1. 营养物质进入微生物细胞的方式有哪几种？

2. 主动运输和基团转位有何区别？

3. 微生物要求的营养物有哪几种类型？其中碳源和氮源有什么作用？

4. 什么是培养基？制备固体培养基的凝固剂有哪几种？最常用的凝固剂是什么，有什么优点？

5. 按培养基对微生物的功能和用途，培养基可分为哪几类？

6. 根据物理性状的不同，培养基可分为哪几种类型？

7. 酶的组成包括哪些？

8. 酶有哪些催化特性？

9. 影响酶促反应速率的因素有哪些？

10. 影响酶促反应的竞争性抑制和非竞争性抑制有何区别？

11. 对比说明发酵、好氧呼吸和无氧呼吸的区别。

12. 简述酶的活性中心。

13. 什么是底物水平磷酸化、氧化磷酸化、光合磷酸化？

14. 生物氧化的本质是什么？

第五章
微生物的生长繁殖与生存因子

第一节　微生物的生长繁殖及其测定

微生物在适宜的环境条件下，不断吸收营养物质进行新陈代谢活动。当同化作用大于异化作用时，微生物的细胞质量不断增长，称为生长。

在单细胞微生物中，由细胞分裂而引起的个体数目的增加，称为繁殖。在一般情况下，当环境条件合适，生长与繁殖始终是交替进行的。从生长到繁殖是一个由量变到质变的过程，这个过程就是发育。多细胞微生物的生长只是细胞数目增加，不伴随个体数目增加；不但细胞数目有增加，个体数目也增加时，则为多细胞微生物的繁殖。

世代时间指某世代起到下一世代止平均所需的时间，简称代时。细菌两次细胞分裂之间的时间间隔，称为细菌的代时。

不同微生物的生长繁殖速率不同，其世代时间也不同。一般情况下，原核微生物的世代时间比较短，其生长速率高于真核微生物生长速率；专性厌氧菌的生长速率一般情况下比好氧菌的低。

一、研究微生物生长的方法

微生物的生长可分为微生物个体生长和群体生长。由于微生物个体微小，多数情况下需培养后研究其群体生长。培养方法有分批培养和连续培养，可以用于纯种培养，也可以用于混合菌种的培养。

（一）分批培养

分批培养是将少量的微生物接种到一个封闭的、盛有一定体积液体培养基的容器内，保持一定的温度、pH和溶解氧量，在适宜条件下进行培养，微生物在其中生长繁殖。在培养过程中微生物的数量具有先由少变多，达到高峰后又由多变少的变化规律。定量描述液体培养基中微生物群体生长规律的实验曲线，称为生长曲线，即将微生物量的变化与培养时间的关系标在坐标纸上所得的曲线。

以细菌为例说明细菌在分批培养时完成的一个生长周期现象。将少量的细菌接种到新鲜的定量的无菌液体培养基中后，每隔一定时间取样计数。然后以细菌的量（细菌个数或细菌个数的对数或细菌的干重）为纵坐标，以培养时间为横坐标，连接坐标系上的各点获得的曲线，即细菌的生长曲线（见图5-1）。从生长曲线上可看出细菌的生长繁殖期可细分为6个时期：停滞期①（或称适应期、迟滞期）、加速期②、对数期③、减速期④、静止期⑤及衰亡期⑥，其中加速期和减速期的时间很短，可把加速期合并入停滞期，把减速期合并入静止期。从而把细菌的生长繁殖期粗分为Ⅰ停滞期、Ⅱ对数期、Ⅲ静止期及Ⅳ衰亡期4个时期。

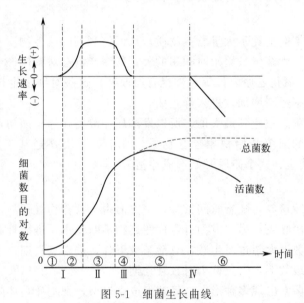

图 5-1　细菌生长曲线

不同微生物的生长速率不同，每种微生物都有各自特定的生长曲线，但生长曲线的基本形状很相似。根据不同微生物的生长曲线能够了解其生长规律，这对生产实践具有重大的指导意义。

（1）停滞期

将少量细菌接种到一定量的无菌液体培养基中后，细菌的数量并不是立即就会增长，而是经一段时间的适应期后才能在新的培养基中开始生长繁殖。特别是在停滞期的初始阶段，有的细菌不适应新环境而死亡，有的细菌产生适应酶后开始生长；在停滞期的第二阶段，适应的细菌生长到某个程度开始繁殖，即加速期，细菌总数有所增加。影响停滞期长短的因素有菌种、接种量、接种菌种的菌龄、营养物质等。

（2）对数期（又称为指数期）

经停滞期后，细菌的生长繁殖速率增至最快，当细菌总数的对数值与时间的关系在坐标系上近似呈线性关系时，进入对数期。细菌数量呈指数性增长。对数生长期细菌平衡生长的数学模式可表示为：$dN/dt = \mu N$。式中，N 为单位体积培养液的细菌数量；μ 为比生长速率，指单位数量细菌在单位时间内的增量；t 为培养时间。根据一定时间内细菌的增殖数量可以计算出繁殖的代数（n），并以增殖时间除以繁殖代数求得每繁殖一代所需的时间，即世代时间（G）。已知在时间为 t_0 时细菌数为 N_0，如果经过一段时间到 t_x 时，繁殖 n 代后的细菌数为 N_x，那么 $N_x = N_0 \times 2^n$。可以求出细菌的世代时间为 $G = 0.301(t_x - t_0)/(\lg N_x - \lg N_0)$。

对数期时，细菌可利用的营养物质丰富，其代谢活力最强、合成新细胞物质的速度最快，生长速率最快，从而对数期的细菌具有比较短的世代时间。细菌总数的增加率和活菌数的增加率一致，细菌对不良环境因素的抵抗力强。处于对数期的细菌群体的生理特性较一致，细胞的化学组分及形态都比较一致，细胞生长率恒定，所以是代谢、生理和酶学等研究及教学实验和发酵工业中用作菌种的良好材料。

（3）静止期

由于细菌在对数期时消耗了大量营养物质，从而使剩下的营养物质不足以支持细菌继续快速繁殖。另一方面，细菌生长繁殖时积累的大量代谢产物会对菌体产生毒害，并且培养环境中的 pH、溶解氧、氧化还原电位等条件也有所改变。这些对细菌生长不利的因素使细菌生长速率下降，死亡率逐渐增加，进入静止期。

静止期初期的细菌总数达到最大值，所以发酵厂一般要在静止期初期及时收获菌体和代谢产物。处于静止期的细菌开始积累贮存物质（异染粒、聚 β-羟基丁酸、糖原、淀粉粒、脂肪粒等），芽孢杆菌也在这个阶段开始形成芽孢。

（4）衰亡期

静止期后如再继续培养，随着时间推移，一方面由于营养物被耗尽，细菌因缺乏营养而利用储存物质进行内源呼吸；另一方面有毒代谢产物不断积累，进而抑制细菌生长，导致死亡率增加，以致死亡数大大超过新生数，总活菌数下降，进入衰亡期，生理代谢活动也趋于停滞。活菌数以几何级数下降时，称为对数衰亡期。

处于衰亡期的细菌常出现多种形态，呈畸形或衰退型，细胞死亡伴随着自溶。有的微生物产生有毒物质或释放抗生素等代谢产物。

（二）连续培养

连续培养是采用有效的措施使微生物在某特定的环境中保持旺盛生长状态的培养方法。微生物在一定培养条件下，向培养容器中连续补充新鲜培养基，同时流出培养物，使容器内的微生物长期保持平衡生长状态和恒定的生长速率，形成了连续生长。连续培养又叫开放培养。连续培养具有培养周期短、设备利用率高和便于自动化管理的优点。

连续培养有恒浊连续培养和恒化连续培养两种方式，示意图如图 5-2 所示。

1. 恒浊连续培养

恒浊连续培养是使反应器中细菌培养液的浓度保持恒定，以浊度为控制指标的培养方式。首先按实验目的，确定细菌的浊度保持在某一恒定值上。当微生物在恒浊器中培养生长

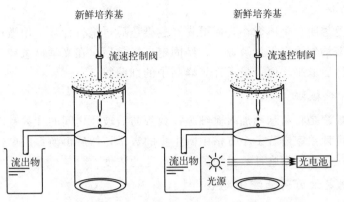

图 5-2　恒化连续培养（左）和恒浊连续培养（右）

进入稳定阶段时，调节新鲜培养基的进水流速，使浊度达到恒定（用光电信号控制浊度，以维持恒定的细胞密度）。当浊度大于该值时，增大加入新鲜培养基的进水流速，以降低浊度；当浊度小于该值时，降低新鲜培养基的进水流速，以提高浊度。恒浊反映的是细胞密度的恒定。发酵工业采用此法可获得大量的菌体和有经济价值的代谢产物。

2. 恒化连续培养

恒化连续培养是在条件相对恒定的系统中进行细菌培养，维持培养系统中营养液保持不变，以恒定流速补充新鲜培养基，以相同流速流出培养物，使细菌处于恒定生长速率状态下的培养方式。细菌生长速率可以通过限制某种营养成分的供给量来进行精确控制。

二、微生物生长量的测定

微生物的生长量可以根据菌体细胞量、菌体体积或质量直接测定，也可根据某种细胞物质的含量或代谢活动的强度间接测定。

（一）测定微生物总数

计数器直接计数是指用血细胞计数板或计数框在光学显微镜下直接计数。这是测定一定容积中的细胞总数的常规方法。该方法常用于酵母菌、藻类和原生动物的检测。

这种方法的优点是简单方便，测定速度快；缺点是进行微生物数目计数时不能分辨出活菌和死菌。

1. 电子计数器

可用电子计数器对个体较大的微生物进行直接计数，例如原生动物、藻类、非丝状的酵母菌。其工作原理是在一个小孔的两侧各放置一个电极，小孔孔径仅能通过一个细胞，当细胞悬液通过小孔时，每通过一个细胞，电阻就会增加并产生一个信号，计数器就对该细胞自动计数一次，在电子记录装置上进行自动记录。通过测定小孔中液体的电阻变化来测定样品中微生物的数量。

电子计数器的优点是测定结果较准确；缺点是该方法不能区分是否为待测微生物而只能识别颗粒大小，容易受到样品中其他微小颗粒等的干扰，结果使测定值偏高。因此，要求菌悬液中不含任何碎片。

2. 染色涂片法

由于细菌无色透明、个体微小，需要先经过染色后再进行计数。用微量移液器吸取定量经稀释的细菌悬液均匀涂布于计数板上，经固定、染色后，在光学显微镜下观察几个视野并分别进行计数，然后取平均值，最后计算样品中的细菌数。

3. 血细胞计数板法

血细胞计数板法是将菌悬液加入血细胞计数板与盖玻片之间的计数室内，计数室的容积是一定的，先测定计数室内若干个方格中微生物的数量，然后再换算成单位体积样品中微生物细胞的数量。一般用血细胞计数板法测定酵母菌的浓度。

4. 比浊法测定细菌菌悬液细胞数

比浊法的原理：细菌菌悬液的浓度在一定范围内与透光度成反比，与浊度成正比，与光密度（OD）成正比。细胞数越多浊度越大，透光度越小、光密度越大。因此，可用分光光度计测定菌悬液的光密度，也可用浊度计测定菌悬液的浊度，进而测得菌悬液的细胞浓度。将未知细胞数的菌悬液和已知细胞数菌悬液相比，可求出未知菌悬液所含的细胞数。

在用上述方法测定细胞总数之前，将该菌液经 10 倍稀释法稀释成系列浓度的菌悬液，分别取 1mL 各稀释度的菌悬液置于无菌培养皿中，然后加入适量体积的经灭菌冷却至 45℃ 左右的固体培养基，马上混合均匀，冷凝后成平板。倒置于 37℃ 恒温培养箱中培养 24～48h 后进行计数。以细菌总数和 OD 值制作标准曲线，以便用比浊法测得 OD 值后，在标准曲线上查出相应的细菌总数。

比浊法的优点是简便快捷；缺点是只能检测细菌量多的样品，并且所测定的结果是相对的细菌数目，不适用于对颜色太深的样品检测。

（二）测定活菌数

1. 稀释培养计数

对未知样品进行十倍系列稀释，然后取几个连续的稀释度平行接种多支试管，对这些平行试管的微生物生长情况进行统计，长菌的为阳性，未长菌的为阴性，然后对照检索表查得细菌数目。

2. 过滤计数

适用于样品中含菌量少的水样。将液体样品经孔径为 $0.45\mu m$ 的无菌滤膜进行过滤，然后把滤膜置于已经倒好的平板上培养，对得到的菌落进行计数。

3. 菌落计数

采用平板菌落计数时，首先将样品稀释成一系列浓度菌液，然后用移液器取适量的稀释液涂布于琼脂培养基表面，经培养一定时间后进行菌落计数，再根据稀释倍数计算出样品所含的菌数。该方法的依据是认为理论上一个菌落是由一个活细菌形成，所以通过测定样品在平板上形成的菌落数来计数样品中的活细菌数。但有时候两个或多个细菌形成一个菌落；或有的细菌长的很小，或长得慢，计数时被漏掉了，所测得的结果往往偏低。

（三）计算生长量

计算微生物的生长量，关键是要测得细胞质量。测定细胞质量的方法有直接测定细胞干重法和间接测定细胞质量法两种方法。

1. 直接测定细胞干重法

在研究微生物的生长中，细胞干重是重要的测定参数。细胞干重指细胞去除水分后的净重量。

有两种测定细胞干重的方法。①离心法：将一定量的待测培养液放入离心管中，进行离心后用无菌清水洗涤沉淀物，然后再离心、洗涤，如此反复 3 次后进行干燥、称重。可采用在 105℃ 干燥至恒重；也可在 80℃ 或较低温度下进行真空干燥至恒重。②过滤法：将一定量的待测培养液用滤纸过滤后，先用适量清水洗涤留在滤纸上的培养物，再将其烘干至恒重。过滤法适用于丝状微生物如放线菌或真菌的细胞干重测定。

该方法在环境工程污水处理中应用较多，如测定曝气池中混合液悬浮固体浓度（MLSS）或混合液挥发性悬浮固体浓度（MLVSS）。

2. 间接测定细胞质量

通过测定培养液中含氮量、含碳量或 DNA 含量来间接确定细胞浓度。

微生物生长过程中伴随着一系列生理指标的变化，可以通过测定生理指标来作为生长测定的相对值。这些生理指标包括微生物的呼吸强度、耗氧量、酶活性、生物热等。通过测定这些生理指标来判断培养液中微生物的数量和生长状况。因此可以借助特定的仪器例如瓦勃氏呼吸仪、微量量热计等测定相应的指标，从而了解培养液的活性。

第二节　影响微生物的生存因子

微生物除了需要吸收各种营养物质外，还需要各种合适的生存因子。如果环境条件不正常，会影响微生物的生命活动，甚至导致变异或死亡。很多病原微生物的传播和污染会带来巨大灾难，必须对其进行有效控制。

一、温度

温度是影响微生物的重要生存因子，任何生物都是在一定的温度范围内活动。过低和过高的温度对微生物生长都不利。

在适宜的温度范围内，温度每提高 10℃，酶促反应速率将提高 1～2 倍，微生物的代谢速率和生长速率均可相应提高。适宜的培养温度使微生物以较快的生长速率生长，而过高或过低的温度均会降低其代谢速率和生长速率。温度影响微生物的生长是因为温度会影响酶的活性、影响细胞膜的流动性、影响物质的溶解度。

一般情况下，温度越低微生物的代谢水平越低，处于休眠状态。中温微生物通常在低于 5℃ 时停止生长但不死亡。实验室在 4℃ 左右保存菌种，家用冰箱在 4℃ 抑制微生物活动保存食品就是利用这个特性。但嗜冷微生物能在低温环境中生长，只有冻结才能抑制微生物的生长，所以在 4℃ 冷藏的食品仍有可能被嗜冷微生物污染而变质、腐烂。频繁冷冻和解冻会使微生物细胞受到破坏而死亡。

根据微生物对温度的最适生长需求，将微生物分为嗜冷菌、嗜温菌、嗜热菌和嗜超热菌4大类（见表5-1）。大多数微生物为嗜温菌。原生动物的最适生长温度一般为16~25℃，其最高温度为43℃，少数原生动物可在60℃下生存。霉菌、酵母菌和放线菌的最适生长温度为28~32℃。多数藻类的最适生长温度为20~30℃。在微生物实验室培养各类微生物的温度不同：通常情况下，培养细菌的温度为37℃；放线菌、霉菌、酵母菌的培养温度为28℃；藻类、原生动物的培养温度为25℃。

表 5-1　不同细菌的生长温度范围　　　　　　　　　　　　　　　　　单位：℃

微生物	最低温度	最适温度	最高温度
嗜冷菌	−5	5~10	30
嗜温菌	5	25~40	50
嗜热菌	30	50~60	80
嗜超热菌	55	70~105	113

嗜热菌和嗜超热菌是特殊的微生物，包括细菌中的芽孢杆菌和嗜热古菌，这些微生物是环境工程很好的研究资源，嗜热菌可应用于废水、废物的厌氧生物处理，不仅可以提高反应速度，还可以有效消灭污水、污物中的病原微生物。

嗜冷微生物，尤其是专性嗜冷微生物能在0℃生长，有的可在更低温度下生长，它们的最适温度为5~10℃。即使在南北极很冷的环境中也有微生物生长，在冰河的表面和雪原地区经常有一种嗜冷藻，叫雪藻，其孢子呈鲜艳的红色。

嗜冷微生物能在低温生长的原因包括：①嗜冷微生物具备更有效的催化反应需要的酶；②嗜冷微生物具有良好的主动运输系统，能有效集中必需的营养物质；③嗜冷微生物的细胞膜含有大量的不饱和脂肪酸，其含量会随着温度的降低而增加，使其在低温下仍能保持半流动性，从而能不断从外界环境中吸收营养物质。

低温对嗜中温和嗜高温微生物生长都不利，微生物在低温时代谢极微弱，基本处于休眠状态，但不会致死。嗜中温微生物在低于10℃的温度下不生长，因为蛋白质合成的启动受阻，不能合成蛋白质。处于低温的微生物一旦获得适宜温度，即可恢复其活性。

超高温是指在微生物最高生长温度以上的温度，对微生物有致死作用。蛋白质被高温严重破坏而发生凝固，呈不可逆变性。因此，微生物经超高温处理必然死亡。超高温致死微生物有一个原因是细胞膜中含有受热易溶解的脂质，细胞膜中的脂质受热溶解后使膜产生很多小孔，进而引起细胞内含物泄漏而致死。影响超高温杀菌效果的因素包括：①微生物种类：在高温下无芽孢菌比芽孢菌易死亡。②高温杀菌所需的时间与温度高低有关：对同一种微生物来说高温杀菌的温度越高，所需时间越短。③与菌龄有关：一般幼龄菌比老龄菌对高温更敏感。④与pH有关：通常在酸性条件下细菌更易被杀死。⑤菌体含水量：致死温度与菌体蛋白质含水量有关。含水量为50%的蛋白质在56℃就凝固，而含水量降为18%的蛋白质在80~90℃才凝固。干细胞例如孢子比湿细胞更耐热。

在科研、教学实验及发酵工业中，培养基和所用的一切器皿需要先灭菌后才能使用。灭菌是通过超高温或其他的物理、化学方法将所有微生物的营养细胞和所有的芽孢或孢子全部杀死的过程。灭菌方法有干热灭菌法和湿热灭菌法。干热灭菌包括灼烧、采用电热干燥箱等。湿热灭菌是利用热蒸汽杀死微生物。湿热灭菌包括高压蒸汽灭菌和间歇灭菌。消毒是用物理、化学方法杀死致病菌，或者是杀死所有微生物的营养细胞和一部分芽孢。消毒法有巴斯德消毒法和煮沸消毒法两种，消毒的效果取决于消毒时的温度和消毒时间。

二、 pH

微生物的生命活动与 pH 密切相关。不同的微生物生长的 pH 范围不同。过高或过低的pH 对微生物生长繁殖都不利，表现在以下几方面：①pH 过低时，引起微生物体表面由带负电改变为带正电，进而影响微生物对营养物的吸收。在培养微生物时，过高或过低的 pH 还会影响培养基中有机化合物的离子化作用，从而间接影响微生物。通常情况下细菌表面带负电荷，非离子状态化合物比离子状态化合物更容易渗入细胞。②酶只有在最适宜的 pH 下才能发挥其最大活性，过高或过低的 pH 都会使酶的活性降低，进而影响微生物细胞内的生物化学过程，甚至直接破坏微生物细胞。③过高或过低的 pH 都会降低微生物对高温的抵抗能力。

大多数细菌、藻类和原生动物的最适 pH 值范围为 6.5～7.5，对 pH 值的适应范围为4～10。细菌一般要求中性和偏碱性，但某些细菌，如氧化硫硫杆菌和极端嗜酸菌需在酸性环境中生活，其最适 pH 值为 3，在 pH 值为 1.5 时仍可生活。放线菌在中性和偏碱性环境中生长，最适 pH 值范围为 7～8。酵母菌和霉菌在酸性或偏酸性的环境中生活，最适 pH 值范围为 3～6。

生活污水生物处理系统的 pH 值宜维持在 6.5～8.5 左右。因为 pH 值小于 6.5 的酸性环境不利于细菌和原生动物生长，尤其对菌胶团细菌不利；相反，对霉菌及酵母菌有利。如果活性污泥中有大量霉菌繁殖，由于大多数霉菌不像细菌那样分泌黏性物质于细胞外形成菌胶团，其吸附能力和絮凝性能均不如菌胶团。当霉菌的数量在活性污泥中占优势时，会使活性污泥的结构松散、沉降性能不好，甚至导致活性污泥膨胀，使活性污泥的整体处理效果下降，影响出水水质。

霉菌和酵母菌对某些特定有机物具有较强的分解能力。由于霉菌和酵母菌在酸性或偏酸性的环境中生活，所以对于 pH 值较低的相关工业废水可采用霉菌和酵母菌来处理，不需用碱调节 pH 值至中性，可节省调节费用。针对霉菌和酵母菌容易引起的活性污泥丝状膨胀问题可以通过改革工艺来解决，例如可采用生物膜法（生物滤池、生物转盘等）、接触氧化法，或者采用气浮池代替二沉池。

三、氧化还原电位

氧化还原电位是用来反映水溶液中所有物质表现出来的宏观氧化-还原性，是用一个铂丝电极与一个标准参考电极同时插入体系中测得的电位差。

氧化还原电位用 E_h 表示，其单位为 V 或 mV。氧化环境具有正电位，还原环境具有负电位。在自然界中，氧化还原电位的上限是 +820mV，是充满高浓度氧的环境，而且没有利用 O_2 的系统存在；氧化还原电位的下限是 -400mV，是充满氢气的环境。

各种微生物要求的氧化还原电位不同。一般好氧微生物要求 E_h 为 +300～+400mV，好氧微生物在 E_h 达到 +100mV 以上才能生长。兼性厌氧微生物在 E_h 为 +100mV 以上时进行好氧呼吸，在 E_h 为 +100mV 以下时进行无氧呼吸。专性厌氧细菌要求 E_h 为 -200～-250mV，专性厌氧的产甲烷菌要求 E_h 更低，为 -300～-400mV，最适 E_h 为 -330mV。

氧化还原电位受氧分压的影响：氧分压高，氧化还原电位高；氧分压低，氧化还原电位低。在培养微生物过程中，由于微生物的生长繁殖消耗了大量氧气，分解有机物时产生 H_2，使氧化还原电位降低。

四、溶解氧

依据微生物与分子氧的关系，微生物可分为好氧微生物和厌氧微生物两大类。进一步又可细分为专性好氧微生物、微量好氧微生物、耐氧厌氧微生物、兼性厌氧微生物和专性厌氧微生物五类。①专性好氧微生物：指的是只能生活在正常大气压下，以好氧呼吸获取生命活动所需能量，在氧分压 $0.21 \times 101 kPa$ 的条件下生长繁殖良好的微生物。专性好氧微生物有完整的呼吸链，以分子氧作为最终电子受体。绝大多数真菌和多数细菌、大多数放线菌、原生动物和微型后生动物都是专性好氧微生物。②微量好氧微生物：是指在氧分压 $(0.003 \sim 0.2) \times 101 kPa$ 的条件下生长繁殖良好的微生物，即只有在较低氧分压下才能正常生活的微生物。③兼性厌氧微生物：是指在有氧和无氧环境中皆能正常生长的一类微生物。在有氧和无氧条件下可通过不同的氧化方式获得能量。例如酵母菌在有氧条件下，通过氧化磷酸化途径获取能量；在无氧条件下，通过发酵途径获得能量。④耐氧厌氧微生物：简称耐氧菌，在有分子氧存在条件下进行发酵性厌氧生活，但它们不会把氧气作为最终电子受体。耐氧厌氧微生物的生长不需要任何氧，但分子氧对它们也无害。⑤专性厌氧微生物：是指只能在氧分压小于 $0.005 \times 101 kPa$ 的环境中生长的微生物，即只能在无氧环境中生长；这些微生物缺乏完善的呼吸酶系统，其生命活动所需能量通过发酵和无氧呼吸等方式提供；不仅不能利用分子氧，而且游离氧对其还有毒性作用。厌氧微生物绝大多数为细菌，少数为放线菌。

下面介绍好氧微生物、兼性厌氧微生物、厌氧微生物与氧的关系。

（一）好氧微生物与氧的关系

好氧微生物需要的是溶解于水中的氧即溶解氧。氧在水中的溶解度与水温、大气压、海拔等因素有关。氧对好氧微生物有两个作用：①氧作为微生物好氧呼吸的最终电子受体；②氧参与甾醇类和不饱和脂肪酸的生物合成。

好氧微生物和微量好氧微生物在有氧条件下能正常生长繁殖，是因为它们需要氧作为呼吸中的最终电子受体，并参与部分物质的合成。在利用氧的过程中，会产生过氧化氢、过氧化物和羟基自由基等有毒物质。好氧微生物和微量好氧微生物体内存在的相应的过氧化氢酶、过氧化物酶和超氧化物歧化酶可把上述有毒物质分解掉，从而避免自身中毒。

好氧微生物需要供给充足的溶解氧，在污水生物处理中需要设置充氧设备给水体充氧。

（二）兼性厌氧微生物与氧的关系

兼性厌氧微生物既具有脱氢酶也具有氧化酶，所以，既能在无氧条件下生存，又可在有氧条件下生存。在好氧条件下生长时，氧化酶活性强，细胞色素及电子传递体系的其他组分正常存在；在无氧条件下时，脱氢酶活性强，氧化酶无活性，细胞色素和电子传递体系的其他组分减少或全部丧失；一旦通入氧气，这些组分的合成很快恢复。例如，酵母菌在有氧条件下迅速生长繁殖，进行好氧呼吸，将有机物彻底氧化成二氧化碳和水，同时产生大量菌体；在无氧条件下，进行乙醇发酵，由葡萄糖形成乙醇和二氧化碳。

兼性厌氧微生物除了酵母菌外，还有肠道细菌、硝酸盐还原菌、人和动物的致病菌、某些原生动物、微型后生动物及个别真菌等。兼性厌氧微生物在许多方面起积极作用。在污水好氧生物处理中，当正常供氧时，好氧微生物和兼性厌氧微生物两者共同起积极作用；而当供氧不足时，好氧微生物不起作用，而兼性厌氧微生物仍起积极作用，只是对有机物的分解不如在有氧条件下彻底。兼性厌氧微生物在污水厌氧消化、污泥厌氧消化中也是起积极作用的，它们多数是起水解、发酵作用的细菌，能将大分子的蛋白质、脂肪和糖类等水解为小分子的有机酸和醇等。

（三）厌氧微生物与氧的关系

在无氧条件下才能生存的微生物叫厌氧微生物。

专性厌氧微生物的生境中绝对不能有氧，因为有氧存在时，代谢过程中产生的 NADH $+H^+$ 和 O_2 反应生成 H_2O_2 和 NAD^+，而专性厌氧微生物不具有过氧化氢酶，它将被生成的 H_2O_2 杀死。O_2 还可产生游离超氧阴离子（O_2^- ·），专性厌氧微生物由于不具破坏 O_2^- ·的超氧化物歧化酶（SOD）而被 O_2^- ·杀死。

五、水活度与渗透压

（一）水活度

水活度（a_w）表示在一定温度下，某溶液或物质在与一定空间内空气相平衡时的含水量与空气饱和水量的比值，相当于该溶液蒸气压（P_s）与纯水蒸气压（P_w）的比值，用小数表示。为了表示微生物生长与水的关系，有时也常用相对湿度（RH）的概念（$a_w \times 100$ ＝RH）。微生物对环境中水的可利用性既取决于含水量也取决于水活度。

水活度与渗透压呈负相关性，某溶液的渗透压高，其水活度就低。

大多数微生物在 a_w 为 0.95～0.99 时生长最好，在 a_w 为 0.60～0.65 时大多数微生物停止活动。而嗜盐杆菌属在 a_w 低于 0.8 时生长最好。少数霉菌和酵母菌在 a_w 为 0.6～0.7 时仍可生长。

干燥（通常指水活度低至 0.60～0.70）能使菌体内蛋白质变性，使微生物的代谢活动停止，有机体基本处于休眠状态，严重时会引起细胞脱水和蛋白质变性进而死亡。所以，干燥会影响微生物的活性以及生命力。不同微生物抗干燥的能力不同。大多数细菌的营养细胞在大气环境下会干燥死亡。细菌的芽孢、藻类和真菌的孢子、原生动物的胞囊比营养细胞抗干燥能力强。地衣能抵抗极低水活度的干燥环境。

干燥可使细胞的代谢处于停滞状态，在不受热和其他外界因素干扰下，干燥细胞可以保持休眠状态生活很长时间，一旦环境变湿润则可以萌发复活。

鉴于微生物在低水活度、干燥的环境中生长缓慢，可用灭菌的沙土管保存菌种。

（二）渗透压

两种不同浓度的溶液被半渗透膜隔开时，会产生渗透压。微生物的细胞膜是具有特殊透过性的一种半渗透膜。它可以让水透过，但对其他物质的透过则具有选择性。

渗透压对微生物的生存至关重要。微生物在不同渗透压的溶液中呈现不同的反应：①在等渗溶液中微生物生长得很好。微生物在等渗溶液（质量浓度为 8.5g/L 的 NaCl 溶液，即生理盐水）中时，其细胞形态和大小不变、生长良好。②在低渗溶液中微生物细胞发生膨胀。微生物在低渗溶液（例如 NaCl 的质量浓度为 0.1g/L）中时，溶液中水分子大量渗入微生物体内，使微生物细胞发生膨胀，严重的会导致细胞破裂而死亡。③在高渗溶液中微生物发生质壁分离。在高渗溶液（例如 NaCl 的质量浓度为 200g/L）中时，微生物体内水分子大量渗到细胞外，严重时细胞发生质壁分离，使细胞活动受到抑制，甚至死亡。如图 5-3 所示。

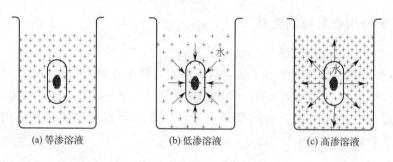

(a) 等渗溶液　　　　　　(b) 低渗溶液　　　　　　(c) 高渗溶液

图 5-3　渗透压对微生物的影响

　　细菌对渗透压的抵抗力与菌龄有关。幼龄的细菌对氯化钠溶液的抵抗力比老龄者小。芽孢最适生长的渗透压比营养细胞的低。一般细菌在浓盐液或糖液中不能繁殖。

　　通常等渗溶液有利于微生物生长，在实验室常用浓度为 8.5g/L 的生理盐水稀释菌液。高渗溶液一般用来保存食物防止腐败，但也有一些微生物可以在高渗溶液中生长，例如某些霉菌在质量浓度为 600～800g/L 的糖溶液中也可生长。嗜盐微生物可在质量浓度为 20g/L 的盐溶液中生长；极端嗜盐微生物则在质量浓度为 150～300g/L 的盐溶液中也可以生长。鉴于这个特点，可以将这些嗜盐微生物用于含盐量高的污水的生物处理。

六、表面张力

　　液体表面的分子被它周围和内部的分子所吸引，而使液面趋向收缩，这种力量称为表面张力，表示为液体表面任意两相邻部分之间垂直于它们的单位长度分界线相互作用的拉力。水的表面张力为 7.3×10^{-4} N/m，一般培养基表面张力为 $(4.5 \sim 6.5) \times 10^{-4}$ N/m，适合微生物生长。当表面张力太低时，将会影响菌体形态、生长和繁殖。

　　胆汁、胆酸盐或吐温 80 可降低表面张力。而不同细菌对表面张力具有不同的忍受力，革兰氏阴性菌的忍受力大于革兰氏阳性菌，故可用胆汁溶解实验鉴别肺炎球菌（G^+）和链球菌（G^+）。在培养液中加入胆酸盐，可使表面张力降至 $(3.72 \sim 3.75) \times 10^{-4}$ N/m，肺炎球菌和链球菌等革兰氏阳性菌将发生细胞溶解现象。

　　胆酸盐可抑制肠道中的革兰氏阳性菌，而不抑制革兰氏阴性的大肠菌群中的细菌，这是由于肠道内的细菌长期生存在富含胆汁的肠道中，可适应较低的表面张力，故胆酸盐广泛应用于大肠菌群的分离。

　　在较低表面张力液体环境中，微生物均匀生长；而在较高表面张力的液体环境中时，微生物在液体表面形成菌膜。表面张力受润湿状况的影响，如果细菌不被液体培养基润湿，它们将在表面生长成一层薄膜。如果它们被润湿，则在培养基中均匀生长，使培养基变得浑浊。若要使那些在液体培养基中均匀生长的细菌呈膜状生长，可以增加脂质含量，保护菌体不受润湿。

七、辐射

辐射包括：紫外辐射、可见光、近红外、微波和电离辐射等。

有的辐射可产生正面生物效应，例如波长小于 1000nm 的红外辐射，可以被不产氧的光合细菌用作能源进行光合作用。波长为 380～760nm 的可见光是蓝细菌和藻类进行光合作用的主要能源。而其他的辐射均是有害的。

1. 紫外辐射对微生物的影响

紫外辐射是阳光中的一部分，强烈的阳光能够杀菌主要是由于紫外辐射对微生物有致死作用。紫外辐射可划分为 A 波段（315～400nm）、B 波段（280～315nm）和 C 波段（100～280nm），分别称之为 UVA、UVB 和 UVC。波长 260nm 左右的紫外辐射杀菌力最强。阳光通过大气层到达地球表面的紫外辐射波长为 287～390nm，属于 UVB，所以散射阳光具有较强的杀菌力。紫外辐射剂量是辐射强度与辐射时间的乘积。在波长一定的条件下，紫外辐射杀菌力随其剂量的增加而加强。

紫外辐射对微生物有致死作用是由于微生物细胞中的核酸、嘌呤、嘧啶及蛋白质对紫外辐射有特别强的吸收能力。其中 DNA 和 RNA 对紫外辐射的吸收峰在 260nm 处，蛋白质对紫外辐射的吸收峰在 280nm 处。紫外辐射会引起同一条 DNA 链上两个邻近的胸腺嘧啶分子形成胸腺嘧啶二聚体，使 DNA 不能复制，导致致死性突变而死亡。另外，紫外辐射能导致空气中的 O_2 变成 O_3、把水氧化成 H_2O_2，紫外线、O_3 和 H_2O_2 同时发挥杀菌作用。

紫外辐射杀菌灯是人工制造的低压水银灯，能发出波长为 253.7nm 的紫外辐射，其杀菌力强而稳定。

经紫外辐射照射后的菌体或孢子悬液，随即暴露于蓝色区域可见光下，有一部分受损伤的细胞可恢复其活力，使原先形成的胸腺嘧啶二聚体的 DNA 分子恢复为正常结构，这种现象叫光复活现象。

不同微生物或微生物在不同生长阶段对紫外辐射的抵抗力是不同的。革兰氏阳性菌比革兰氏阴性菌对紫外辐射更敏感。芽孢对紫外辐射的抵抗力比其营养细胞高好几倍。

紫外辐射可应用于科研、医疗和卫生等许多方面。紫外辐射杀菌消毒具有简单便捷、广谱高效、无二次污染、便于管理和自动化的优点。但紫外辐射穿透力不大，在利用紫外辐射进行消毒时只适用于对空气杀菌、表面消毒。

2. 电离辐射

电离辐射是指能量足够高而能使原子或分子中的电子解离的辐射。

X 射线和 γ 射线均能使被照射的物体产生电离作用，故为电离辐射。两者都是高能量电磁波，X 射线波长为 0.01～0.1nm，γ 射线波长为 0.001～0.01nm，二者的穿透力都很强。

其实低剂量（0.93～4.65Gy）的 X 射线和 γ 射线有促进微生物生长的作用，高剂量（大于 9.3×10^2 Gy）的照射才对微生物有致死作用。X 射线具有杀菌和诱变作用，杀菌力不如紫外线强，其作用较慢。

在实际工作中主要是 X 射线、γ 射线和 β 射线用于消毒、食品保藏和育种等方面。

相对于常规的加热灭菌和化学灭菌，电离辐射用作灭菌方法具有以下优点：①灭菌效果均匀而且彻底，能杀死各种微生物；②可连续不间断地作业，处理量大，节约能源；③可在常温下灭菌，特别适用于热敏材料；④由于 γ 射线穿透力很强，可以把产品包装后再进行灭菌，只要包装材料耐辐射并且不透菌，经电离辐射灭菌后可保存多年；⑤电离辐射灭菌后无化学残留物，不污染环境。

八、重金属

重金属例如汞、银、铜、铅及其化合物可有效地用于杀菌和防腐。其杀菌机理是重金属与酶的巯基（化学式为—SH）结合，使酶失去活性；或与菌体蛋白结合，使之变性或沉淀。

重金属的毒性还与其价态有关，例如 Hg^{2+} 的毒性大于 Hg 的毒性，有机汞如甲基汞的毒性是无机汞毒性的一百多倍。二氧化汞在质量浓度为 5～20g/L 时，对大多数细菌有杀菌作用，可应用于非金属器皿的消毒。汞盐对金属有腐蚀作用，对人和动物亦有剧毒。自然界中有些细菌耐汞，甚至可以转化汞。耐汞菌可用于处理含汞废水。

银盐可作为较温和的消毒剂。医药上常用 0.1%～1.0% 的硝酸银对皮肤进行消毒。

硫酸铜对真菌和藻类的杀伤力较强。常用硫酸铜与石灰配制的波尔多液来抑制农业中的真菌、螨以及某些植物病毒。在富营养化湖泊或冷却塔内投加硫酸铜可杀死藻类或抑制藻类的生长。

铅对微生物有毒害作用，当微生物被浸在质量浓度为 1～5g/L 的铅盐溶液中几分钟后就会死亡。

九、超声波

超声波是指频率大于 20kHz 的声波。

超声波具有强烈的生物学作用，几乎所有的细菌都能被超声波不同程度地破坏。超声波具有功率大、穿透力强等特点，另外还能引起空化作用和一系列的特殊效应如机械效应、热效应、化学效应等。但超声波的杀菌效果不彻底，超声波的杀菌效果与其频率、处理时间、细菌的大小及形状和数量有关。超声波频率越高，杀菌效果越好；杆菌比球菌易被超声波杀死；长杆菌比短杆菌易被杀死。

超声波的杀菌机制包括：①液体受超声波作用时，产生纵波使其出现交替压缩和膨胀的区域，这些压力变化的区域产生空穴现象，引起巨大的压力变化，可使细胞破裂死亡。②超声波使细胞内含物受强烈振荡，胶体发生絮状沉淀、凝胶液化或乳化，从而失去生物活性。③超声波使溶于溶液中的气体变成无数极微小的气泡迅速猛烈地冲击细胞，并且微小气泡在崩溃瞬间具有高温高压，使细胞破裂。

十、有机物

醇、醛、酚等有机化合物可使蛋白质变性，是常用的杀菌剂。

1. 醇类

醇是脱水剂和脂溶剂，能使蛋白质脱水、变性，可以溶解细胞膜的脂类物质，进而杀死微生物。

一般化学杀菌剂的杀菌力与其浓度成正比，但乙醇例外，体积分数为70％的乙醇杀菌力最强。乙醇浓度过低无杀菌能力，而纯乙醇因不含水难以渗入细胞，并且纯乙醇可以使细胞表面迅速失水导致表面蛋白质沉淀变性形成一层薄膜，阻止乙醇分子进入菌体，所以纯乙醇不起杀菌作用。

丙醇、丁醇及其他高级醇的杀菌力比乙醇强，但由于其不易溶于水，所以一般不用作杀菌剂。甲醇杀菌力差并对人有毒，不宜作为杀菌剂。

2. 醛类

醛类的醛基与蛋白质的氨基结合会使蛋白质变性，还可以作用于巯基、羟基和羧基生成次甲基衍生物，破坏蛋白质和酶，干扰细菌的代谢机能，导致微生物死亡。

甲醛是很有效的杀菌剂，对细菌、真菌及其孢子、病毒均有良好的杀菌效果。甲醛具有防腐杀菌性能，主要是因为甲醛可以与构成生物体本身的蛋白质上的氨基发生反应。质量浓度为370~400g/L的甲醛水溶液称为福尔马林，其蒸汽有强烈刺激性，具有防腐杀菌性能。质量浓度为50g/L的甲醛溶液，1~2h可杀死炭疽杆菌的芽孢。甲醛溶液是保藏动物组织和原生动物标本的固定剂。但甲醛具有一定的刺激性和腐蚀性，不宜用于人体的消毒。通常用质量浓度为50g/L的甲醛溶液熏蒸消毒无菌室、厂房等场地。

3. 酚类

酚具有表面活性剂的作用，可破坏细胞膜，使细胞内含物泄漏；可引起蛋白质变性，还可抑制脱氢酶和氧化酶的活性。许多酚类化合物有杀菌能力，可用作消毒杀菌剂。

苯酚又名石炭酸，能使细菌细胞的原生质蛋白发生凝固或变性而杀菌。质量浓度为1g/L时，能抑制微生物生长；质量浓度为10g/L时，可在20min内杀死细菌；质量浓度为30~50g/L的苯酚溶液可几分钟内杀死杀菌；质量浓度为50g/L的苯酚溶液可作喷雾进行空气消毒。芽孢和病毒在50g/L的苯酚溶液中还可存活几小时。石炭酸常被用来作为比较各种化学消毒剂的杀菌能力的标准。在一定时间内，被试药剂能杀死全部供试菌的最高稀释度与达到同效的石炭酸的最高稀释度之比称为石炭酸系数。石炭酸系数越大说明该消毒剂杀菌力越强。

酚的衍生物，如甲酚、间苯二酚和六氯苯酚杀菌力更强。甲酚难溶于水，但易与皂液或碱液形成乳浊液，称为甲酚皂溶液。质量浓度为10~20g/L的甲酚皂溶液经常用来给皮肤消毒，质量浓度为30~50g/L的甲酚皂溶液可用来给桌面和器具消毒。

十一、抗生素

抗生素是微生物在代谢过程中所产生的具有抗病原体或其他活性的一类次级代谢产物。

抗生素具有选择性，其作用对象有一定的范围。抗生素有广谱和狭谱之分。氯霉素、金霉素、土霉素和四环素是广谱抗生素，它们可以抑制许多不同种类的微生物。青霉素和多黏菌素是狭谱抗生素，青霉素只能杀死或抑制革兰氏阳性菌，而多黏菌素只能杀死革兰氏阴性菌。抗生素除了用作医药外，还可以用在分离微生物时的选择性培养基中，即在培养基中加入某种抗生素以抑制杂菌生长而使所需的微生物能够正常生长。

一般情况下，各种抗生素都是在比较低的浓度下就可对病原菌产生抑制作用，这一点是抗生素与其他化学杀菌剂的区别。各种抗生素对不同微生物的有效浓度是不同的，通常以发生抑制微生物生长的最低浓度作为抗生素的抗菌强度，简称有效浓度。有效浓度越低，表明这种抗生素的抗菌作用越强。

一种抗生素只对某些微生物有抑制作用，而对另一些微生物无效，这是因为不同的抗生素对微生物发生抑制作用的部位是不同的，其抑制作用机理也不同。抗生素能起到抑菌或杀菌作用，主要是因为可以干扰病原微生物的代谢过程。依据抗生素的抑菌功能可将其分为细胞壁合成抑制剂、细胞膜抑制剂、蛋白质合成抑制剂和核酸合成抑制剂4大类。

思考题

1. 微生物的营养要素有哪些？
2. 营养物质进入细胞的方式有哪些？分别有什么特点？
3. 什么是培养基？培养基的类型有哪些？
4. 什么是选择性培养基？什么是鉴别培养基？请举例说明。
5. 依据抗生素的抑菌功能，抗生素对微生物的影响有哪几种类型？
6. 微生物在不同渗透压的溶液中有什么反应？
7. 污水生物处理系统的 pH 值为什么通常维持在 6.5～8.5 左右？
8. 一般化学杀菌剂的杀菌力与其浓度成正比，乙醇的最佳杀菌浓度是多少？
9. 简述微生物与氧的关系。兼性厌氧微生物为什么在有氧和无氧条件下都能生存？
10. 在相同温度下湿热灭菌和干热灭菌哪个效果好？为什么？
11. 简述紫外辐射的杀菌机理。
12. 电离辐射作为灭菌方法时有什么优点？
13. 细菌的生长曲线可分为哪几个时期？各个时期有什么特点？
14. 微生物生长量的测定方法有哪些？
15. 温度如何影响微生物？高温杀菌的影响因素有哪些？
16. 什么是消毒？有哪些消毒方法？
17. 重金属如何起到杀菌作用？
18. 常用的有机化合物杀菌剂有哪几种？
19. 水活度和干燥对微生物有什么影响？

第六章

微生物的遗传和变异

遗传与变异是一切生物最本质的属性，是生物界不断发生的普遍现象，也是新物种形成和生物进化的基础。对于一个物种来说，通过繁殖过程可保证其物种的延续性；另外物种是不断进化的，这是由于生物在遗传过程中产生了变异。遗传使物种得以延续，变异则使物种不断进化，遗传和变异是对立的统一体，遗传中可以发生变异，发生的变异也可以遗传。

微生物将其生长发育所需要的营养类型和环境条件，以及对这些营养和外界环境条件产生的一定反应，或出现的一定性状（例如：形态、生理生化特性等）传给后代，并相对稳定地一代一代传下去，这就是微生物的遗传。遗传可改变的一面是变异。当微生物从它适宜的环境转到不适宜的环境后，当在新的生活条件下产生适应新环境的酶（适应酶）后，改变对营养和环境条件的要求，从而适应新环境并生长良好，这是遗传的变异。

遗传是相对稳定的，具有保守性，是在系统发育过程中形成的，发育越久的微生物，遗传的保守程度越大。不同微生物的保守性不同。遗传的保守性对微生物具有有利的一面，可使生产中选育的优良菌种的属性稳定地一代一代传下去。保守性对微生物也有不利的一面，当营养和环境条件改变，而微生物适应不了改变后的营养和外界环境条件时可能会死亡。

遗传是相对的，而变异是绝对的；遗传中有变异，变异中也有遗传。遗传和变异使微生物不断进化。

第一节　微生物的遗传

一、遗传和变异的物质基础

遗传物质是指在亲代与子代之间传递遗传信息的物质，具有相对的稳定性，能自我复制，使前后代保持一定的连续性并能产生可遗传的变异。

朊病毒的发现，证实在某些情况下，蛋白质可以作为生物体的遗传物质而存在。除一部分病毒的遗传物质是核糖核酸（即 ribonucleic acid，缩写为 RNA）外，其余的病毒以及具有典型细胞结构的其他生物的遗传物质都是脱氧核糖核酸（即 deoxyribonucleic acid，缩写为 DNA）。证明 DNA 是遗传物质基础的三个经典实验为：F. Griffith 经典转化实验；噬菌体感染实验；植物病毒的重建实验。

绝大多数生物（具有细胞结构的生物和 DNA 病毒）的遗传物质是 DNA，所以说 DNA 是主要的遗传物质。亲代生物如何将遗传性状传给子代？从分子遗传学角度看，亲代是通过脱氧核糖核酸将决定各种遗传性状的遗传信息传给子代的。子代有了一定结构的 DNA，便产生一定形态结构的蛋白质，由一定结构的蛋白质就可决定子代具有一定形态结构和生理生化性质等遗传性状。

二、　DNA 和 RNA 的结构与复制

（一）DNA 和 RNA 的结构

1. DNA 和 RNA

（1）DNA

DNA 是由脱氧核苷酸组成的大分子聚合物，基本组成单元为四种脱氧核苷酸，即腺嘌呤脱氧核苷酸、胸腺嘧啶脱氧核苷酸、胞嘧啶脱氧核苷酸、鸟嘌呤脱氧核苷酸。脱氧核苷酸由碱基、脱氧核糖（五碳糖）和磷酸构成。其中碱基有 4 种：腺嘌呤（A）、鸟嘌呤（G）、胸腺嘧啶（T）和胞嘧啶（C）。这 4 种碱基 A、T、G、C 以氢键与另一条多核苷酸链的 4 种碱基 T、A、C、G 彼此互补配对。这种由氢键连接的碱基组合，称为碱基配对。脱氧核糖与磷酸分子由酯键相连，排列在外侧，组成 DNA 的长链骨架，四种碱基排列在内侧，每条链上的碱基是有序排列的。一个 DNA 分子可含几十万或几百万个碱基对。特定的菌种或菌株的 DNA 分子，其碱基顺序固定不变，保证了遗传的稳定性。一旦 DNA 的个别部位发生了碱基顺序的变化，例如，在特定部位丢失一个或一小段碱基，或增加了一个或一小段碱基，改变了 DNA 链的长短和碱基的顺序，都会导致细菌死亡或发生遗传性状的改变。

大多数 DNA 含有两条这样的长链，也有的 DNA 为单链。

真核生物的 DNA 分为核 DNA 和核外 DNA。核 DNA 和组蛋白等组成染色体，少的几个，多的几十或更多，细胞内所有染色体由核膜包裹成一个细胞核。核外 DNA 是指线粒体

DNA 和叶绿体 DNA，呈环状。

原核微生物的 DNA 分为核 DNA 和核外 DNA。核 DNA 只与很少量的蛋白质结合，没有核膜包围，单纯由一条 DNA 细丝构成环状的染色体，位于细胞的中央，高度折叠形成具有空间结构的一个核区。核外 DNA 主要指质粒 DNA。

（2）RNA

RNA 是一类由核糖核苷酸经磷脂键缩合而成的线性大分子。一个核糖核苷酸分子由磷酸、核糖和碱基构成。RNA 的碱基主要有 4 种，即腺嘌呤（A）、鸟嘌呤（G）、胞嘧啶（C）、尿嘧啶（U）。其中，尿嘧啶（U）取代了 DNA 中的胸腺嘧啶（T）而成为 RNA 的特征碱基。因此，RNA 链中的碱基配对为 A—U、U—A、G—C 和 C—G。与 DNA 不同，RNA 一般为单链长分子，不形成双螺旋结构。

微生物的 RNA 主要有 rRNA、mRNA、tRNA 和反义 RNA 四种。①rRNA：rRNA 是核糖体 RNA，是组成核糖体的主要成分，在氨基酸的转移和蛋白质的合成方面具有重要作用。与多种核糖体蛋白质共同构成核糖体，核糖体是合成蛋白质的场所，由 mRNA、tRNA、反义 RNA 和 rRNA 协作合成蛋白质。rRNA 单独存在时不执行其功能。②mRNA：mRNA 为信使 RNA，是携带遗传信息，在蛋白质合成时充当模板的 RNA。其上带有指导氨基酸的信息密码（三联密码），可翻译氨基酸，具有传递遗传信息的功能。mRNA 的主要使命就是进行蛋白质翻译，负责把遗传信息从 DNA 传递到核糖体上，然后在核糖体上生成基因所编码的蛋白质。mRNA 的碱基顺序决定蛋白质氨基酸的顺序。③tRNA：tRNA 为转移 RNA，是指具有携带并转运氨基酸功能的一类小分子核糖核酸，其上有和 mRNA 互补的反密码子，能识别氨基酸及识别 mRNA 上的密码，在 tRNA-氨基酸合成酶的作用下传递氨基酸。④反义 RNA：是指与 mRNA 互补的 RNA 分子。反义 RNA 能与 DNA 的碱基互补，在 DNA 复制、RNA 转录和翻译及传递氨基酸过程中均有调节抑制作用。

2. 基因——遗传因子

基因是一切生物体内储存遗传信息的、有自我复制能力的遗传功能单位。它是 DNA 分子上一个具有特定碱基顺序，即核苷酸顺序的片段。基因可定义为：具有固定的起点和终点的核苷酸或密码的线性序列，是编码多肽、tRNA 或 rRNA 的多核苷酸序列。按功能可分为结构基因、操纵基因和调节基因 3 种类型。

基因可控制遗传性状，任何一个遗传性状的表现都是在基因控制下的个体发育的结果。从基因型到表现型必须通过酶催化的代谢活动来实现，基因直接控制酶的合成，即控制生化步骤、控制新陈代谢，从而决定了遗传性状的表现。

3. 遗传信息的传递

遗传信息是指生物为复制与自己相同的物质、由亲代传递给子代，或各细胞每次分裂时由细胞传递给细胞的信息，即碱基对的排列顺序。储存在 DNA 上的遗传信息需要通过一系列物质变化过程才能在生理上和形态上表达出相应的遗传性状。

不同类型生物的遗传信息传递过程也有所不同。

（1）DNA 复制型

在 DNA 复制型的生物中，生物体的遗传信息流动包含 3 步：①DNA 的自我复制，遗传信息流动方向为 DNA→DNA；②储存在 DNA 上的遗传信息通过 DNA 转录为 RNA，将遗传信息传递给后代；③通过 RNA 的中间作用指导蛋白质的合成，遗传信息流动方向为

DNA→RNA→蛋白质。DNA 的复制和遗传信息传递的基本规则，称为分子遗传学的中心法则。

（2）RNA 复制型

在 RNA 复制型的生物中，生物体的遗传信息流动包含 2 步：①RNA 的自我复制，遗传信息流动方向为 RNA→RNA；②翻译，由 RNA 指导蛋白质的合成，遗传信息流动方向为 RNA→蛋白质。

（3）RNA 逆转录型

在 RNA 逆转录型的生物中，生物体的遗传信息流动包含 3 步：①只含 RNA 的病毒其遗传信息储存在 RNA 上，通过反转录酶的作用由 RNA 转录为 DNA，遗传信息流动方向为 RNA→DNA；②转录，遗传信息流动方向为 DNA→RNA；③翻译，由 RNA 指导蛋白质的合成，遗传信息流动方向为 RNA→蛋白质。

（4）蛋白质复制型

在蛋白质复制类型的生物中，生物体的遗传信息流动只有一步：蛋白质的复制，即遗传信息流动方向为蛋白质→蛋白质。朊病毒属于这种情况。

（二）DNA 的复制

DNA 具有独特的半保留式的自我复制能力，可精确地进行复制，将遗传信息从亲代传给子代，确保生物遗传性状的相对稳定，保证遗传信息的连续性。这是因为 DNA 分子独特的双螺旋结构，可提供精确的模板，通过碱基互补配对保证复制的精确性。

DNA 的自我复制过程：首先是 DNA 分子中的两条多核苷酸链之间的氢键断裂，彼此分开成为两条单链。然后每条单链各自以原有的多核苷酸链为模板，根据碱基配对的原则从细胞质中吸收游离的核苷酸，并按照原有链上的碱基排列顺序，各自合成出一条新的互补的多核苷酸链。新合成的一条多核苷酸链和原有的一条多核苷酸链又以氢键连接形成新的双螺旋结构。

（三）遗传密码

遗传密码是活细胞用于将 DNA 或 mRNA 序列中编码的遗传物质信息翻译为蛋白质的一整套规则。遗传密码是存在于 mRNA 链上、从起始密码 AUG 开始由相邻的 3 个核苷酸组成，代表一个氨基酸的核苷酸序列，又称为三联密码、密码子。两个遗传密码之间无任何核苷酸隔开。遗传密码决定肽链上氨基酸的合成顺序，以及蛋白质合成的起始、延伸和终止。遗传密码是一组规则，将 mRNA 序列上相邻三个核苷酸为一组的密码子转译为蛋白质的氨基酸序列，用于合成蛋白质。

密码子由三个核苷酸组成，故一共有 4^3 种（即 64 种）密码子。其中 AUG 是起始密码；UAA、UAG 和 UGA 三组为无意义密码，它们起终止蛋白质合成的作用；其余 61 组分别编码 20 种氨基酸，代表蛋白质中的 20 种氨基酸，称为有意义密码。

三、 DNA 的变性和复性

（一）DNA 的变性

DNA 双螺旋结构是由碱基对中的氢键所维持的。天然双链 DNA 在受热或其他因素的作用下，双链间的氢键结合力被破坏后形成两条单链的 DNA，称为 DNA 变性。变性后核酸的天然构象和性质会发生改变，其理化性质及生物学性质也发生改变，例如溶液黏度降低、溶液旋光性发生改变、增色效应、变性后 DNA 溶液的紫外吸收作用增强。

将双链 DNA 溶液缓慢加热时可使之变性，当温度升高到一定程度时，DNA 溶液在 260nm 处的吸光度突然上升。若以温度为横坐标、DNA 溶液的紫外吸光度为纵坐标作图，得到的典型 DNA 变性曲线呈 S 形。该曲线表示 DNA 变性后其性质的变化与温度之间的关系，称为解链曲线或熔解曲线，见图 6-1。A_{260} 为波长 260nm 处 DNA 溶液对紫外辐射的吸收率，可表示 DNA 变性的程度。A 是透射光与入射光比值的对数值。解链变化特征的参数用解链温度（T_m）表示，T_m 是 A_{260} 升高到最大值一半时的温度。双链 DNA 的 A_{260} 小于单链 DNA 的 A_{260}。当双链 DNA 的质量浓度为 $50\mu g/mL$，A_{260} 等于 1.00 时，相同浓度单链 DNA 的 A_{260} 等于 1.37。在图中可以看到温度低于 80℃ 时双链 DNA 保持稳定，达到 80℃ 以后，双链 DNA 第一个碱基对开始断裂。当温度升到 95.2℃ 左右时，双链 DNA 彻底分开为单链 DNA。其 T_m 为 92.6℃。

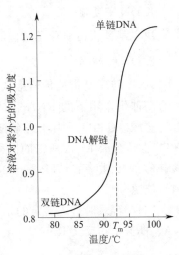

图 6-1　DNA 的解链曲线

凡能破坏双螺旋稳定的因素均可引起 DNA 变性。除高温可以使 DNA 变性外，极端的 pH 和有机试剂也可使 DNA 变性。当 pH 达到 11.3 时，所有氢键消失，DNA 完全变性。

（二）DNA 复性

DNA 复性是变性的一种逆转过程，是指变性 DNA 在适当条件下经适当处理后，重新形成 DNA 双螺旋结构的过程。

热变性的 DNA 经缓慢冷却后即可复性成双链 DNA，此过程称为 "退火"。DNA 的退火受降温速度、退火温度、DNA 自身特性等因素的影响。①降温速度：退火时温度必须是缓慢地下降，若在超过 T_m 的温度下迅速冷却至低温（如 4℃ 以下），几乎不可能复性；②退火温度：DNA 退火的最佳温度是比 T_m 低 25℃ 左右的温度，退火温度比此温度低越多其退火速度就越慢；③DNA 浓度：溶液中 DNA 分子越多，两个单链分子间相互碰撞结合 "成核" 的机会越大；④DNA 顺序的复杂性：简单顺序的 DNA 分子在复性时比复杂的 DNA 容易复性，因为其互补碱基的配对较易实现。

根据在缓慢加热作用下使 DNA 变性，在缓慢冷却条件下变性 DNA 可复性的特性，发展了聚合酶链反应（PCR）技术；根据退火时在超过 T_m 的温度下迅速冷却至低温（如 4℃ 以下）使变性的 DNA 不能发生复性，可在核酸实验中以此方式保持 DNA 的变性（单链）状态。

四、微生物生长与蛋白质合成

微生物生长过程中的主要活动是蛋白质的合成。蛋白质是由许多氨基酸通过肽键缩合而成的生物大分子，是遗传信息的执行者。

蛋白质合成是指生物按照从 DNA 转录得到的 mRNA 上的遗传信息合成蛋白质的过程。蛋白质合成是在核糖体上进行的。蛋白质合成的过程包括 DNA 复制、DNA 转录、tRNA 翻译与转运、蛋白质合成四个步骤。

1. DNA 复制

决定某种蛋白质分子结构的相应的一段 DNA 链进行自我复制。

2. DNA 转录

DNA 转录是指遗传信息从 DNA 流向 RNA 的过程，实际上就是由 DNA 指导、在 RNA 聚合酶催化作用下的 RNA 合成过程。RNA 合成过程需要 ATP、鸟苷三磷酸（GTP）、胞苷三磷酸（CTP）和尿苷三磷酸（UTP）的参与。不仅在 DNA 复制和转录时要消耗 ATP，ATP 也是合成 RNA 所需的四种"单体"之一。GTP 是转录中 mRNA 生物合成时的鸟嘌呤核苷酸的提供者；CTP 是 RNA 生物合成的直接前体之一；UTP 是 RNA 合成时的原料、能源。

DNA 转录时首先转录的是 mRNA。DNA 分子某些部分的核苷酸碱基序列还转录成 tR-NA、rRNA 和反义 RNA。

3. mRNA 翻译

DNA 转录成 mRNA 后，mRNA 链上的核苷酸碱基序列需要被翻译成相应的氨基酸序列，并被转运到核糖体上，才能合成具有不同生理特性的功能蛋白。tRNA 是起到翻译和转运作用的。

4. 蛋白质合成

通过 tRNA 两端的识别作用，将编码的特定氨基酸转运到核糖体上，使不同氨基酸按照 mRNA 上的碱基顺序连接起来，并在多肽合成酶的作用下合成多肽链，多肽链通过高度折叠形成特定的蛋白质结构，最后合成具有不同生理特性的功能蛋白。

第二节　微生物的变异

变异可分为可遗传的变异和不可遗传的变异两类。可遗传的变异是由遗传物质发生变化引起的变异；不可遗传的变异是由环境引起的，遗传物质没有发生变化。可遗传的变异的来源主要有基因突变、基因重组和染色体变异 3 种。基因突变是后两者的基础。

基因突变是指由于 DNA 分子中发生碱基对的增添、缺失或改变，而引起的基因结构的改变。基因重组是指不同性状的基因的重新组合。染色体变异是指染色体结构或数目的变化。

一、基因突变

基因突变是指基因组 DNA 分子发生的突然的、可遗传的变异现象，基因组中的核苷酸序列发生了改变，即微生物的 DNA 被某种因素引起碱基的缺失、置换或插入，改变了基因内部原有的碱基排列顺序，从而引起其后代表现型的改变。突变通常会导致细胞运作不正常或细胞死亡，甚至可以在较高等生物中引发癌症。基因突变也是生物进化的重要因素之一。

基因突变在生物界中是普遍存在的。基因突变具有如下特点：①自发性：在没有人为诱变因素处理下自发产生遗传性状的突变；②不对应性：突变的性状与引起该突变的原因之间无直接的对应关系；③稀有性：突变的概率低，一般在 $10^{-9} \sim 10^{-6}$ 之间；④独立性：某基因的突变率不受其他基因突变率的影响，突变的发生一般是独立的；⑤可诱变性：自发突变的概率低，通过诱变剂的作用可以提高突变率；⑥稳定性：发生基因突变后产生的新遗传性状是稳定的、可遗传的；⑦可逆性：既可以发生正向突变也可以发生相反的回复突变。

按突变的条件和原因划分，可将基因突变分为自发突变和诱发突变两种类型。

（一）自发突变

自发突变就是指某些微生物未经诱变剂处理而出现的基因突变。微生物在生长繁殖过程中，基因自发突变的概率极低。一般认为引起自发突变的原因有背景辐射和环境诱变、碱基的互变异构效应。

1. 背景辐射和环境诱变

许多自发突变是在背景辐射的长期作用下形成的，任何微弱剂量的辐射都具有某种程度的诱变作用。另外接触环境中的诱变物质也是自发突变的一个原因，也包括生物自身所产生的诱变物质。例如：各种短波辐射、自然界中存在的一些低浓度诱变物质及微生物自身代谢活动所产生的一些诱变物质的作用。

2. 碱基的互变异构效应

DNA 复制、转录、修复时会偶然出现碱基配对发生错误而产生突变。通常 DNA 双链结构中是以 A—T 和 G—C 碱基配对的形式出现。但偶尔 T 不以酮基形式出现，而以烯醇形式出现，C 以亚氨基形式出现，结果导致 DNA 复制时出现与之前不同的碱基对。这种酮式和烯醇式之间的异构互变、氨基和亚氨基之间的异构互变是自发突变的原因。严格地讲，这才是真正的自发突变。

（二）诱发突变

由于自发突变概率很低，可通过诱发突变提高突变率。

诱发突变是指采用人为措施诱导微生物产生变异，通常是通过物理或化学方式处理微生物群体以诱导微生物的遗传性状发生突变。凡是能够提高突变率的因素都称为诱发因素或诱变剂。根据育种目标，可从突变体中筛选出某些具优良性状的突变株供科研和生产用。

1. 物理诱变

利用物理因素引起的基因突变，称物理诱变。可采用的物理诱变因素有紫外辐射、电离辐射、激光、微波、常压室温等离子体和离子束等。

紫外辐射诱变作用机制：紫外辐射的生物学效应主要是引起 DNA 变化。DNA 链上的碱基对紫外辐射很敏感。因为碱基吸收的光波波长和紫外辐射发射波长非常接近。嘌呤和嘧啶在 260nm 处对紫外光具有最强的吸收能力，因此紫外辐射在波长 260nm 时是最有效的。

DNA 强烈吸收紫外辐射，引起 DNA 结构变化。其变化的形式有很多种类，如两个相邻的胸腺嘧啶形成胸腺嘧啶二聚体、DNA 链的断裂、DNA 分子内和分子间的交联、核酸与蛋白质的交联、胞嘧啶和鸟嘌呤的水合作用等。其中形成胸腺嘧啶二聚体会妨碍双链解开、阻碍碱基的正常互补配对、影响 DNA 的复制和转录、引起双链结构变形，结果导致微生物发生突变或死亡。采用紫外辐射诱变时，在暗室安装 15W 紫外灯管，置于距离装有菌悬液的培养皿 30cm 处进行照射，照射时间一般选择 30s 至 3min。紫外诱变技术操作简单、效果显著。

电离辐射指一切引起物质发生电离作用的辐射的总称。包括 X 射线、γ 射线、β 射线和快中子。这些射线可将能量直接传递给微生物，使其处于激发和电离状态，可直接或间接地改变 DNA 结构，还能引起染色体畸变。

激光是能量高度集中、方向性好、定向性强的电磁波。微生物在激光的光效应、热效应和电磁效应的综合作用下，其染色体断裂或形成片断，甚至易位和基因重组。

微波对生物体具有热效应和非热效应，会使生物体产生一系列突变效应。

2. 化学诱变

采用化学物质对微生物进行诱变，引起基因突变或真核生物染色体畸变的，称为化学诱变。化学诱变可造成碱基对的置换。化学诱变具有使用方便、特异性较强、诱变后易稳定遗传的特点。化学诱变物质很多，但只有少数几种效果比较明显。根据对 DNA 的作用形式，化学诱变因素可分为以下几种：①直接诱导 DNA 结构变异的诱变剂：有的化学诱变剂可以与一个或多个核苷酸碱基起化学反应，引起碱基配对的转换（例如亚硝酸、硫酸二乙酸、甲基磺酸乙酯、硝基胍、亚硝基甲基脲等）。②碱基类似物类诱变剂：与 DNA 正常碱基结构类似的化合物，例如 5-尿嘧啶、5-氨基尿嘧啶、8-氮鸟嘌呤和 2-氨基嘌呤，它们通过代谢活动掺入到 DNA 分子中取代正常碱基并与互补碱基配对，可引起变异。③移码突变的诱变剂：在正常 DNA 分子中，缺失或增加一对或两对碱基（非 3 的倍数），这个位置之后的一系列编码碱基发生移位错误，引起遗传密码转录和翻译的失误。这类由于遗传密码的移动而引起的突变体，称为移码突变体。如吖啶橙、溴化乙锭是较强的诱变剂，这些染料可插入 DNA 碱基对之间，造成两条链错位或移码突变。

3. 其他诱变

（1）复合诱变

几种诱变剂的复合处理常有一定的协同效应，可增强诱变效果。其突变率普遍比单独处理的高。实际生产中多采用几种诱变剂复合处理、交叉使用的方法进行菌株诱变。复合处理有多种诱变剂同时使用、多种诱变剂先后使用、同一种诱变剂重复使用 3 类方法。

（2）定向培育和驯化

自发突变的变异率较低，变异过程比诱发突变慢得多。

定向培育是利用微生物的自发突变，同时采用特定的选择条件，人为用某一特定环境条件或某些特定营养物长期处理某一微生物群体，将它们不断移植以从中选育合适的自发突变的优良菌株，这是一种古老的育种方法。如今，环境工程经常采用定向培育的方法培育菌种，并称之为驯化。

二、基因重组

两个不同性状个体细胞的 DNA 融合，使基因重新组合，形成新遗传型个体的方式，称为基因重组。发生基因重组的必需条件是两条 DNA 链有互补性。基因重组是为了将一个细胞内的遗传基因转移到另一个不同性状的个体细胞内，使之发生遗传变异，其本质是一个基因的 DNA 序列是由两个或两个以上的亲本 DNA 组合起来的。

基因重组是遗传的基本现象，病毒、原核生物和真核生物都存在基因重组现象。基因重组可使生物体在没有发生突变的情况下产生新遗传型个体。

可通过杂交、转化、转导等手段达到基因重组。

1. 杂交

杂交是通过双亲遗传物质的重新组合以获得综合双亲优良性状的新品种。

在微生物中可通过杂交获得有目的的、定向的新品种。例如含有固氮基因的肺炎克雷伯菌和不含固氮基因的大肠杆菌进行杂交，重组成含有固氮基因并有固氮能力的固氮大肠杆菌。这种通过杂交育种将固氮基因转移给不固氮的微生物使它们具有固氮能力的方法，对农业生产和缺氮的工业废水生物处理是很有意义的。

2. 转化

某一基因型的细胞从周围介质中吸收来自另一基因型细胞的 DNA 而使它的基因型和表现型发生相应变化的现象，称为转化。受体细菌和供体细菌的亲缘关系越远则同源性越低，其转化效率越低。

证明遗传和变异物质基础的经典实验就是转化的突出例子。

染色体转化过程包括有转化能力的染色体 DNA 片段的吸附、吸收和整合 3 个阶段。转化过程可大体分为以下几步：感受态细胞的出现；DNA 的吸附；DNA 进入细胞内；DNA 解链，形成受体 DNA-供体 DNA 复合物，DNA 复制和分离等。其中感受态细胞的出现是很关键的一步。感受态细胞是指能把吸收外来的 DNA 片段整合到自己的染色体组上以实现转化的细胞。

质粒 DNA 的转化是指将外源质粒导入原核细胞的过程。质粒 DNA 的转化过程没有整合这一环节。质粒 DNA 的转化率比染色体转化率低很多，如果将感受态细胞经钙处理后可以提高质粒 DNA 转化率。

3. 转导

通过温和噬菌体的媒介作用，把供体细胞内特定的基因携带至受体细胞中，使受体细胞获得供体细胞部分遗传性状的现象，称为转导。

转导分为普遍性转导和局限性转导。

普遍性转导是指噬菌体可以传递供体细菌的任何基因的转导。普遍性转导分为完全转导和流产转导。转导的 DNA 整合到受体细胞染色体上，并能产生稳定的转导子的转导称为完全转导；转导的 DNA 不整合到受体细胞的染色体上，虽然不能继续复制，但基因仍然能表达的转导称为流产转导。

局限性转导是指噬菌体只能传递供体染色体上原噬菌体整合位置附近的基因的转导，被转导的基因共价地与噬菌体 DNA 连接，并与噬菌体 DNA 一起被导入受体细胞中。

第三节　菌种的退化、复壮与保藏

一、菌种的退化和复壮

在微生物系统发育过程中，遗传性使各种微生物优良的遗传性状得到延续；变异性使微生物得到进化。微生物具有容易变异的特性，微生物在传代过程中有可能会被污染、发生变异使优良菌种丢失，并有可能死亡，使菌种衰退。

（一）退化

菌种退化是指群体中退化细胞占一定数量后表现出的菌种性能下降。菌种退化的表现有以下几个方面：①菌落形态和细胞形态的改变；②生长速度缓慢，产孢子数量变少；③代谢产物生产力下降；④对外界不良条件的抵抗力下降。有时候培养条件的改变会造成菌种衰退的假象。

基因突变、频繁地移种和传代容易引起菌种退化。所以为了使优良菌种不变异、不退化，要选用合适的培养基和恰当的移种和传代的间隔时间，严格控制菌种移植代数。

防止菌种衰退的措施有：①控制传代次数；②创造良好的培养条件；③定期进行纯种分离，并对相应的性状指标进行检查；④采用有效的菌种保藏方法；⑤选用典型的优良纯种进行保藏，最好采用它们的休眠体进行保藏。

从污水生物处理系统中筛选出来的优良菌种，其复壮工作更为重要，因为保存菌种的培养基成分和污水的成分并不完全相同，容易使菌种退化。所以需要定期用原来的污水培养菌种，恢复它利用污水的活力，并加以保藏。

（二）复壮

为了使微生物的优良性状持久延续下去，必须在各菌种的性状没有退化之前，定期进行纯种分离和性能测定，做好复壮工作。复壮是指对已衰退的菌种进行纯种分离和选择性培养，使其中未衰退的个体获得大量繁殖，重新成为纯种群体的措施。狭义的复壮是一种消极措施，一般指对已衰退的菌种进行复壮；广义的复壮是一种积极的措施，即在菌种的生产性状未衰退前就不断进行纯种分离和生产性状测定，以在群体中获得生产性状更好的自发突变体。

菌种复壮的方法有如下几种。

（1）纯种分离

菌种发生退化时，其中没有衰退的菌体经过环境条件的考验，是具有生命力的菌体。采用单细胞菌株分离措施，例如稀释平板法、平板划线法或平板涂布法，把仍保持原有典型优良性状的单细胞分离出来，然后经扩大培养以恢复原菌株的典型优良性状，并进行性能测定。也可将生长良好的单细胞或单孢子分离出来，经培养以恢复原菌株性状。

（2）通过宿主进行复壮

针对寄生性微生物的退化菌株，可接种到相应宿主体内，以提高菌株对宿主的感染力。该方法适用于不能在人工培养基上生长的微生物。

（3）原始复壮

在环境工程中，从各种极端逆境中筛选培养到的许多优良、高效菌种，由于长期在实验室里保存而发生退化，分解原有污染物的能力减弱或丧失，或对高温、低温、过酸、过碱的条件变得敏感，为使该菌种始终保持原活力，可以定期配制含有原污染物成分的培养基，或采用原生长条件培养这些菌种进行复壮，之后继续保存。

（4）遗传育种法

把退化的菌种，重新进行遗传育种，从中筛选出高产而不易退化的稳定性高的菌种。

二、菌种的保藏

菌种保藏是指妥善保藏选育出来的优良性状菌株，使其不死亡、不被杂菌污染、菌种不变异、保持优良性状，以达到生产和科研要求。菌种保藏是一项很重要的需细致进行的基础性工作，与生产、科研、教学关系密切。

菌种保藏的核心问题是如何降低菌种的变异率，以长期保持菌种的优良特性。菌种保藏的原理是根据微生物的生理、生化特性，创造如低温、干燥、缺氧、避光、贫乏培养基和添加保护剂等人工条件，降低微生物的代谢使其处于休眠状态。其中干燥、隔绝空气和低温（病毒等微生物除外）有利于菌种保藏。日常工作中，常在4℃进行短时间的菌种保藏。

由于不同微生物其遗传特性不同，需采用不同的保藏方法。但无论采用哪一种菌种保藏方法，都应该挑选其典型菌种的优良纯种来进行保藏，最好选休眠体，如分生孢子、芽孢等进行保藏。为了提高保藏效果，要特别注意所用菌种的纯度。影响菌种保藏效果的因素有：①菌种的质量：用于保藏的菌种应是在营养丰富的最适条件下培养并进入稳定期的菌体；②保护剂的选择：不同微生物需要的保护剂不同，保护剂的正确选择是冷冻干燥菌种保藏的关键因素，越不易保存的菌种对保护剂的要求越苛刻；③含水量的影响：含水量过高、过低对菌体存活都不利；④温度：在干燥和真空状况下温度的影响远没有上述几项因素重要，因此可以在室温下保存，但许多微生物在4℃保存的存活率要比在室温下高。

（一）蒸馏水悬浮法

蒸馏水悬浮法是最简单的一种保藏方法。把菌种悬浮于无菌蒸馏水中，将容器口密封好，于10℃下保藏即可达到菌种保藏目的。例如浮游球衣菌、好气性细菌和酵母菌等可用此方法保藏。

（二）定期移植法和隔绝空气法

定期移植法是指将菌种接种于适宜的培养基中，在适宜条件下采用斜面培养、液体培养或穿刺培养后，置于合适温度下保存，每隔一段时间再次进行移植培养的菌种保藏方法。定期移植法的优点是简便易行，不需要特殊设备，能及时发现所保存的菌种是否死亡、变异、退化、被杂菌污染；缺点是容易变异、杂菌污染概率大。不同菌种保存的温度和移植的时间间隔不同。

隔绝空气法是定期移植法的辅助方法。隔绝空气不仅能抑制微生物代谢还能防止培养基水分蒸发，可以适当延长菌种保藏时间。例如液体石蜡法：首先将菌种接种于适合的斜面培养基上，在最适条件下培养；再把无菌液体石蜡注入到斜面培养物表面将其覆盖，使液面高出斜面约1cm；然后直立放置于低温干燥处进行保藏。液体石蜡法适用于不产孢子的菌种保藏。此法简便易行，但须注意防火和防污染。

（三）干燥法

干燥法是将菌种接种到适当的无菌干燥载体上，如经灭菌的河沙、土壤、硅胶、滤纸及麸皮等。其中以沙土保藏法较为普遍，简单方便、经济有效。首先制备无菌沙土管，然后在无菌操作条件下把纯菌种制成菌悬液，在每支沙土管中滴入几滴菌悬液，使微生物附着在沙子上，最后将沙土管放在真空干燥器内抽真空，封口后置于干燥器内，在4℃下保藏。干燥法适用于产孢子的放线菌和霉菌、芽孢杆菌的保藏，而不适用于对干燥敏感的细菌及酵母菌等。沙土保藏法中同时兼顾了干燥、缺氧、缺乏营养、低温的各种条件，故能有效抑制微生物生长繁殖，延长保藏时间。

（四）冷冻真空干燥保藏法

冷冻真空干燥保藏法为菌种保藏方法中最有效的方法之一。可长期保存菌种，但设备和操作比较复杂。

冷冻真空干燥保藏法中首先将纯菌体（或孢子）悬浮于适宜的保护剂中，在低温（−70℃左右）下快速将其冻结，然后进行真空干燥，使微生物的生长和酶活动停止，最后在真空下封装与空气隔绝，以达到长期保藏菌种的目的。

用冷冻真空干燥法保藏的菌种，其保藏期可达数年至数十年。

（五）液氮超低温冷冻保藏法

液氮超低温冷冻保藏法主要是利用微生物在低于−130℃的低温下时新陈代谢趋于停止的原理，在液氮（−196℃）中进行的有效菌种保藏的方法。此法的优点是保藏效果好，保藏期一般可长达15年以上，可适用于各类微生物菌种的保藏，特别适于保存那些不适宜用冷冻真空干燥保藏法保藏的微生物，如支原体、衣原体、不产孢子的真菌、微藻和原生动物等。缺点是费用高，需要超低温液氮罐等特殊设备，液氮消耗量大，并且管理费用高。

采用液氮超低温冷冻保藏时需要使用保护剂，一般选择甘油、二甲基亚砜、糊精、血清蛋白、聚乙烯氮戊环、吐温80等。不同微生物应选择不同的保护剂。最常用的保护剂是10%～20%的甘油，甘油可透入细胞，其脱水作用对微生物具有保护作用。

首先把微生物细胞悬浮于含保护剂的液体培养基中制备成细胞悬液；然后分装入耐低温的无菌安瓿管中（每管0.2mL），并用火焰熔封安瓿管口；再将安瓿管置于−70℃冰箱中进行预冷冻4h（或采用1℃/min的下降速度控速冷冻）；最后转移至液氮罐中的液相（−196℃）或气相（−156℃）作长期超低温保藏。恢复培养时，先浸入38℃水浴中解冻5～10min，再移植于适宜培养基内培养。

(六) 综合法

综合利用低温、干燥和隔绝空气等几种保藏菌种方法，使微生物的代谢处于相对静止的状态，可延长菌种保藏时间。该方法是一种有效的菌种保藏法。首先用保护剂制成细胞悬液并分装于无菌安瓿管内，再将悬液冻结成冰（温度为 $-25 \sim -40\,^{\circ}\text{C}$）。大量制备时于 $-35\,^{\circ}\text{C}$ 预冻 1h，若每次只制备几管，用干冰、液氮预冻 $1 \sim 5\text{min}$ 即可。抽气进行真空干燥，控制真空泵的真空度在 $13.3 \sim 26.7\text{Pa}$，待样品水分升华 95％以上时，目视冻干样品呈酥丸状或松散的片状即可，将安瓿管封口后置于低温保藏。

思考题

1. DNA 是如何复制的？
2. 遗传和变异的物质基础是什么？
3. 简述基因重组和基因突变。
4. 遗传信息传递过程有哪几种类型？
5. 什么是微生物的遗传性和变异性？
6. 简述 DNA 的变性。
7. 微生物有几种 RNA，每一种 RNA 有什么作用？
8. 微生物变异的实质是什么？
9. 微生物的自发突变是由什么因素引起的？
10. 什么是微生物的诱发突变？可采用哪些方法进行诱发突变？
11. 如何检测微生物的突变体？
12. 何为菌种退化？
13. 如何进行菌种复壮？
14. 菌种保藏的目的和原理是什么？
15. 常用的菌种保藏方法有哪些？

第七章

微生物的生态

第一节　微生物生态学

　　生态系统是指在一定空间范围内，生物与其非生物环境通过能量流动和物质循环形成的相互作用、相互依存的动态复合体。其中生物部分包括生产者、消费者和分解者；非生物环境包括能源、气候、基质和介质、物质代谢原料。生产者指可利用简单无机物制造有机物的自养生物，包括植物、藻类、蓝细菌和部分细菌等。生产者把太阳能固定下来输入生态系统被其他生物利用。消费者指直接或间接利用生产者所制造的有机物质为食物和能量来源的生物，为异养生物。分解者可把动植物残体中复杂的有机物分解成简单的无机物，释放到环境中，供生产者再一次利用，它们在物质循环中有着重要作用。

　　微生物生态系统是各种环境因子如物理、化学及生物因子对微生物区系的作用，以及微生物区系对外界环境的反作用。

　　微生物具有个体微小、分布广、种类多、代谢能力强、繁殖快、易变异等特点，所以微生物可以广泛分布于自然界的各种环境中，可以在土壤、水体、大气、工农业产品和动植物体内体外生存，另外在一些极端环境中也有许多微生物。在生态系统中，许多微生物是生产者，包括藻类、蓝细菌、光合细菌、化能自养微生物，这些微生物可以将无机物转变为有机物。微生物是有机物的主要分解者，绝大多数微生物能利用复杂有机物作为碳源、能源，将其转化或分解为简单的无机物，所以微生物对生物圈的碳、氮、磷、硫等元素的生物地球化学循环起着关键作用。微生物又被称为"清道夫"，微生物作为分解者的这种功能可以被广泛应用于环境污染的治理方面，例如用于废水、废气、有机固体废物的生物处理。

一、土壤环境中的微生物

土壤是适合微生物生存的良好天然培养基，因为土壤具备了微生物生长繁殖所需要的营养和微生物生命活动需要的条件，例如营养、水、空气、酸碱度、保护层和温度等条件，所以土壤是微生物生活最适宜的自然环境。

1. 土壤的生态条件

土壤中丰富的有机物为微生物提供了良好的碳源、氮源和能源；土壤中的矿质元素也有利于微生物的生长繁殖；土壤具有团粒结构，其中的很多孔隙使土壤具有良好的通气条件，孔隙中有空气和水分，有利于好氧微生物生长，另外土壤团粒结构中的小孔隙相当于毛细管，具有持水性，可以给微生物提供水分；酸碱度接近中性且有较强缓冲能力，多数 pH 为 $5.5 \sim 8.5$，适合大多数微生物生长；其渗透压一般不超过微生物的渗透压，土壤渗透压通常为 $0.3 \sim 0.6 \mathrm{MPa}$，有利于微生物摄取营养物；此外，土壤保温性能好，与空气相比，土壤昼夜温差及季节温差小，北方冬天即使地面冻结时一定深度下的土壤还适合微生物生长。土壤因具有这些特征正好为微生物的生长繁殖提供了有利条件，所以土壤有"微生物天然培养基"之美称，土壤中的微生物的数量和种类最多。对微生物来说，土壤是微生物的"大本营"；对人类来说，土壤是人类最丰富的"菌种资源库"。

2. 土壤中微生物的数量及其分布

每克土壤中微生物的数量可达 $10^7 \sim 10^{10} \mathrm{CFU}$，但其实只有不足 1% 的微生物可以被人工培养出来。其中细菌数量最多，占土壤中微生物的 70%～90%；放线菌次之，是除了细菌外含量最多的微生物；另外土壤中还有真菌、藻类、原生动物、微型后生动物等微生物。土壤中微生物以中温和兼性厌氧异养菌为主。

土壤中微生物的水平分布主要与酸碱度、碳源有关。在不同地理条件下，气候不同，土壤类型不同，覆盖的植被也不同，从而微生物的数量和种类也有很大差距。例如中性土和偏碱性土适合细菌和放线菌生长，酸性土适合霉菌和酵母菌生长；森林土壤中存在可以分解纤维素的微生物，动植物残体多的土壤中含氨化细菌、硝化细菌比较多；在果园、养蜂场、葡萄园的土壤中酵母菌数量比较多。东北黑土中有机质含量丰富，微生物数量最多，而西北属于干旱地区，土壤中微生物数量较少；有机质含量低的酸性土壤中，微生物数量很少。

不同深度的土壤具有不同的营养水平、通气条件、含水量、温度和紫外辐射强度，导致土壤中微生物具有明显的垂直分布性。在土壤表面，微生物数量少，因为紫外线照射比较强并且缺水干旱，微生物容易死亡；一般在 $5 \sim 20 \mathrm{cm}$ 深度处微生物数量最多，特别在植物根系附近的土壤微生物数量较多；在地表 $20 \mathrm{cm}$ 以下的土壤中，微生物的数量会随着土层深度的增加而减少，这是由于太深的土壤中缺少营养和氧气。

土壤中微生物数量也会随着季节变化而变化。冬季气温低，有些地区的表层土会冻结，使微生物数量明显减少；春季气温回升后土壤中微生物数量增加；而夏季时由于温度高、紫外线照射又比较强，结果土壤中微生物数量会减少；秋季时温度不是太高，并且有大量植物残体进入土壤，微生物数量增加。微生物工作者一般选择春末和秋初从土壤中采集微生物样品，在这两个季节容易获得较多生长力旺盛的菌种资源。

3. 土壤自净和土壤修复

土壤是绿色植物生长的基地，其中还含有许多微生物和土壤动物，使土壤具有自净功能。土壤自净能力与土壤中微生物的种类、数量和活性以及土壤结构等性质有关。土壤体系对一定负荷的有机污染物具有吸附和生物降解的能力，通过各种物理、化学、生物过程使土壤中污染物浓度逐步降低，降低其毒性或将其分解成无害的物质。其中土壤中的生物化学净化作用可有效降低污染物浓度，是真正意义上的净化。

土壤修复是指利用物理、化学和生物方法对土壤中的污染物进行转移、吸收、降解和转化，使其浓度降低或将有毒有害的污染物转化为无害的物质。其中土壤生物修复是利用微生物和植物的作用将污染物快速转化、分解，恢复土壤的天然功能。影响土壤微生物修复的因素有微生物种类、微生物营养、溶解氧和环境因子，其中环境因子包括含水量、pH、通气条件和温度等因子。

二、空气中的微生物

1. 空气的生态条件

空气中也有相当数量及种类的微生物，其存活的时间比较短暂。因为大气温度变化大、紫外线辐射强、干燥，并且大气中缺乏微生物可以直接利用的营养物质，所以不适合微生物的生长繁殖，不能成为微生物生长繁殖的有利场所。微生物在空气中停留时间的长短是由风力、气流、雨雪等条件决定的，这些微生物最终会降落到土壤、水体、植物和建筑物上。

2. 空气微生物的数量及其分布

空气中微生物的来源很多，携带微生物或微生物孢子的尘土、水滴、人和动物的干燥脱落物，特别是人类的活动以及风力等将微生物带到空气中。有的微生物在空气中停留时间很短，很快就会死亡，有的则能够存活几天、几周，甚至更久。

室外空气中微生物数量与当地的环境卫生状况、环境绿化情况有关；室内空气微生物数量与人员密度、空气流通情况、人员活动和卫生情况有关。一般室内空气中的微生物数量比室外多很多。室内空气中的微生物存活时间比较长，因为室内没有紫外辐射，并具有相对高的湿度，这些条件会延长气溶胶中微生物的存活时间，并且灰尘能够吸收水分也有利于微生物生存。室内灰尘中的细菌和病毒可存活很长时间，有时候长达数周。空气是传播许多疾病的介质，微生物数量直接关系到人的身体健康，所以需要控制空气中微生物的数量。

空气中的微生物没有固定的种群，存活时间较长的主要有芽孢杆菌、霉菌、放线菌的孢子、野生酵母菌、原生动物及微型后生动物的胞囊。空气中微生物主要有真菌、细菌，大部分为腐生菌，也有一些动植物的病原菌。其中霉菌和酵母菌存在范围比较广。此外，大气中有些微生物具有致病性。

三、水生环境中的微生物

各种水体中都有微生物，水体是除了土壤外微生物活动的第二主要场所。水是一种良好的溶剂，水中溶解或悬浮着的多种无机和有机物质能供给微生物营养，有利于其生长繁殖。水体中的微生物主要来源于水体中固有的微生物、土壤中的微生物、生产和生活活动产生废物中的微生物、空气中的微生物等。

按照水体类型不同，微生物可分为海水微生物和淡水微生物。

1. 海水微生物

尽管海水中有机物含量低、盐度高、温度低，这些特点某种程度上限制了微生物的活动，但海水占地球总水体的97％，其中的微生物种类和数量也很大。按微生物栖息地可以分为底栖性微生物、浮游性微生物和附着性微生物。

海水中微生物以藻类数量最多。海水细菌大多是耐盐或嗜盐的，且能耐高渗透压。近海和海湾水域中微生物含量较大，外海中由于有机质含量少而其中微生物较少。距海面0～5m的水体因阳光充足，含有较多的浮游藻类，但因阳光照射强烈使其中的含菌量较少；距海面5～50m的海水中含有较多的微生物；距海面50m以下的海水中，微生物的数量随着深度的增加而减少；在海底的沉积物中有丰富的有机质，有利于微生物生长，微生物数量较多。

2. 淡水微生物

淡水中的微生物主要来自土壤、生活废水、空气、动植物活动。水体中微生物数量和种类一般比土壤中的少很多。不同深度水体中微生物在垂直剖面上有明显的层次化规律。在水深小于10m的上层水体中好氧微生物数量多，水体表层有多种藻类；而水深大于30m的深层水体中，含有比较丰富的有机质但缺氧，所以厌氧微生物较多，还有一些底栖的原生动物和微型后生动物；水深为10～30m的水体中，溶解氧量和营养物质含量不高，主要有不产氧的光合细菌以及一些浮游细菌。

淡水中微生物的分布会受到许多环境因子影响，不同的水体类型、污染程度、营养物质、溶解氧量、水温、pH值及水深会影响淡水中生物的分布、种类和数量。其中营养物质是决定微生物分布的主导因素。有机物含量高的水体中微生物数量多；通常中温水体中微生物数量多于低温水体中的微生物。贫营养湖中浮游生物量低但种类多，湖水透明度较大，具有较高的溶解氧，在湖的深层中仍可进行光合作用。而富营养湖中氮、磷等生物营养物质丰富，浮游生物种类少但生物量高。

3. 水体富营养化

当富含大量氮、磷的生活污水及工业废水等排入水体后，形成了水体富营养化现象，造成水体中藻类、蓝细菌等生物过量生长，使淡水水体发生"水华"，使海洋水体发生"赤潮"，因占优势的浮游藻类的颜色不同，水面往往呈现蓝色、红色、棕色、乳白色等。富营养化水体的底部沉积有丰富的有机物，在水体缺氧的情况下，会发生厌氧发酵。水体发生富营养化时，虽然藻类数量很多但其种类很少。

评价水体富营养化的方法有以下几种：观察水体中蓝细菌和藻类等指示生物的数量；测定现存生物量；测定初级生产力；测定水体透明度；测定氮和磷物质的含量。将这几方面综合起来对水体的富营养化进行全面充分的评价。

4. 水体自净

广义上的水体自净指受污染的水体，经过水中物理、化学与生物作用，使污染物浓度降低，并基本恢复到污染前的水平；狭义上的水体自净指受污染水体中的有机物在微生物氧化分解作用下被分解，进而使得水体得以净化的过程。水体自净机理包括沉淀、稀释、混合等物理过程以及生物化学过程。水体的自净能力是有限的,与其环境容量有关,任何水体都有自净容量。当进入水体的污染物有毒时会使水中生物种类和数量大量减少。随着水体自净的进行,有毒物质的量不断减少,生物种类和数量会逐渐回升,最终趋于正常。

水体中有机物的自净过程可分为三个阶段:第一阶段中那些容易被氧化的有机物进行化学氧化分解,这个阶段持续时间短;第二阶段中有机物在微生物作用下进行生物化学氧化分解,这个阶段的持续时间决定于水温、有机物浓度、微生物种类与数量等因素;第三阶段为含氮有机物的硝化过程,这个阶段较慢、耗时长。

各种生物特别是微生物的活动对水中有机物的氧化分解作用可使污染物降解,微生物在水体自净中有非常重要的作用。

水体中污染物的沉淀、稀释、混合等物理过程,氧化还原、分解化合、吸附凝聚等物理、化学过程以及生物化学过程等,往往是同时发生、相互影响的。一般说来,物理和生物化学过程在水体自净中占主要地位。

四、微生物之间的关系

(一)竞争关系

竞争关系是指不同的微生物种群在同一环境中,对营养物、溶解氧、空间和其他共同需要的条件相互竞争,双方都受到不利影响。种内微生物和种间微生物都存在竞争。相比其他生物,微生物由于世代时间比较短、代谢强度大,其竞争表现得更为激烈。例如,在好氧生物处理中,当溶解氧或营养物为限制因子时,菌胶团细菌和丝状细菌表现出明显的竞争关系。在厌氧消化罐内的硫酸盐还原菌和产甲烷菌相互争夺 H_2 等营养物质。

(二)原始合作关系

原始合作关系(或称原始共生、互生关系),是指两种可以单独生活的生物,在共同生活时,相互提供营养及其他生活条件。双方互惠互利,相互受益。

例如,固氮菌具有固定空气中 N_2 的能力,但不能利用纤维素作碳源和能源,而纤维素分解菌可以分解纤维素为有机酸但对它本身的生长繁殖不利,当这两者在一起生活时,固氮菌固定的氮为纤维素分解菌提供氮源,同时纤维素分解菌分解纤维素时的产物(有机酸)被固氮菌用作碳源和能源,这相当于为纤维素分解菌解毒。在废水生物处理过程中原始合作关系是普遍存在的。天然水体、污水生物处理及土壤中的氨化细菌、亚硝化细菌和硝化细菌之间存在原始合作关系:氨化细菌分解含氮有机物产生的 NH_3 是亚硝化细菌的营养物,亚硝化细菌将 NH_3 转化为 HNO_2 为硝化细菌提供营养,产生的硝酸盐能被其他生物和动植物利用。HNO_2 对大多数生物都有害,但由于硝化细菌可将 HNO_2 转化为 HNO_3,即为其他微生物解毒。氧化塘中的细菌与藻类也表现为原始合作关系:细菌可将污水中的有机物分解为 CO_2、NH_3、H_2O、PO_4^{3-} 及 SO_4^{2-},这些物质可为藻类提供碳源、氮源、磷源和硫源等营养物;藻类利用光能合成有机物组成自身细胞,放出的 O_2 可供细菌用于分解有机物。

(三)共生关系

共生关系是指两种不能单独生活的微生物共同生活于同一环境中,各自执行优势的生理功能，在营养上互为有利，在组织和形态上产生新的结构，这两者之间的关系就叫共生关系。

地衣是藻类和真菌形成的共生体，藻类利用光能将 CO_2 和 H_2O 合成有机物可供给自身及真菌有机营养；真菌从基质吸收水分和无机盐等营养，提供给共生的藻类。

原生动物中的纤毛虫类、放射虫类、有孔虫类可与藻类共生。例如草履虫的细胞质中有大量的绿藻细胞，藻类给原生动物提供有机碳和氧气，而原生动物可以给藻类提供生长环境和生长因子。所以含藻类的原生动物在光照厌氧环境中生存的时间比不含藻类时的生存时间要长。

产氢产乙酸细菌与产甲烷细菌之间可形成共生关系。产氢产乙酸细菌发酵乙醇时产生乙酸和分子氢，当氢达到一定浓度时其自身的生长受到抑制；但如果有产甲烷菌存在时可以利用分子氢产生甲烷，解除对产氢产乙酸细菌的抑制。

（四）偏害关系

共存于同一环境的两种微生物，甲方对乙方有害，乙方对甲方无任何影响。一种微生物在代谢过程中产生一些代谢产物，其中有的产物对另一种（或一类）微生物生长不利，抑制或者杀死对方。上述这种微生物与微生物之间的对抗关系叫偏害关系，也称为拮抗关系。偏害关系在微生物界很普遍，有很多微生物能产生抑菌物质。

偏害关系分为非特异性偏害和特异性偏害两种类型。

1. 非特异性偏害

某微生物产生的代谢产物对多种其他微生物都有抑制作用，没有选择性。例如乳酸菌产生大量的乳酸使周围环境 pH 下降，可以抑制周围其他微生物的生长，对不耐酸的细菌都有抑制作用，这种抑制作用没有专一性。海洋中的红腰鞭毛虫产生的代谢产物可以抑制甚至毒死许多其他微生物。

2. 特异性偏害

具有专一性，某种微生物产生的抗菌性物质，只对某一种（或某一类）微生物有专一性的抑制或致死作用。例如，青霉菌产生青霉素只对革兰氏阳性菌有致死作用。多黏芽孢杆菌产生多黏菌素只杀死革兰氏阴性菌。链霉菌产生的制霉菌素能抑制酵母菌和霉菌等。

（五）捕食关系

捕食关系是微生物中常见的一种种间关系。有的微生物不是通过产生代谢产物对抗对方，而是直接吞食对方，这种关系称为捕食关系。例如原生动物吞食细菌、藻类、真菌等；大原生动物吞食小原生动物；微型后生动物吞食原生动物、细菌、藻类、真菌等微生物。真菌也有以捕食为生的，如节从孢属捕食线虫类。

（六）寄生关系

一种生物在另一种生物体内或体表生活，从中摄取营养进行生长繁殖，这种关系称为寄生关系。前者为寄生菌，后者称为寄主或宿主。寄生的结果一般对宿主不利，会引起宿主的损伤或死亡。有的寄生菌不能离开宿主而生存，这种寄生称为专性寄生；有的寄生菌离开宿主后能营腐生生活，这种寄生称为兼性寄生。

噬菌体与细菌、放线菌、真菌、藻类之间具有寄生关系，这种寄生关系专一性很强。细菌与细菌之间、真菌与真菌之间也存在寄生关系，例如：有些蛭弧菌属能寄生在假单胞菌、大肠杆菌、浮游球衣菌等菌体中。有的蛭弧菌对致病的沙门菌、变形杆菌、霍乱弧菌等有很强的裂解活性，所以蛭弧菌能改善水域环境、消除病原。真菌寄生于真菌的现象比较普遍，有的真菌可寄生于有害微生物，可用来以菌治菌。

第二节　微生物与其他生物之间的关系

在天然生态系统和人工生态系统中，微生物不仅与环境因素有密切关系，而且与其他生物之间也有密切关系。在自然界存在着微生物与动植物之间、微生物与人类之间的关系，这些关系彼此制约，相互影响，共同促进生物的发展和进化。其中微生物与人、动植物的营养和疾病等有密切的相互关系。

（一）互生关系

两种可以单独生活的生物，生活在一起时，通过各自的代谢活动有利于对方，或偏利于一方，但不形成共生关系，是一种可分可合、合比分好的互生关系。

在正常情况下，人和动物的体表、与外界相通的体腔中都有许多微生物存在。通常将这些微生物称为人或动物的正常菌群。这些微生物与人类和动物是互生关系，例如肠道正常菌群还可以合成某些人和动物必需的营养物质，如多种维生素和氨基酸等以改善其营养条件。

人和动物的正常微生物区系在一定程度上能抑制和排斥外来微生物的生长和病原微生物的侵入和定居，因而对人和动物起一定的保护作用。如果由于某种原因造成正常菌群种类的变化或数量的减少，将会给病原微生物的入侵和疾病的发生提供机会。因此，许多人和动物缺少了正常菌群或菌群变化会导致紊乱、引起疾病，严重时甚至会导致死亡。

根际微生物与植物根系是互生关系，两者相互作用、相互促进。植物根系为微生物提供了有利的特殊生态环境和营养物，有合适的含水量和通气条件，提供有机物、无机盐和营养物；根际微生物也为植物提供无机物、维生素、氨基酸、生长因子等促进植物生长，并可消除 H_2S 等对植物的毒害作用，产生的拮抗类物质可抑制植物病原菌的生长。植物根系会影响根际土壤中微生物群落的组成和数量，根际微生物类群比其他区域土壤中的微生物更丰富。

（二）捕食关系

微生物由于个体太微小，一般不作为大型捕食性脊椎动物的食物。但某些水生的无脊椎动物却能通过特殊的捕食方式以微生物为食料。例如水体中有些浮游无脊椎动物能借助鳃、触角和黏液网等特殊的器官滤食水中所含的微生物，鳃同时还有从水中摄取溶氧的功能。被取食的除了藻类、蓝细菌和光合细菌等初级生产者外，同时还有异养细菌、真菌和原生动物以及有机碎屑等。

（三）共生关系

微生物与动物的共生关系包括营养交换、协助消化、产生有用物质、抵御病原体、维持合适生长环境。以植物性材料为食的草食反刍动物、某些昆虫与微生物之间形成了密切的互惠共生关系。动物为微生物提供适宜的生境和纤维素等养料，微生物则将纤维素分解为简单的糖类、有机酸等养料并进一步丰富其中的蛋白质和维生素等以改善动物的营养。

1. 瘤胃微生物与动物的共生关系

牛、羊、鹿等反刍动物本身缺乏消化纤维素的酶，但可以通过定居在瘤胃中的微生物来分解转化纤维素等物质。在瘤胃中生活有大量专性厌氧的细菌和以纤毛虫为主的原生动物。瘤胃为微生物提供了一个稳定的厌氧、中温和偏酸性的良好生态环境。

非反刍动物，如马、狗和兔等的盲肠，猴、河马和骆驼等的前肠以及某些草食性鸟类和鱼类的消化道中也有相应的微生物群落共生，它们对这些动物也有与瘤胃微生物类似的作用。

2. 微生物与昆虫间的共生关系

微生物与昆虫间具有形式多样化的共生关系。例如热带雨林中丝状真菌与切叶蚁的共生：切叶蚁将地面的树叶切碎带回巢室，并混以唾液和粪便等含氮物质用来专门培养丝状真菌；蚂蚁取食部分菌丝和孢子。丝状真菌与切叶蚁的共生对热带雨林地表的落叶转化为土壤有机质有重要意义。

白蚁本身不能直接利用纤维素和木质素，但其肠内栖息着的大量原生动物尤其是鞭毛虫能分泌纤维素酶，使纤维素和木质素变成可以被双方吸收利用的物质，白蚁与原生动物间存在着互利共生的关系。

3. 微生物与海洋生物的共生关系

微生物还可以寄生在海洋生物体内。例如，发光细菌位于发光红眼鲷属的鱼鳃，发光细菌发出极亮的绿色光，使鱼鳃呈现绿色光；有的发光细菌还可在鱼的内脏生存。

海洋尤其是深海中的某些鱼类和无脊椎动物能与发光细菌建立起一种特殊的共生关系。动物为共生细菌提供居住环境和营养物质，发光细菌在全黑暗的深海生境中能帮助动物发现饵料、威慑敌人或作为联络的信号。

4. 微生物和植物的共生关系

许多微生物与植物有共生关系。土壤中的根瘤菌能够与豆科植物形成根瘤，这种共生体具有固氮功能，为宿主植物的生长提供必需的氮素营养，宿主植物为根瘤菌提供良好的居住环境、碳源和能源以及其他必需营养。放线菌中的弗兰克氏菌与非豆科植物共生可形成结瘤并能固氮。有些蓝细菌能与真菌、苔藓、蕨类、裸子植物、被子植物形成共生关系。有些真菌与植物能形成共生关系。真菌和植物共生构成菌根：菌根中的真菌菌丝体向根周土壤扩展，一方面真菌从植物中获得生长所需的碳水化合物和其他生长物质，另一方面真菌从土壤中吸收养分和水分供给植物生长。

5. 植物内生菌

在植物体的表面及其内部生活着多种微生物，构成特殊的微生态系统。植物内生菌是指一定阶段或全部阶段生活于健康植物器官、组织内的微生物种群。宿主植物为内生菌提供生长繁殖需要的水分、氮源、碳源、能源、矿质元素。内生菌对宿主植物的好处体现在以下几个方面：内生菌产生的植物激素可促进宿主植物生长发育；内生菌具有固氮作用可为植物提供氮素营养；内生菌可提高共生植物的抗逆性；内生菌产生保护植物免受病菌侵入的物质。植物内生菌相当于微生物农药，可用于生物防治，可作为增产菌或潜在的生防载体菌。

（四）寄生关系

微生物寄生于动植物之中经常会引起动植物病害。但也可以利用寄生真菌作为除草剂使杂草死亡而对农作物不造成伤害。同理可以利用昆虫病原微生物防治农业害虫。

人类和动物的很多疾病与微生物有关。微生物引起人和动物疾病的过程可分为两种方式：一种是微生物在人和动物的体表或体内，引起感染而致病；另一种是微生物在人和动物体外生长，产生的有毒物质导致人、动物生病，或改变了人和动物的栖息环境。寄生是导致人和动物疾病的主要方式。

一些病毒、细菌、真菌、原生动物等微生物能寄生在人和动物体内外并导致疾病。寄生关系可以分为专性寄生和兼性寄生两类。例如病毒、衣原体、立克次体、孢子虫和大多数的其他病原微生物是专性寄生的，它们只能在适宜的寄主动物或介体生物细胞内生活。如果有的微生物是专性寄生在对人类有害的生物体内，则可加以利用，例如利用生物防治来控制农业上的病虫害。

病原微生物的传播方式是多样化的，如呼吸道中寄生的病原菌是通过空气和呼吸道传播的；肠道病原微生物通常是经粪便污染饮水或食物传播。有的病原菌（如狂犬病病毒、鼠疫耶尔森氏菌和疟原虫等）则经疯狗、黑线鼠和疟蚊等介体传播。进入寄主体内的病原菌能通过产生侵袭性酶来分解动物组织并扩大侵染范围，有些菌能通过血液扩散到全身，许多病原微生物还能产生毒素。

有些病毒、原核微生物、真菌、线虫等微生物侵入植物体内，破坏植物组织和细胞，从中吸取营养物质，导致植物发生病变的现象称为寄生。很多病毒可引起植物病害，是一类重要的植物病原体，受害植株可能出现各种畸形，甚至死亡，在农业生产上是一个突出问题。引起植物病害的原核微生物主要有细菌、螺旋体等，细菌病原体可能导致植物徒长、腐烂和枯萎等。植物的真菌病害会造成比较大的危害，例如锈变、黑粉病、腐烂、花斑、枯萎等。寄生植物的线虫可以引起许多病害，有些线虫还与其他病原物复合侵害植物。

第三节 微生物在物质循环中的作用

碳、氢、氧、氮、硫、磷、铁等元素是组成生物体的必需元素。生物只有不断获取这些元素才能正常生长繁殖，而地球上能有效利用的这些元素的贮量是有限的。这些营养元素的供求矛盾只有在物质的不断循环中才能得以解决。自然界物质循环包括元素的生物固定和生物释放，使物质处于由无机物转化成有机物，再由有机物转化成无机物的往复循环中。在自然界，微生物的种群、数量和作用远远超过其他生物。微生物是物质循环的主要推动者，微生物参与了所有元素的地球化学循环。

一、氧循环

大气中的氧主要以分子 O_2 形态存在，并且表现出很强的活性。大气中的氧气多数来源于光合作用，还有少量是来源于高层大气中水分子与紫外线的光致离解作用。在组成水圈的大量水中，氧是主要组成元素，在水体中还有各种形式的大量含氧阴离子以及相当数量的溶解氧。水体中的藻类进行光合作用可以产生氧气，同时水体中有机物分解需要消耗溶解氧。大气中的氧和水体中的溶解氧之间存在着溶解平衡关系。如此构成了氧循环。

氧是生物体内物质组成的重要元素。O_2 对专性厌氧微生物有抑制作用；兼性厌氧微生物在有 O_2 作为最终电子受体时，可以从有机物中获得更多的能量；在无 O_2 环境中时，有的兼性厌氧微生物如硝酸盐还原菌利用 NO_3^-，专性厌氧菌例如硫酸盐还原菌利用 SO_4^{2-} 作为电子受体进行无氧呼吸获得能量。在生物光合作用和呼吸作用的过程中，参与氧循环的物质有 CO_2、H_2O 等。化石燃料的燃烧和有机物腐烂分解过程则是与呼吸作用具有类似情况的一类氧化反应。

二、碳循环

碳素是生物体内最重要的一种元素，是一切生物有机体含量最多的组分。碳素的来源包括大气中的二氧化碳、水中溶解的二氧化碳、储存在岩石和化石燃料中的碳、碳水化合物、脂肪、蛋白质等。

绿色植物和自养微生物通过光合作用可固定二氧化碳，同时把光能转化为化学能，合成有机碳化合物转化成有机物质；同时人类和动植物、微生物进行呼吸作用产生二氧化碳排入大气。有机碳化合物种类多，能被不同的微生物分解释放成二氧化碳，回归到大气中。当化石燃料及地壳中的碳酸盐被开采使用时也产生二氧化碳；另外火山爆发也会使地层中一部分碳释放到大气中。这些二氧化碳再一次被生物利用后进入循环，形成碳循环。碳循环以二氧化碳为中心，是以二氧化碳的固定和再生为主的物质循环。

微生物在碳循环中的作用有光合作用固定二氧化碳、分解作用产生二氧化碳两个方面。

参与光合作用的微生物主要是藻类、蓝细菌和光合细菌，它们通过光合作用，将大气中和水体中的二氧化碳合成有机碳化物，水体中进行的光合作用主要是微生物，在有氧区以蓝细菌和藻类为主，在厌氧区以光合细菌为主。光合作用产物会沿着食物链一级一级传递给其他生物利用，转变为动物和细菌等其他生物体的一部分。生物体内的碳水化合物一部分作为有机体代谢的能源经呼吸作用被氧化为二氧化碳和水，并释放出其中储存的能量。最后传递给分解者又被转化为二氧化碳。

环境中天然的有机物种类繁多，这些物质能被微生物分解利用，其中包括一系列的生化反应，需要多种酶的参加。有机碳化物在有氧条件中通过好氧或兼氧微生物分解，可被彻底氧化为二氧化碳；在无氧条件下通过厌氧微生物发酵，被不完全氧化成有机酸、甲烷、H_2 和二氧化碳。这些微生物种类很多，包括细菌、真菌、放线菌等。

三、氮循环

氮是构成生物体的必需元素，是组成核酸和蛋白质等生物大分子的主要成分。

氮在自然界主要有 3 种形态：分子氮（N_2）、有机氮化合物、无机氮化合物。分子氮占大气体积分数的 78.1%，有机氮化合物数量也很多，但这两类氮并不能被大多数微生物和植物所直接利用，而只能利用无机氮化合物。在微生物、动植物之间的协同作用下可以将分子氮（N_2）、有机氮化合物、无机氮化合物三种形态的氮互相转化，构成氮循环，其中微生物的作用很大。

微生物在自然界氮循环中的作用包括：固氮作用、氨化作用、硝化作用和反硝化作用。

1. 固氮作用

大气中的 N_2 虽然蕴藏量大，但只有少数微生物能直接利用 N_2。

将空气中游离态的氮转化为含氮化合物的过程称为固氮作用。可固氮微生物包括细菌、放线菌和蓝细菌等。这些微生物的细胞内含有固氮酶，可将大气中的 N_2 固定下来，N_2 分子中存在高能键需要在固氮酶的催化作用下并消耗很高的能量才能打开。

固氮好氧微生物有根瘤菌属、褐球固氮菌、万氏固氮菌等，以 N_2 为氮源，以糖、醇、有机酸为碳源，这些微生物适于在中性和偏碱性环境中生长。另外厌氧的巴氏梭菌、硫酸盐还原菌也有固氮作用。

好氧固氮菌生长时需要氧，但固氮酶的钼铁蛋白和铁蛋白对 O_2 极为敏感，遇氧时固氮酶会发生不可逆的失活。在进化过程中，不同固氮菌发展出一些既解决需氧问题又保护固氮酶不受氧损伤的机制。

2. 氨化作用

氨化作用又叫脱氨作用，是微生物分解有机氮化物产生氨的过程。产生的氨，一部分供生物同化作用，一部分被转变成硝酸盐。氨化微生物分布广泛，在有氧或无氧条件下，均有不同的微生物可分解蛋白质和各种含氮有机物产生氨。

含氮的有机物主要有蛋白质、尿素、尿酸、核酸和几丁质等。很多细菌、真菌和放线菌都能分泌蛋白酶，在细胞外将蛋白质分解为多肽、氨基酸和氨。

3. 硝化作用

硝化作用是指在有氧的条件下，硝化细菌将氨转化为硝酸的过程。由氨转化为硝酸分两步进行，分别由亚硝化细菌和硝化细菌进行。亚硝化细菌和硝化细菌是绝对好氧的化能自养微生物，需要在中性和偏碱性环境中生长。另外土壤中还有一些异养细菌、真菌和放线菌，也能将铵盐氧化为亚硝酸和硝酸，其硝化能力与自养型硝化细菌相比要弱好多；但这些微生物比硝化细菌耐酸，并且对不良环境有较强的抵抗力，所以在自然界的硝化作用过程中，也起着一定的作用。

在农业生产方面，硝化作用会产生一些不利的影响，当土壤中硝化作用产生的硝酸盐随雨水流入水体时，不仅降低土壤中肥料的利用率，还会引起受纳水体的富营养化。所以在使用氨态氮肥时需使用硝化抑制剂来弱化土壤中硝化作用的发生，这样不仅可以有效地抑制硝化作用、提高肥料的使用效率，同时也避免由硝酸盐淋失引起的水体富营养化。

4. 反硝化作用

反硝化作用也称脱氮作用，指反硝化细菌在缺氧条件下将硝酸盐还原，释放出分子态氮或一氧化二氮。

硝酸盐对微生物和植物有两方面的用途：①利用硝酸盐作为氮源，即同化性硝酸盐还原作用，通过硝酸还原酶将硝酸还原为氨，由氨合成氨基酸、蛋白质及其他含氮物质构成有机碳，许多细菌、放线菌和霉菌能利用硝酸盐作为氮素营养。②利用 NO_2^- 和 NO_3^- 作为呼吸作用的最终电子受体，把硝酸盐还原成氮气（N_2），称为反硝化作用或脱氮作用，即兼性厌氧的反硝化细菌将硝酸盐还原为氮气。

由于反硝化作用把硝酸盐还原成氮气时会使土壤中氮素营养含量降低，结果影响作物生长，不利于农业生产。为了防止、减缓反硝化作用的发生，农业上可以采取翻土、松土来改善土壤通气状况以提高含氧量来抑制反硝化作用的发生。另一方面，反硝化作用可使土壤中因淋溶而流入河流、海洋中的 NO_3^- 减少，一定程度上可消除因硝酸积累对生物产生的毒害作用。反硝化作用是氮素循环中不可缺少的一个环节。

四、硫循环

硫是生物必需的大量营养元素之一，也是氨基酸、维生素和辅酶的组成成分。在自然界中硫以单质硫、无机硫化物、含硫有机化合物存在，在化学和生物作用下这三者之间互相转化，构成了硫循环。

自然界中的硫和硫化氢会被微生物氧化成为硫酸盐。硫酸盐会被植物和微生物同化成有机硫化物，构成生物自身组分。动物食用这些植物和微生物后将其转化成为动物有机硫化物。当动植物的残体被微生物分解时，含硫的有机质被分解为硫化氢，再次进入环境中。在缺氧条件下，环境中的硫酸盐能被微生物还原成为硫化氢。

微生物在硫循环中的作用包括同化作用、分解作用、硫化作用和反硫化作用。

1. 同化作用

硫的同化作用是指微生物利用硫酸盐和硫化氢组成自身细胞物质的过程。有很多细菌、真菌、放线菌可以把硫酸盐作为硫源，也有少数微生物可以把硫化氢作为硫源。SO_4^{2-} 能被大部分微生物利用，通过同化型硫酸盐还原作用还原为有机态硫。

2. 分解作用

硫的分解作用是指有机硫化合物被微生物分解为无机硫的过程。在有氧条件下，含硫有机物被微生物分解成硫酸盐，可供生物利用；在缺氧条件下，含硫有机物被微生物分解成硫化氢和硫醇。硫化氢可被氧化生成硫酸盐，可为植物的生长提供硫素营养。土壤中可分解含硫有机物的微生物种类很多，包括许多腐生性细菌、放线菌和真菌等。

3. 硫化作用

在有氧条件下，还原态无机硫化物被微生物氧化，最后生成硫酸及其盐类的过程，称为硫化作用。参与硫化作用的微生物有硫化细菌和硫磺细菌。

4. 反硫化作用

在缺氧条件下硫酸盐、亚硫酸盐、硫代硫酸盐和次硫酸盐在微生物作用下可被还原成硫化氢，该过程称为反硫化作用，也称为硫酸盐还原作用。这类微生物为硫酸盐还原菌（也称为反硫化细菌），是一类严格厌氧的细菌，大多数为有机营养型。

在混凝土排水管和铸铁排水管的底部有硫酸盐存在时，由于经常出现缺氧状况，硫酸盐会被还原为硫化氢，硫化氢与溶解氧接触后会被硫磺细菌或硫化细菌氧化为硫酸，结果导致管道被腐蚀。在河流、海岸港口码头钢桩也会由于硫酸盐和硫化氢的存在而被腐蚀，通常可通过提高氧化还原电位来防止腐蚀。

五、磷循环

磷是生命体中不可缺少的元素，是核酸、磷脂等的重要组成成分，在生物大分子核酸、高能化合物 ATP，以及生物体内糖代谢的某些中间体中，都有磷的存在。磷循环是指磷元素在生态系统和环境中运动、转化和往复的过程。自然界的磷循环的基本过程是岩石和土壤中的磷酸盐由于风化和淋溶作用进入河流、汇入海洋；水体中的磷被浮游生物及其他消费者所利用；水体中一部分磷可通过海鸟和人类的捕捞活动返回陆地。

磷循环是典型的沉积型循环，几乎不存在气体状态。磷的循环包括不溶性磷的溶解、无机磷的同化、可溶性有机磷的矿化等。地球上大部分磷以不溶性的形式存在于岩石、土壤或水体的沉积物中，有些微生物在代谢过程中产生的硫酸、硝酸和有机酸可以把这些难溶性的磷酸盐中的磷释放出来。磷在水溶液中以可溶解态存在，在沉积物中大部分以不溶解的磷酸盐形式存在。可溶性磷酸盐能被生物吸收利用，同化为生物细胞的组分。有的微生物在好氧条件下能聚合磷酸盐作为能源和磷源的储藏物。在厌氧环境中，微生物以磷酸盐作为最终电子受体进行无氧呼吸，将磷酸盐还原为磷化氢。

来自生物体的有机磷化物可被微生物分解。大多数土壤中有机磷主要以核酸及其衍生物、磷脂和植素存在。在土壤中，许多细菌、放线菌和霉菌等含有植酸酶和磷酸酶，能够将含磷的有机物分解，产生的无机磷化物可被植物吸收利用。

思考题

1. 微生物在生态系统中有何作用？
2. 为什么说土壤是微生物的"大本营"？
3. 土壤中微生物分布有什么规律？
4. 空气中微生物的分布和数量受哪些因素影响？
5. 举例说明微生物间的互生关系。
6. 简述自然界中的碳循环和氮循环。
7. 什么是氨化作用、硝化作用和反硝化作用？分别是由哪些微生物参与？
8. 铸铁管道锈蚀和管道堵塞可能是由哪些微生物造成的？
9. 什么是硫酸盐还原作用？对环境有什么危害？
10. 简述硫循环的概念。硫循环包括哪些作用？
11. 简述微生物与其他生物之间的关系。

第八章
污染物的微生物处理

第一节　废水的微生物处理

　　废水的微生物处理主要是利用微生物对水体中污染物质进行转移和转化，特别是对呈溶解态或胶体状态的有机污染物具有降解作用，从而使废水得到净化的一种生物处理方法。废水生物处理技术具有消耗少、效率高、成本低、工艺操作管理方便等优点。

　　根据微生物与氧的关系，废水生物处理方法可分为好氧处理和厌氧处理；根据微生物在污水处理构筑物中的生长状态可分为活性污泥法和生物膜法。

一、好氧活性污泥法

　　好氧活性污泥法是在对水体进行充氧曝气条件下，对各种微生物群体进行培养和驯化后形成活性污泥，然后利用活性污泥的吸附和氧化作用去除废水中的污染物质，混合液进入二沉池进行固液分离，一部分污泥回流到曝气池，其他多余的部分作为剩余污泥排出。这种方法简称好氧活性污泥法。该方法最大的缺点是产生了大量剩余污泥需要进一步处理。

　　1. 活性污泥中的微生物

　　好氧活性污泥是由多种好氧微生物和兼性厌氧微生物与污水中的固体物质混凝交织在一起的絮状体。好氧活性污泥中主要起絮凝作用的是细菌所组成的菌胶团，菌胶团中除了细菌以外还有多种其他微生物：酵母菌、霉菌、放线菌、藻类、原生动物和微型后生动物。活性污泥系统本身是一个微型生态系统。好氧活性污泥为絮状的、含水率 99% 左右、密度为 $1.002\sim1.006\mathrm{g/cm^3}$、具有沉降性能、具有生物活性的混合体。

构成活性污泥的细菌可以分解污水中的有机污染物，并具有良好的凝聚能力和沉降性能。营腐生的化能异养菌是有机废水生物处理中的重要微生物，大多数异养菌可快速分解氧化污染物，具有很强的净化能力。菌胶团是活性污泥的结构和功能的中心，是活性污泥的基本成分。良好的菌胶团比游离细菌有更好的生物絮凝、吸附能力和氧化分解有机物能力。菌胶团分解有机物后为原生动物和微型后生动物提供了良好的生存环境和栖息场所。根据菌胶团的数量和生命力、颜色、结构的松紧程度可以衡量好氧活性污泥的性能，新生的菌胶团生命力旺盛、颜色浅、结构紧密，对污染物的吸附和氧化能力强；老化后的菌胶团活性低、颜色深、结构松散，对污染物的吸附和氧化能力也差。

活性污泥中还有大量的原生动物和微型后生动物，不仅可以吸收水中的溶解性有机物，还以游离的细菌和有机颗粒为食物，有利于提高出水水质。原生动物的数量、代谢能力和净化作用次于菌胶团。多数原生动物在取食过程中会释放黏液物质有利于污泥絮状体的形成并改善沉降性能，摄食活性污泥中的其他微生物，可以减少污泥的产量。根据原生动物和微型后生动物的演替和活动规律判断水质和污水处理程度，还可以判断活性污泥培养的成熟程度。可根据原生动物的种类判断活性污泥和处理水质的好坏，原生动物遇到恶劣环境时会改变个体形态例如形成胞囊，以此可判断进水水质变化情况和运行情况。定期对活性污泥进行镜检，观察原生动物和微型后生动物的个体形态、数量、种类和生长情况来判断运行情况是否正常，一旦发现问题，需要进行分析并及时解决问题。

霉菌为丝状生长的真核微生物，虽然霉菌具有净化作用，对某些特定污染物具有良好分解氧化作用，但在污泥法中如果大量生长时会造成污泥膨胀现象，所以大多数情况下不能使霉菌成为活性污泥法中的优势群落。

2. 活性污泥法的净化机理

活性污泥的净化机理包括活性污泥对有机物的吸附、对有机物的氧化、活性污泥的沉淀和分离。

废水和活性污泥接触的短时间内，有氧条件下有机物会被大量去除的现象为初期吸附。被吸附的有机物经水解后被微生物摄入体内，被活性污泥吸附的有机物作为微生物的营养源，经氧化和同化作用被微生物利用。氧化指吸附的有机物被分解同时获得能量；同化是指微生物利用氧化有机物获得的能量并合成新的细胞物质得以生长繁殖。活性污泥絮状体中各类微生物之间形成食物链关系。原生动物和微型后生动物可吸收或吞食没有彻底分解的有机物以及游离细菌，进一步改善出水水质。污水经处理后进入沉淀池进行固液分离，活性污泥的沉淀性能与活性污泥中微生物所处的生长期有关。

二、好氧生物膜法

生物膜法是与活性污泥法并列的一种污水生物处理技术，两者都是利用微生物来去除废水中污染物的方法。

好氧生物膜法是好氧微生物和兼性厌氧微生物等黏附在生物滤料上形成黏性的、薄膜状的微生物混合群体，这种以微生物为主，包括其产生的胞外多聚物和吸附在微生物表面的无机物及有机物，具有较强吸附和生物降解性能的结构称为生物膜，是生物膜法净化污水的工作主体。好氧生物膜法广泛应用于石油、印染、造纸、农药、食品等工业废水和生活污水的生物处理。

1. 生物膜的结构和微生物组成

生物膜是在载体上面形成的生物混合群体，从外到内依次为附着水、好氧层和厌氧层。附着水是指附着在生物膜外表面的一层相对比较稳定的薄水层，与外围的水环境进行交换。附着水的下面是好氧层，其中的微生物有好氧和兼性厌氧的细菌、微型动物，有时还有霉菌和放线菌，是进行净化作用的主要微生物，有机污染物在这里被好氧代谢分解。由于氧在生物膜表层基本耗尽，生物膜内层的微生物处于厌氧状态，其中的微生物为厌氧和兼性厌氧的细菌，进行厌氧代谢的最终产物为有机酸、乙醇、乙醛、硫化氢等。微生物不断繁殖，厌氧分解有机物时产生的厌氧气体，穿过生物膜转移到膜外时，会促进生物膜的脱落。当生物膜太厚时，其内层微生物得不到充分的营养而进入内源代谢，导致滤料上生物膜的黏附性能下降并脱落下来，随后在滤料表面长出新的生物膜。生物膜的厚度及脱落速率是受有机负荷、水力负荷等因素影响的。

生物膜是由细菌、真菌、原生动物、微型后生动物、藻类等组成的微生态系统，能够去除废水中溶解性的和胶体态的有机污染物，其净化机理示意图见图8-1。生物膜中细菌对有机物的氧化分解起主要作用；真菌在生物膜中也比较常见，有些真菌可以利用那些难降解的有机物如木质素、人工合成化合物等。在生物膜中丝状菌大量生长时不会引起污泥膨胀，丝状菌具有很强的有机物降解能力。原生动物和微型后生动物栖息在生物膜的好氧表层内。原生动物吞食游离细菌和有机颗粒，可有效改善出水水质，在运行正常处理效果好时，出现的原生动物多为钟虫、独缩虫、累枝虫、盖纤虫等。经常出现的微型后生动物有轮虫、线虫等，它们以细菌、原生动物为食。原生动物和微型后生动物可以作为指示生物，用来判断工艺运行情况和污水处理效果。

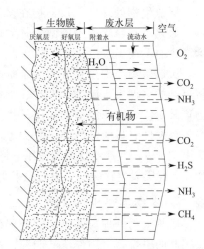

图 8-1　生物膜法净化机理示意图

2. 生物膜的净化机理

在生物膜法中，微生物是附着在载体表面呈立体式分布的。微生物主要以菌胶团为主，还有藻类、大量固着型纤毛虫和游泳型纤毛虫，它们起到了污染物净化和清除池内生物的作用。流动水层厚薄变化以及气水逆向流动，可以向生物膜表面供氧；微生物沿水流方向的食物链依次为细菌、原生动物、后生动物。有机物在生物膜法中的降解主要是在好氧层进行，部分难降解有机物经兼氧层和厌氧层分解，分解后产生的 H_2S、NH_3 等以及代谢产物由内向外传递而进入空气中，好氧层形成的硝酸盐经厌氧层发生反硝化后产生 N_2 也向外扩散进入大气中。经水力冲刷，生物膜表面的附着水不断更新，不仅可以增加其中的溶解氧还可增加微生物与污染物的有效接触，并有利于维持生物膜中的生物活性。

生物膜法处理污水是微生物吸附、分解、稳定的复杂过程，其中有多种微生物参与。生物膜法处理污水的过程包括：污染物在液相的紊流扩散、在生物膜中的扩散传递；氧从空气到液相再到生物膜内部的扩散；污染物的氧化分解；微生物的新陈代谢。影响生物膜法污水处理效果的因素有污水性质和污染物浓度、营养水平、有机负荷和水力负荷、溶解氧、pH、温度和有毒物质等因素。

生物膜中微生物种类多，有细菌、真菌、藻类、原生动物、微型后生动物。生物膜反应池中食物链长，因此产生的污泥量比活性污泥系统中产生的少。生物膜中的微生物能停留较长时间，这一点有利于硝化菌和亚硝化菌的生长繁殖，因此生物膜法的各种工艺都具有硝化功能，采取适当的运行方式时有脱氮功能。

三、厌氧生物处理法

厌氧生物处理法是在厌氧菌或兼性厌氧菌的作用下将有机污染物分解，最后产生甲烷和二氧化碳等气体，主要用于处理高浓度的有机废水和剩余活性污泥。厌氧生物处理的成本较低，不仅可以处理污染物还能回收能源，同时具有经济价值和环境价值。

1. 厌氧生物处理机理

厌氧生物处理中，污染物在多种微生物的协同作用下最终被转化为甲烷、二氧化碳、水、硫化氢和氨等。不同微生物的代谢过程是互相影响、互相制约、相辅相成的，形成复杂的微生态系统。

厌氧生物处理过程分为3个阶段：第1阶段为水解酸化阶段，在水解酶的催化作用下，将复杂的多糖类水解为单糖类、蛋白质水解为氨基酸、脂肪水解为甘油和脂肪酸；第2阶段为产酸阶段，在产酸菌的作用下将第1阶段的产物进一步分解为比较简单的乙酸、丙酸、丁酸等挥发性有机酸、醇类、醛类等，同时生成 H_2、二氧化碳和新的细胞物质；第3阶段为产甲烷阶段，在产甲烷菌的作用下将第2阶段产生的挥发酸转化成甲烷、二氧化碳和新的细胞物质。经厌氧生物处理后的污泥中所含致病菌也大大减少，臭味显著减弱，并且易于处置。

2. 厌氧生物处理特点

厌氧生物处理与好氧生物处理相比，具有如下优势：不需供氧、能耗低；最终产物为热值很高的甲烷，可用作清洁能源；特别适于处理城市污水处理厂产生的剩余污泥和高浓度有机废水。

影响厌氧生物处理的因素有：pH、温度、生物固体停留时间、搅拌和混合强度、营养物和碳氮比、有毒物质等。

四、氧化塘

氧化塘又称为稳定塘或生物塘，是利用天然或人工修整的池塘来处理污水，通过微生物代谢活动将有机物分解，即利用微生物净化能力对污水进行处理的构筑物的总称。由于污水在塘内停留的时间较长，所以所需面积比较大，并且是一种敞开式的污水处理系统。

1. 氧化塘机理（以兼性塘为例）

氧化塘中污染物的净化过程与自然水体的自净过程相似。在塘内同时进行有机物好氧分解、厌氧消化和光合作用等过程。好氧分解和厌氧消化分别以好氧细菌和厌氧细菌为主进行，光合作用主要由藻类、蓝细菌和水生植物进行。这几种作用相互协调，所以氧化塘处理废水系统其实是一种菌藻共生的生态系统。在氧化塘内对污水进行净化作用的生物有细菌、藻类、原生动物、微型后生动物、水生植物等。

当废水进入氧化塘后，其中的溶解性有机物被好氧细菌氧化分解，所需的氧可以有三个来源：大气扩散进入水体的氧、人工曝气、藻类光合作用产生的氧。细菌分解产物中的二氧化碳、氮、磷等无机物及部分小分子有机物可作为藻类的营养源。藻类在去除有机物的同时也能去除营养盐类，固定二氧化碳的同时也合成了有机物使藻类增殖。增殖的菌体和藻类可以被原生动物和微型后生动物所捕食后逐渐被氧化分解。但如果藻类大量增殖时，需要回收一部分藻类，否则会影响出水水质。

废水中的可沉淀固体和各种生物的尸体沉积于塘底，它们在产酸细菌作用下分解成低分子有机酸、醇、氨，其中部分被好氧微生物氧化分解，部分被产甲烷细菌分解产生甲烷。

氧化塘污水处理系统的优点包括：①污泥产量低，仅为活性污泥法所产生污泥量的十分之一左右，通常无需污泥处理；②基建投资低、运行费用低、处理能耗低、结构简单；③运行和维护简单方便，对水量的波动有很强的适应能力和抗冲击能力；④能有效去除污水中的有机物和病原体；⑤可实现污水资源化和污水回收、再利用，实现水循环，节省了水资源的同时又获得可观的经济收益。

氧化塘污水处理系统的缺点包括：①氧化塘的效率较低；②需要较大的面积；③氧化有机物所需的氧气来源不足时会引起氧化作用不完全，常常产生较大的臭味和滋生蚊蝇；④稳定塘的处理效果受气候的影响较大，大多数情况下氧化塘只适合在温暖的地方使用，这是因为它是一个开放系统，所以其处理效率受季节温度波动的影响很大；⑤污泥不易排出和处理利用。

2. 氧化塘类型

根据氧化塘内微生物优势群体的类型和供氧强度等，可分为好氧塘、厌氧塘、兼性塘、曝气塘四类，严格来说大多数氧化塘是兼性塘。①好氧塘是需要在有氧状态下处理污水，依靠藻类光合作用和空气复氧的氧化塘，塘深比较浅，一般为 0.15～0.5m，最深不超过 1m，污水停留时间 2～6d。②厌氧塘是在无氧状态下净化污水的氧化塘，特点是有机负荷高、以厌氧反应为主，塘深一般为 2.5～5m，污水停留时间 20～50d。③兼性塘是指上层有氧、下层缺氧的氧化塘，塘深一般为 1.0～2.0m，污水停留时间 5～20d。兼性塘是在各种类型的处理塘中最普遍采用的处理系统。④曝气塘是指人工向塘中曝气供氧，对污水进行好氧处理的氧化塘，塘深一般为 2.5～6m，污水停留时间 1～10d。曝气塘不是依靠自然净化过程为主，而是采用人工补给方式供氧，一般是在塘面上安装曝气机。曝气塘的优点是水力停留时间短、占地省、无臭味、处理程度高、耐冲击负荷较强。

五、废水的生物脱氮除磷

氮和磷是生物必需的营养物质。当水体中这些营养物质太多时会造成水体富营养化。由于氮元素被氧化成 NO_3^-、磷被氧化成 PO_4^{3-} 后仍然留在水中，常规的污水处理对氮磷的去除效果不佳。

1. 废水生物脱氮原理

亚硝化细菌和硝化细菌是革兰氏阴性的好氧菌，为化能无机营养型。反硝化细菌是能以 NO_3^- 为最终电子受体将硝酸盐还原为氮气的细菌的总称。

完成生物脱氮需要亚硝化细菌、硝化细菌、反硝化细菌的参与。生物脱氮过程主要涉及氨化作用、硝化作用和反硝化作用。氨化过程指在氨化菌作用下，有机氮被分解转化为氨态氮；硝化作用由好氧自养型微生物完成，是在有氧状态下，利用无机碳为碳源将 NH_4^+ 氧化成 NO_2^-，然后再氧化成 NO_3^- 的过程；反硝化反应是在缺氧状态下，由反硝化菌将亚硝酸盐氮、硝酸盐氮还原成气态氮的过程（图 8-2）。

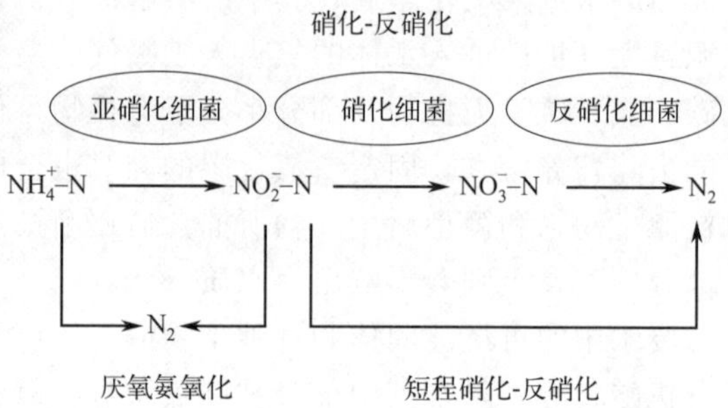

硝化-反硝化

亚硝化细菌　　硝化细菌　　反硝化细菌

$$NH_4^+\text{-}N \longrightarrow NO_2^-\text{-}N \longrightarrow NO_3^-\text{-}N \longrightarrow N_2$$

N_2

厌氧氨氧化　　　　短程硝化-反硝化

图 8-2　生物脱氮原理

2. **废水生物除磷原理**

具有聚磷能力的微生物绝大多数是细菌，简称聚磷菌，其细胞内含有异染粒和聚 β-羟基丁酸。实现聚磷的活性污泥是由好氧异养菌、厌氧异养菌和兼性厌氧菌组成的。

活性污泥法处理污水时，将活性污泥交替在厌氧和好氧状态下运行，能使过量积聚磷酸盐的聚磷菌占优势生长，使活性污泥含磷量比普通活性污泥高。污泥中聚磷菌在厌氧状态下释放磷，在好氧状态下过量地摄取磷。好氧条件下摄取的磷多于厌氧条件下释放的磷，根据此原理，在污水处理时创造厌氧、缺氧和好氧的交替条件，首先让聚磷菌在厌氧条件下释放磷，然后在好氧条件下过量地吸收磷，然后通过排放富含磷的剩余污泥，达到去除废水中磷的目的。

图 8-3　厌氧-好氧生物除磷工艺

在常规的好氧生物处理中，微生物生长只摄取了少量的磷，而大部分磷以磷酸盐的形式被排入受纳水体中。但采用厌氧-好氧交替运行时，聚磷菌积累磷的水平可比普通活性污泥提高 3～7 倍。最简单的生物除磷工艺为厌氧-好氧生物除磷工艺（见图 8-3），简称 A-O 生物除磷工艺。该工艺包括反应池和二沉池，其中反应池包括好氧区和厌氧区。反应池的进水与回流的污泥混合后先经厌氧区、再经好氧区后，进入二沉池进行固液分离，部分污泥回流到反应池的厌氧区，还有部分污泥以剩余污泥的形式排出达到生物除磷的目的。

第二节　有机固体废物的微生物处理

固体废物是指在生产、生活和其他活动中产生的，在一定时间和地点被丢弃的固体、半固体废弃物质。这些物质有的是因为丧失原有利用价值，有的虽未丧失利用价值但被抛弃或者放弃。按其组成固体废物可分为有机固体废物和无机固体废物两种。有机固体废物通常是指含水率低于 85%～90% 的可生化降解的有机废物。有机固体废物处理是指采用物理、化学和生物方法处理，减少其对环境的污染甚至变废为宝。通常采取的处理方法有：堆肥法、厌氧消化、焚烧、卫生填埋、等离子体处理、热解吸、玻璃化及其他技术。采用微生物处理时能有效利用废物中蕴含着的生物质能，处理废物的同时不仅具有重要经济意义，还有很好的生态意义并有利于可持续发展。

有机固体废物的微生物处理是利用微生物将废物中可降解的有机污染物分解利用的技术，使之稳定化、无害化、减量化和资源化。近年来，国内大力提倡将有机固体废物资源化，通过堆肥、厌氧消化等发酵技术，将有机固体废物转化为有机肥、沼气等能源。

一、堆肥法

堆肥法是在人工控制的条件下，依靠自然界中广泛存在的细菌、放线菌和真菌等微生物对固体废物中的有机物进行代谢分解，促进可生物降解的有机物转化为稳定的腐殖质，并在高温下进行无害化处理。该方法的产品称为堆肥。

根据微生物生长的环境可以将堆肥法分为好氧堆肥和厌氧堆肥两种。最早使用的堆肥工艺多为厌氧堆肥法，周期一般需要 4～6 个月，所以占地面积大，容易产生恶臭并污染环境，其工艺条件也较难控制。为了提高效率，节省用地，可将发酵产生的渗出液抽出后再返回原发酵场并通入空气进行好氧发酵，这样可以缩短腐熟时间。目前通常所说的堆肥法一般是指好氧堆肥。

好氧堆肥是在通气条件好、氧气充足条件下，利用好氧菌对有机固体废物进行氧化分解的过程，将有机物转化为简单而稳定的腐殖质，并释放大量的热量。在这期间微生物把一部分有机物转化并合成自身细胞物质进行生长繁殖。

1. 好氧堆肥过程

好氧堆肥过程中有机物氧化分解的总关系式可以用下式表示：

$$C_s H_t N_u O_v \cdot a H_2O + b O_2 \longrightarrow C_w H_x N_y O_z \cdot c H_2O + e H_2O + f CO_2 + g NH_3 + 能量$$

$$(8-1)$$

通常情况下，堆肥产品 $C_w H_x N_y O_z \cdot c H_2O$ 是堆肥原料 $C_s H_t N_u O_v \cdot a H_2O$ 的 30%～50%。在堆肥过程中，有机物被分解，达到了减量化的效果。一般情况下，w、x、y、z 的数值范围为：$w=5\sim10$，$x=7\sim17$，$y=1$，$z=2\sim8$。

好氧堆肥中，从有机废物到腐熟的整个过程比较复杂，可以分为 4 个阶段：①适应阶段：堆肥一开始时微生物适应新环境的过程，也称为驯化过程。微生物处于停滞期。②中温阶段：嗜温细菌、酵母菌、放线菌等微生物利用有机废物中容易分解的物质进行生长繁殖，如利用淀粉、蛋白质、糖类等获得营养物，并释放热量，堆肥温度不断升高。③高温阶段：随着温度不断升高到 50℃，进入高温阶段。嗜热微生物逐渐代替嗜温微生物的活动，堆肥中残留有机物和新形成的可溶性有机物被继续分解转化，其中复杂的有机化合物如半纤维素、纤维素和蛋白质等也在该阶段被分解。在堆温为 55～60℃时维持 5～7d，可把致病菌和虫卵杀死。温度上升到 70℃，继续由嗜热的细菌和放线菌分解纤维素和半纤维素。温度若继续上升，将导致微生物大量死亡或进入休眠状态。④腐熟阶段：当高温持续一段时间后，易分解的有机物已大部分分解，只剩下部分难分解的有机物和新形成的腐殖质。这时微生物活性下降，温度也不断下降。此阶段嗜温微生物又占优势，并对残余的有机物进一步分解，形成的腐殖质不断增加并稳定化。

2. 好氧堆肥的影响因素

(1) 供氧量

保证一定的通风条件，提供充足的氧气是保障好氧堆肥过程正常运行的基本条件。通常需要的通气量为 $0.05 \sim 0.2 \text{m}^3/(\text{min} \cdot \text{m}^3)$，良好的通风条件还可以调节堆温和堆内水分含量，避免温度过高，但在堆肥后期需要考虑通风量对含水率的影响。

(2) 碳氮比和碳磷比

堆肥原料中营养物质的含量会影响微生物对有机固体废物的分解。碳是堆肥反应的碳源和能源，并且是发酵过程中的动力和热源；氮和磷是微生物的必需营养物，可用于合成微生物细胞。一般要求碳氮比为（25～30）：1，如果碳氮比值过小，容易引起菌体衰老和自溶，并且造成氮源浪费；如果碳氮比值过高，容易引起杂菌感染，并造成碳源浪费，结果导致堆肥成品的碳氮比值也过高，在施入土壤后会使土壤进入氮饥饿状态。可在有机固体废物中掺杂一些牲畜粪尿、城市污泥等来调节碳氮比。磷是磷酸和细胞核的重要组成元素，并且是生物能 ATP 的重要组成部分，所以磷对微生物的生长很重要。一般要求堆肥原料的碳磷比为（75～150）：1。如果碳磷比太高，可以在原料中再添加一些城市污泥来补充磷的含量，但要考虑污泥中病原菌和重金属的负面影响。

(3) 含水率

一般情况下含水率需保持在 $50\% \sim 60\%$。适量的水分是维持微生物生长代谢活动的基本条件，含水率会影响发酵速率和腐熟程度，是影响好氧堆肥成败的关键因素之一。当含水率小于 50% 时，会使微生物的活性下降，堆肥温度也会随之下降并且可能达不到堆肥所需温度；当含水率小于 20% 时，微生物的活动基本就会停止，进入休眠状态。但如果含水率超过 70%，容易造成厌氧状态，通风效果差、不利于好氧微生物生长，并且堆肥温度也难以上升，有机物的分解速率也会降低。

(4) 温度

嗜温菌发酵的最适温度为 $30 \sim 40℃$，而嗜热菌发酵的最适温度为 $55 \sim 60℃$，维持 5～7d 能达到卫生无害化。投加高温菌助发酵时可使发酵温度达到 $75℃$ 左右，杀灭致病菌效果好。

(5) pH

pH 是影响微生物生长的一个重要因素。pH 在 7.5～8.5 之间，可获得较好的堆肥效果。通常在堆肥过程中不需要额外添加中和剂，发酵过程中微生物的自我调节能力可使 pH 稳定在可以使好氧分解正常进行的酸碱水平范围。

(6) 颗粒度

堆肥场中废物颗粒度的大小会影响通风效果和氧气的供应。废物颗粒度的选择与有机固体废物物料的特性有关，如果堆肥物质比较坚固不易挤压，则粒径可以小一些，否则粒径应该大一些。当粒径过小时会在局部形成厌氧环境；但如果废物粒径过大，在降解过程中会造成堆体坍塌，并影响升温。一般情况下，餐厨垃圾好氧堆肥的粒径为 5～10mm，秸秆等调理剂适宜破碎为 10～50mm。

3. 好氧堆肥工艺

通常，好氧堆肥流程包括前处理、主发酵、后发酵、后处理、脱臭等工序。①前处理：

前处理也称为预处理，包括分选、破碎、筛分和混合等工序。前处理中需去除大块的和非堆肥化物料的成分如石块、金属物等；需调节含水量和碳氮比、碳磷比和颗粒度；有时候还需要添加菌种和酶制剂。②主发酵：主发酵可以在发酵仓内进行也可以露天进行。需要进行强制通风或翻堆搅拌来供给氧气，发酵初期物质的分解作用主要是由嗜温菌进行的，随着堆温的上升，嗜温菌被嗜热菌代替，在 $60\sim70℃$ 或更高温度下能够进行分解，然后进入降温阶段。通常温度升高到一定高度维持一段时间开始降温的阶段，称为主发酵。③后发酵：后发酵是对经前面主发酵后尚未分解的有机物进行的进一步分解，使之生成腐殖酸、氨基酸等比较稳定的有机物，得到腐熟的堆肥制品。后发酵阶段也需要进行翻堆或通气。④后处理：经过主发酵和后发酵后，大部分有机物得到稳定化和减量化。但其中可能还含有一些杂物（例如玻璃、塑料、金属、石块等）需要经分选工序去除。⑤脱臭：在堆肥化过程中，微生物在分解有机物时会产生一些有臭味的物质如氨、硫化氢、甲基硫醇、胺类等，需要进行脱臭处理。可以采用化学除臭剂处理、碱水和水溶液过滤、熟堆肥或活性炭等吸附剂吸附等方法，其中采用熟堆肥吸附方法是经济实用的生物除臭法。

好氧堆肥工艺有静态堆肥工艺、高温动态二次堆肥工艺、立仓式堆肥工艺和滚筒式堆肥工艺。①静态堆肥工艺：条状堆肥是静态堆肥工艺的一种典型方式。具有工艺简单、设备少、处理成本低的优点。但是发酵周期比较长，通常需要 50d 左右。其操作条件比较差，通常需要每隔一定时间进行一次翻堆，翻堆的时候需要喷洒适量水分以补充蒸发散失掉的水分。②高温动态二次堆肥工艺：分两个阶段，第一阶段为动态发酵，大概需要一周时间。需要进行机械搅拌，并通入足够的空气，加强好氧菌的活性，该阶段温度高，有机物得到快速分解。第二阶段是对上述的发酵半成品进行静态二次发酵，污染物得到进一步分解稳定，经 $20\sim25d$ 后完全腐熟。③立仓式堆肥工艺：经分选、破碎后的有机固体废物被输送到立式发酵仓的仓顶第一格；每一格都需通入空气，并从顶部补充适量水分以保持合适的含水率；受重力和栅板的控制，然后逐日下降一格，一周后降至最底部，把出料运输到二次发酵车间进一步进行发酵使之腐熟稳定。该方法发酵快，升温快，1d 内温度升到 $50℃$ 以上，在 $70℃$ 时维持 3d，之后温度逐渐下降。该工艺的优点是占地小，有机固体废物分解彻底，运行费用低；缺点是水分不易分布均匀。④滚筒式堆肥工艺：将滚筒横卧稍微倾斜安放。经分选、粉碎的有机固体废物被送入滚筒，滚筒在旋转时有机固体废物向尾部移动，该过程中完成有机物的生物降解、升温和杀菌等过程，大约 $5\sim7d$ 后出料。该方法优点是处理量大，缺点是管理不善时产生的渗滤液会污染土壤和地下水。

国内外研制了小型化有机垃圾微生物处理装置，日处理量仅为 0.1t、0.2t、0.5t 等规格，是一种利用高效分解性能微生物菌种的全自动好氧处理装置。一般分为两部分：第一部分由好氧微生物和兼性好氧微生物（经筛选培育的多种高效微生物）分解各种有机物；第二部分是高温燃烧除臭装置。整个工艺历时 24h 可完成有机固体废物发酵和稳定化的过程。

二、厌氧消化

厌氧消化处理是指在厌氧状态下利用厌氧微生物将有机固体废物中的有机物转化为甲烷和二氧化碳的过程。厌氧消化可以使废物中的有机物分解并使之稳定化。厌氧消化一般可以分为水解阶段、产酸阶段和产甲烷阶段三个阶段。

厌氧消化最显著的一个特点是有机物在无氧条件下被微生物分解时，最终转化成 CH_4

和 CO_2。厌氧消化的影响因素：①原料配比：厌氧消化原料的碳氮比以（20～30）:1 为宜。②温度：温度是影响厌氧消化产气量的主要因素，温度过低，厌氧消化的速率低，产气量低，不易达到卫生要求的杀灭病原菌的目的；温度过高，微生物处于休眠状态，不利于消化，一般控制在 35℃左右（中温消化）或 55℃左右（高温消化）。③pH：系统的 pH 控制在 6.5～7.5 之间，最佳范围为 7.0～7.2，为提高系统对 pH 的缓冲能力，需要维持一定的碱度，可通过投加石灰或含氮物料的办法进行调节。④促进剂和抑制物：在发酵原料中添加少量的硫酸锌、磷矿粉、炉灰、钾、钠、镁、锌、磷等物质有助于促进厌氧发酵。但有些化学物质的存在可能抑制发酵微生物的生命活力，例如当原料中含氮化合物（蛋白质、氨基酸、尿素等）过多会被分解成铵盐，抑制甲烷发酵。原料中如果铜、锌、铬等重金属和氰化物含量过高时，也会不同程度地抑制厌氧消化。⑤接种量：厌氧消化中接种的细菌数量和种群会影响厌氧消化效果。添加接种物可有效提高消化处理能力，加快有机物的分解速率，开始发酵时，一般要求接种量达到料液量的 5% 以上。⑥搅拌：一定强度的搅拌可以使消化原料分布均匀，能增加微生物和消化原料的接触并可防止局部出现酸度的积累，可以及时排出抑制厌氧菌活动的气体，提高厌氧消化效果，增加产气量。

厌氧消化工艺类型有很多，按消化温度可分为高温厌氧消化和自然温度厌氧消化两大类。①高温厌氧消化最佳温度范围是 47～55℃，有机物分解快，物料在厌氧池内停留时间短，适用于对城市垃圾和有机污泥进行处理。高温厌氧消化的程序包括：高温厌氧消化菌的培养、筛选，逐步扩大培养可作为接种用的菌种；高温的维持；原料投入与排出。在高温厌氧消化工程中，需要连续投入原料和排出消化液；需要对消化物料进行搅拌，使物料均匀，消除蒸汽管区域的高温状态并使整个消化池内温度保持均一。②自然温度厌氧消化是指在自然温度下进行厌氧消化，不需加热。该工艺的消化温度不受人为控制，基本是随气温变化而变化的，通常夏天效果好而冬天产气率低。自然温度厌氧消化的优点是消化池结构简单，成本低、施工容易。

第三节 废气的微生物处理

一、废气处理方法

废气是指人类在生产和生活中排出的有毒有害气体。废气如果未经处理达标就排入大气，会严重影响大气质量，并影响人类和动植物的健康。有些有毒废气还有致残、致畸、致癌作用，对长期暴露其中的生物造成严重伤害。

废气中含有的污染物种类很多，其性质和毒性也不同，需采取合适的方法进行处理。废气的处理方法有物理方法、化学方法和生物方法。其中生物方法是经济有效的一类方法，包括植物净化法和微生物净化法。植物净化法是利用植物吸收、转化大气中的污染物，包括吸收二氧化碳和水进行光合作用并放出氧气，达到清洁空气的作用。

微生物净化法是利用微生物的生物化学作用，将大气污染物分解、转化为无害或少害物质的技术。废气的微生物处理过程包括三个步骤：①污染物由气相转入液相或固相表面的液膜中，大气污染物溶于水以便被微生物所利用；②溶解于液相的污染物进一步扩散到介质周围的生物膜，进而被微生物吸收；③进入微生物体内的污染物在其代谢过程中被分解，经生物化学反应被转化成无害的化合物。

微生物处理技术具有工艺设备简单、运行费用低、能耗少、效果好、无二次污染等优点。但由于大多数特定场合产生的废气组分比较单一，不能满足微生物生长繁殖需要的所有营养要求，所以废气生物处理时需要添加适当的营养物质。利用微生物净化气态污染物的装置有生物吸收池、生物洗涤池、生物滴滤池和生物过滤池。其中生物过滤池应用较多，技术比较成熟。

废气生物处理主要适用于去除异味气体和较低 VOCs 浓度的废气。通常情况下要求：总有机碳小于 1000mg/L，气体流量小于 $50000m^3/h$，气流均匀且连续，废气温度一般小于 40℃。

二、几种典型废气的微生物处理方法

1. 废气中 CO_2、CH_4 和 NH_3 净化

单纯含 NH_3 和单纯含 CO_2 的废气可合并处理，并需调节两者的比例，然后用硝化细菌处理。首先将 NH_3 溶于水形成 NH_4^+，通入生物滴滤池；同时按亚硝化细菌和硝化细菌要求的碳氮比通入 CO_2 和无机营养盐，并通入空气，运行生物处理。亚硝化细菌和硝化细菌将 NH_4^+ 氧化成 NO_2^- 和 NO_3^-，并同化 CO_2 合成细胞物质。当处理 CH_4 和 NH_3 时，先将其溶于水，然后利用甲烷氧化菌、亚硝化细菌和硝化细菌对其进行协同处理。

为了净化大气中 CO_2，除了需大力加强绿化、保护森林外，还可以通过筛选对人类无害又有经济价值的藻类来同化 CO_2。影响藻类净化处理 CO_2 最主要的因素是阳光。必须保证一定的光照强度和光照均匀度。藻类种类很多，可以开发一些藻类资源，在利用大气中 CO_2 的同时合成有经济价值的产品。

2. 废气中挥发性有机污染物的生物处理

废气中挥发性有机污染物包括苯及其衍生物、酚及其衍生物、醇类、醛类、酮类和脂肪酸等。

在处理各种废气时，要根据不同废气的组成和特性，选择合适的处理工艺和设备，发挥不同微生物对各种挥发性气体的分解能力，调节工艺参数以取得良好的处理效果。生物过滤池工艺对异味气体和易溶解性有机气体去除效率较高，而生物洗涤池能够用于生物降解性较差的 VOCs 废气处理。

通常采用生物过滤池来处理挥发性有机污染物。生物过滤池的工艺流程包括：先对废气进行除尘，调节负荷、温度和湿度，然后通入生物过滤池进行生物处理。生物过滤池工艺要求废气组分易溶于水，易生物降解。其净化的基本原理是：首先挥发性有机污染物进入带有液体吸收剂的生物处理器；在该生物处理器中，通过废气污染物在气、液相之间的浓度差使其从气相转移到液相，以便被微生物吸附；然后通过微生物的代谢作用，被分解、转化为生物质和无机物。可降解挥发性有机污染物的微生物有细菌、放线菌、真菌。通常需要运行的条件为：温度为 25~35℃，湿度为 40%~60%（有时需控制在 95% 以上），水相 pH 为 7~8（当用于处理 H_2S 的微生物主要是嗜酸性硫杆菌属时，pH 为 2.5~3.5），营养物比例 C：

N∶P＝200∶10∶1（有的按 C∶N∶P＝100∶5∶1）。

1. 什么是好氧活性污泥法，其机理是什么？
2. 简述生物膜的净化机理。
3. 菌胶团、原生动物和微型后生动物在污水生物处理过程中有什么作用？
4. 何为氧化塘？氧化塘有哪几种类型？分别由哪些类型微生物组成？
5. 何为堆肥？有机固体废物进行好氧堆肥时有哪些影响因素？
6. 有机固体废物进行厌氧消化时有哪些影响因素？
7. 简述废气的微生物处理方法。
8. 生物膜法与活性污泥法相比，有什么优点？
9. 氧化塘的作用机理是什么？实际应用中有什么优点和缺点？
10. 简述废水脱氮除磷原理。
11. 好氧生物膜中微生物存在状态与活性污泥法中的有何异同？

第九章
微生物学技术在环境工程中的应用

第一节　固定化酶和固定化微生物

　　酶是由活细胞产生的、能在生物体内或体外起催化作用的一类具有活性中心和特殊构象的生物大分子，包括蛋白质类酶和核酸类酶。酶是一类极为重要的生物催化剂，没有酶的参与，任何生命活动都不能进行。有的酶溶解于细胞质中，或是与各种膜结构结合在一起，或是位于细胞内其他结构的特定位置上（是细胞的一种产物），只有在被需要时才被激活，这些酶统称为胞内酶；另外，还有一些在细胞内合成后再分泌至细胞外的酶，即细胞内合成而在细胞外起作用的酶，这类酶称为胞外酶。但酶对环境条件十分敏感，许多物理因素、化学因素、生物因素均有可能使酶丧失活性。另外酶在使用后很难被分离、回收和纯化，不仅造成浪费还有可能污染了产品，这些因素使酶的使用受到限制。而固定化酶可以克服这些缺点，固定化酶不仅具有酶的催化活性，还具有能回收、可重复利用的特点，并且可以实现连续化生产和自动化生产，便于运输和贮存，具有节能环保的优点。

一、酶制剂及其类型

　　酶制剂是指从生物中提取的具有酶特性的一类物质。酶制剂来源于生物，比较安全，可按生产需要适量使用。酶制剂可应用于轻工、食品、化工、医药、农业以及能源、环境保护等领域。酶可加工为不同纯度和剂型（包括固定化酶和固定化细胞）的酶制剂。动植物和微生物产生的许多酶都能制成酶制剂。尤其是微生物产生的酶，不仅具有规模化的特点，还具有产率高、质量稳定、应用范围广的优点。

酶制剂生产菌种应符合如下条件：①要不断进行选育；②尽量生产胞外酶；③要有稳定的菌种特性；④工业原料要便宜；⑤不产生干扰生产或影响产品的副产物（如胶状物、色素等）；⑥不能使用产毒素的菌种和它们的近缘种。

酶制剂类型包括：①干燥粗酶制剂，用麸曲或深层的培养液与淀粉等惰性填料混合、干燥后制成粗酶。②稀液体酶制剂，将培养液过滤除去菌体后添加稳定剂和防腐剂制备的酶制剂。③浓液体酶制剂，将培养液过滤除去菌体并浓缩后，再加稳定剂和防腐剂制备的酶制剂。④干燥粉状酶制剂，将培养液过滤除去菌体后进行浓缩，然后进行喷雾干燥、研磨、添加稳定剂和惰性材料，制成产品；或将培养液过滤除去菌体后进行硫酸铵盐析或乙醇沉淀，然后进行干燥、研磨、添加稳定剂和惰性材料，制成产品。⑤结晶酶，指经过高度纯化而结晶的固体酶制剂。⑥固定化酶，将酶固定于不溶性载体上或把酶包埋在其中，制成不溶于水的固态酶，可使用较长时间。

二、固定化酶和固定化微生物

1. 固定化酶

固定化酶是指把从筛选、培育获得的优良菌种中提取的活性极高的酶固定在载体上，目的是采用固体材料将酶进行束缚或限制于一定区域内，制成不溶于水的固态酶，但仍能保持其特有的催化反应并可回收及重复利用。

通常游离性酶催化反应都需要在水溶液中进行，而固定化酶可以克服这个缺点。固定化酶在保持高效、专一、温和的酶催化反应特性的同时，还具有贮存稳定性高、容易分离回收、可多次重复使用、可连续操作、可控性高、可自动化、工艺简便等一系列优点。不仅可以节省资源与能源，还具有减少或防治污染的生态环境效应。

2. 固定化微生物

将酶活力强的微生物固定在载体上，称为固定化微生物。固定化微生物的方法与固定化酶相同。

从广义上来说，微生物本身就是包含多酶体系的固定化载体。固定化微生物技术是将特选的微生物固定在选定的载体上，使其高度密集并保持其生物活性，在适宜条件下固定微生物能够快速、大量增殖的生物技术。这种技术可应用于污水处理，并有利于提高生物反应器内微生物的浓度，有利于提高微生物对不利环境的抵抗力，反应后的固液分离效率高，并可缩短生物处理所需的时间。

3. 固定方法

（1）载体结合法

载体结合法是以共价结合、离子结合、物理吸附等方法，将酶或微生物细胞直接固定在非水溶性载体上的方法。该方法操作简单，对微生物活力影响小，但可结合的微生物数量有限，反应稳定性和反复使用性也较差。

可用的载体有活性炭、葡聚糖、琼脂糖、硅胶、多孔玻璃珠、硅藻土、多孔陶瓷和氧化铝等。根据结合时化学键的不同，可分为共价键法和表面吸附法。

共价键法是将酶蛋白的非必需基团通过共价键和载体形成不可逆的连接。在温和的条件下能偶联的蛋白质基团包括：氨基、羧基、半胱氨酸的巯基、组氨酸的咪唑基、酪氨酸的酚基、丝氨酸和苏氨酸的羟基。但参加和载体共价结合的基团，不能是酶活性中心所必需的基团。共价键法的优点是结合牢固，但操作复杂，反应条件不易控制。

表面吸附法是通过静电引力将微生物细胞固定在载体上的方法。常用的载体为高岭土、硅藻土、活性炭等多孔性物质。表面吸附法的优点是操作简便易行，但容易受周围环境的影响。

（2）交联法

交联法指酶与含两个或两个以上功能团的试剂反应，依靠双功能团试剂使酶分子之间发生交联凝集成网状结构，形成共价键来固定细胞。常采用的双功能团试剂有戊二醛、顺丁烯二酸酐、双重氮联苯胺等。酶蛋白的游离氨基、酚基、咪唑基及巯基均可参与交联反应。该法的缺点是制备麻烦，酶活力损失较大。

（3）包埋法

包埋法包括把酶包埋在高聚物的细微凝胶网的各种格子型包埋法，或用半透性的聚合物膜包围酶而形成的微胶囊型包埋法。该方法简单，适用于对各种类型酶的固定。

格子型的包埋材料有聚丙烯酰胺、海藻酸钠凝胶、聚乙烯醇、琼脂、硅胶等。微胶囊型的包埋材料有尼龙、乙基纤维素和硝酸纤维素。

包埋法制备固定化酶除了可以包埋水溶性酶外，还可以包埋细胞制成固定化细胞。最适合采用的微生物细胞固定法为凝聚包埋法，即将微生物细胞包裹在聚丙烯酰胺凝胶等高分子凝胶中。

（4）逆胶束酶反应系统

逆胶束是表面活性剂等两性分子在有机溶剂中自发形成的聚集体。表面活性剂疏水的非极性尾部指向有机溶剂，亲水的极性头部指向聚集体内部，形成极性核，水分子插入核内，酶分子溶于逆胶束中，组成逆胶束酶反应系统。

酶经过固定化后，比较能耐受温度及 pH 的变化，最适 pH 往往稍有移位，但对底物专一性没有任何改变，实际使用效率可提高几十倍甚至几百倍。

4. 固定化酶的形式

固定化酶的形式有很多种：制成机械性能好的颗粒然后装成酶柱，可以用于连续生产；或在反应器中进行批式搅拌反应；也可制成酶膜、酶管等应用于分析化学和污水处理；可制成微胶囊酶，作为治疗酶已应用于临床。

固定化酶可用于生物传感器中，将酶膜与电、光、热等敏感的元件组合成装置，可应用于测定有机化合物、发酵自动控制中信息的传递、进行环境中有害物质的检测等。

第二节　微生物絮凝剂和生物表面活性剂

一、微生物絮凝剂

微生物絮凝剂是微生物或其分泌物产生的具有良好的絮凝作用和沉淀效果的代谢产物，

主要成分为糖蛋白、黏多糖、蛋白质、纤维素、核酸等大分子化合物。具有产生絮凝剂能力的微生物称为絮凝剂产生菌。能产生微生物絮凝剂的微生物种类很多，其中在细菌中发现的最多，另外霉菌、放线菌、酵母菌甚至某些原生动物中也发现能产生具有絮凝作用物质的一些种类，这些微生物大量存在于土壤、活性污泥和沉积物中。

微生物絮凝剂是一种高效水处理剂，可广泛应用于给水处理、污水的处理、医药、食品加工、生物产品分离等领域，具有可生物分解性、安全性、无毒、无二次污染、经济、适用范围广等优点。

微生物絮凝剂主要包括利用微生物细胞壁提取物的絮凝剂、利用微生物代谢产物产生的絮凝剂、直接利用微生物细胞形成的絮凝剂和利用克隆技术所获得的絮凝剂。微生物絮凝剂是带电荷的生物大分子，其絮凝机理包括吸附架桥作用、电中和作用和卷扫作用。微生物絮凝剂的形成是与微生物的代谢活性有关的。通常认为，微生物在其对数生长期的中后期释放絮凝剂，随着培养时间的延长到了静止期后期时，微生物不再产生新的絮凝物质甚至出现解絮凝酶导致絮凝性能下降，因此应该在细菌静止期的初期收获微生物絮凝剂。

微生物絮凝剂的生产与其培养条件、絮凝剂的分离提纯两个方面有关。微生物产生菌的培养条件包括培养基的组成、初始 pH、温度、溶解氧和培养时间等。微生物絮凝剂的分离提纯方法一般采用溶剂萃取：①以离心法除去菌体，然后把乙醇、丙酮或硫酸铵加到发酵液中，使絮凝剂沉淀析出，获得絮凝剂粗品；②加缓冲溶液使絮凝剂粗品溶解，然后采用离子交换或凝胶吸附、过滤等方法对絮凝剂进行纯化；③最后进行真空干燥，获得絮凝剂纯品。还可以采用碱萃取或凝胶电泳分离提纯。微生物絮凝剂的絮凝范围广、絮凝活性高，一般不会受离子强度、pH 值及温度的影响，可广泛应用于污水处理和工业废水处理中。微生物絮凝剂具有高效、安全、不污染环境的优点，还可广泛应用于医药、食品加工、生物产品分离等领域。例如微生物絮凝剂可应用于高浓度有机废水的处理、染料废水的脱色、乳化液油水分离、活性污泥的处理（消除污泥膨胀）和富集重金属等。

二、生物表面活性剂

生物表面活性剂是指利用微生物或酶进行生物合成的具有一定表面活性的物质，如糖脂类、多糖脂、脂肽或中性类脂衍生物等。生物表面活性剂的分子量小，分子结构主要由疏油亲水的极性基团和疏水亲油的碳氢链组成的非极性基团两部分组成。疏油亲水的极性基团有单糖、聚糖、磷酸基、多羟基基团等；非极性基团有饱和或非饱和的脂肪醇及脂肪酸等。同一般表面活性剂一样，生物表面活性剂也具有增溶、乳化、润湿、发泡、分散、降低表面张力等性能。与通过化学合成或石油炼制法生产的普通表面活性剂相比，生物表面活性剂还具有无毒、可生物降解、适用范围广、适用于极端条件、生态安全以及高表面活性等优点。生物表面活性剂是一种可降解的表面活性剂。除了在石油领域具有广阔的应用前景外，生物表面活性剂还可应用于环保、医药、食品、化妆品、日用化工、家居护理、农业、饲料和水果保鲜等领域。

作为生物表面活性剂，必须具备以下条件：①生物来源：生物表面活性剂是指微生物来源的表面活性剂，而不是用化学合成方法制得的产品；②天然原料：生物表面活性剂一般采用糖或植物油等植物来源的天然原料作为主要碳源，不仅安全易得，成本还相对较低；③"绿色"工艺：生物表面活性剂采用发酵和物理方法提取。

几乎所有生物表面活性剂都可以由发酵法获得。发酵法生产生物表面活性剂的方法可以划分为四种。①生长细胞法：底物消耗、细胞生长、生成表面活性剂三者同时进行，优点是操作简单、转化率高，缺点是易发生杂菌污染；②代谢调控法：通过限制一种或几种培养基的成分以便调控代谢获得较高产率，一般是限制氮源成分；③休止细胞法：采用离心方法将正在培养的处于生长稳定期的细胞分离出来，然后将细胞悬浮在缓冲液中，再加入底物进行转化；④加入前体法：通过加适量的表面活性剂前体到培养基中，以提高微生物分解产物的产率。

第三节　环境微生物监测

环境监测包括化学分析、物理测定和生物监测三个部分。生物监测利用生物个体、种群或群落对环境污染或变化所产生的反应来判断环境污染状况，是从生物学角度为环境质量的监测和评价提供依据，即利用生物对环境中污染物质的敏感性来判断环境污染程度的一种手段，可用来补充物理、化学分析方法的不足。生物监测具有长期性、综合性、直观性和灵敏性的优点。长期性是指生物监测全程记录了生物在整个生活时期中受环境因素影响的改变情况，可以反映当地环境变化；综合性是指生物监测能综合反映环境中诸因素、多成分对生物有机体综合作用的结果；直观性是指生物监测可以直接把污染物与其毒性联系起来；灵敏性是指某些情况下生物监测比精密仪器监测更灵敏，能够及时发现环境污染状况。但生物监测的定量化程度不够高。

微生物监测是生物监测的重要组成部分。微生物与环境息息相关，微生物的种群、数量及遗传特征能反映出环境状况，通过分离纯化、生理生化鉴定、毒理学测定及生态学分析等生物技术可检测出环境中特定的微生物种类及生长状况，进一步判断环境是否被污染、是否存在有毒物质、是否有致病菌存在，以便尽快采取相应措施进行预防或消除环境中的不良因素。

一、空气中微生物的检测

评价空气的清洁程度，需要测定空气中的微生物数量，测定的细菌指标为细菌总数和绿色链球菌。空气污染的指示菌为咽喉正常菌丛中的绿色链球菌。

检测空气中微生物的数量时，需要采用特殊的采样器装置，将采得的空气样品经培养后进行计数。影响空气微生物计数的因素很多，包括空气中微生物的捕获方法、捕获过程、培养基的选择等。

测定空气中微生物数量时可以用固体培养基和液体培养基。采用固体培养基时可以采用自然沉降法、撞击法。我国《室内空气中细菌总数卫生标准》规定，室内空气细菌的卫生标准规定沉降法的细菌总数≤45CFU/皿，撞击法的细菌总数≤4000CFU/m^3。

（1）自然沉降法

自然沉降法也称为平皿落菌法，是在重力的作用下空气中携带微生物的悬浮颗粒沉降到面积为100cm^{2}的营养琼脂培养基平皿上，经37℃培养48h后进行菌落计数的方法。

由于自然沉降法受气流、风力、气溶胶粒度分布等因素影响，设置采样点时，应根据现场大小，选择有代表性的位置设置采样点。通常最少设置 5 个采样点，采样高度为 1.2～1.5m，采样点远离墙壁 1m 以上，并需要避开空调、门窗等空气流通处。

自然沉降法的步骤为：①首先制备营养琼脂平板，灭菌备用，将平板放在室内的待测点；②打开平板皿盖使空气中微生物降落在平板培养基表面，暴露于空气中 5～10min 后盖好皿盖；③置于培养箱 37℃培养 48h；④取出平板进行菌落计数。可以通过奥梅梁斯基公式（简称奥氏公式），把平板菌落数换算成室内的浮游细菌数，根据奥氏公式，5min 内降落到面积为 100cm² 的培养基表面上的菌落数与浮游于 10L 空气中的细菌数是相同的。奥氏公式为式 9-1。

$$C = \frac{1000 \times N \times 5}{10 \times t \times (A/100)} = \frac{50000N}{t \times N} \tag{9-1}$$

式中，C 为单位体积空气中浮游细菌数，个/m³；A 为捕集面积即平皿面积，cm²；t 为暴露时间，min；N 为经培养后平板上生长的菌落平均数，个。

用奥氏公式计算的浮游细菌数小于实测的浮游细菌数。因为该方法没有考虑气流情况和室内人员情况等因素对实验结果的影响。

一些悬浮在空气中携带细菌的微小颗粒，在短时间内不容易降落在平板培养基表面，因而无法进行准确定量测定，但该检测方法简便、易测，可以用于对比不同条件下空气所含微生物数量。

（2）撞击法

撞击法是采用撞击式空气微生物采样器，在抽气动力作用下，抽吸一定量的空气快速撞击到营养琼脂培养基表面一定时间，然后将平板取出置于 37℃培养箱内培养，48h 后取出进行菌落计数。根据空气中微生物的数量多少来调节平板转动的速度，当空气中含菌量比较低时，减慢平板转动速度。然后根据采样时间、空气流量，换算出单位体积空气中的含菌量。

（3）液体法

液体法主要用来测定单位体积空间内空气中浮游的微生物（主要是浮游细菌）。

首先将一定体积的含菌空气通入一定体积的无菌蒸馏水中，并使微生物均匀分布，制备菌液；然后取一定量的菌液（可根据实际情况进行适当稀释）涂布于无菌营养琼脂平板上，置于 37℃恒温培养箱培养，48h 后取出平板进行菌落计数；最后根据所取菌液体积、稀释倍数和通入的空气体积换算出单位体积空气中的细菌数。

（4）过滤法

过滤法是指在负压下通过抽滤使空气通过灭菌的微孔滤膜，空气中细菌被截留在滤膜上后，用无菌镊子把滤膜转移贴合到无菌营养琼脂培养基上，置于 37℃培养箱内培养 48h，取出进行平板菌落计数，测定空气中细菌的数量。

过滤式空气采样器由采样头、流量计和抽气机组成。采样头的底部滤料上放置无菌滤膜。在抽气泵作用下将空气吸入，使空气通过采样头，微生物被阻留在无菌滤膜上。测定前需要将采样头进行灭菌处理。

二、水体中微生物检测

1. 细菌总数检测

细菌总数是指 1mL 水样中所含菌落的总数。采用稀释平板计数法，将原样或稀释后的水样置于营养琼脂培养基上，37℃培养箱内培养24h，然后进行菌落计数并乘以稀释倍数即得1mL水样中所含的细菌菌落总数。该方法反映的是水样中活菌的数量。所测得水中菌落数越大，表示水体受有机物或粪便污染越严重，但不能说明污染物来源和是否存在病原菌。

细菌总数指标具有相对的卫生学意义，《生活饮用水卫生标准》规定生活饮用水每毫升水样细菌总数不得超过100个。细菌总数只是一个相对指标。某一种培养基和培养条件很难满足水样中所有细菌的需要，所以测得的细菌总数并不是水样中的实际细菌总数。

2. 大肠菌群检测

直接检测污水中的病原菌不仅操作繁琐、检测困难，而且即使在检测结果显示阴性时也不能保证水样中不含致病菌。在水质卫生检测中，通常采用易检出的肠道细菌作为指示菌。当水样中检出指示菌时，即可认为水体被粪便污染并有可能存在致病菌。

作为粪便污染指示菌，应满足如下的条件：①该菌在人粪中数量多，但不存在于未被人粪污染的水体中，并且很容易从被人粪污染水体中检出；②该菌在水体中不会自行繁殖；③该菌在水体中存活时间长，并且对氯与臭氧等消毒剂等不利因素的抵抗力强于致病菌；④该菌的检测方法简捷。

在卫生细菌学检验中，大肠菌群、粪链球菌和产气荚膜梭菌常用作粪便污染指示菌。其中大肠菌群在粪便中的数量较多，随粪便排出到水体中后存活时间与肠道病原菌大致相同，检验方法简单易行，比较适合作为粪便污染的指示菌。

大肠菌群是指一群好氧及兼性厌氧的革兰氏阴性无芽孢杆菌，在37℃下培养24h后能使乳糖发酵产酸产气。为了排除自然环境中原有大肠菌群的干扰，在检测中可将培养温度提高为44℃，能在44℃生长并能发酵乳糖产酸产气的大肠菌群主要来自粪便，称为粪大肠菌群，而把能在37℃生长并能发酵乳糖产酸产气的大肠菌群称为总大肠菌群。在水质卫生学检查中，总大肠菌群指数是指100mL水样中所含的大肠菌群的个数。大肠菌群检测方法有发酵法、滤膜法和快速纸片法。

三、发光细菌的微毒检测

发光细菌法是一种利用发光微生物检测环境水质毒性的方法，与传统的用鱼、藻类和其他水生生物的检测方法相比，具有简便、快速、精度高的特点。发光细菌的发光强度可反映菌体健康状况，正常情况下，在对数生长期时发光能力最强。当在环境不良或存在有毒物质时，其发光能力减弱，其衰减程度与毒物毒性及其浓度呈一定的比例关系。毒物浓度与菌体的发光强度呈线性负相关关系，通过灵敏的光电测定装置可监测发光细菌受毒物作用时发光强度的变化，可评价待测物质毒性的大小。

发光细菌法检测的操作程序包括：配制污染物的系列稀释液；复苏冻干发光菌种，配制工作菌剂；添加稀释液与菌剂，测定发光强度；计算相对发光强度，确定污染物半抑制浓度IC_{50}；根据有关标准评估污染物毒性。

四、污染物致突变的细菌学检测

沙门菌回复突变实验（简称Ames实验）是检测污染物致突变性的实验，通过测定有污染物存在时鼠伤寒沙门菌的组氨酸营养缺陷型菌株发生回复突变的概率来判断污染物的致癌、致突变效应。鼠伤寒沙门菌的组氨酸营养缺陷型在不含组氨酸的培养基上不能生长，当受到致突变物作用后，发生基因回复突变而成为野生型，能自行合成组氨酸，在不含组氨酸的培养基中能生长并形成菌落。Ames实验是通过在培养物中加入待测物，根据在不含组氨酸的培养基上组氨酸营养缺陷型菌株长出回复突变菌落数目的多少来判断待测物的致突变性。

Ames实验的优点是准确性高、周期短、需要的样品量少。除了能检出单一物质的致突变性外，还可以检出多种混合物的致突变性，能较好地反映多种污染物的联合作用。

第四节　分子遗传学新技术在环境工程中的应用

一、质粒育种在环境工程中的应用

微生物作为分解者在自然界的物质循环中具有重要作用。但随着现代工业的不断发展，出现了越来越多人工合成的非天然物质不易被微生物分解，这些物质在环境中积累很长时间而不易被去除，严重污染环境。因此，极其需要可快速分解利用这些污染物的高效微生物菌种。

（一）质粒

原核微生物中除有染色体外，还含有另一种较小的、携带少量遗传基因的DNA分子，称为质粒，也叫染色体外DNA。大部分质粒独立存在于细胞质中，也有的和染色体结合，称为附加体，如大肠杆菌的F因子。在细胞分裂过程中质粒能自主复制，将遗传性状传给后代。

目前发现的质粒类型有：致育因子（F因子）、抗性因子（R因子）、Col因子、毒性质粒、代谢质粒等。代谢质粒上携带降解某些基质的基因，能将某些复杂的有机化合物分解为可被用作碳源和能源的简单物质，代谢质粒也称为降解质粒。例如，恶臭假单胞菌有分解樟脑的质粒，恶臭假单胞菌R-1有分解水杨酸的质粒，铜绿假单胞菌有分解萘的质粒，食油假单胞菌有分解正辛烷的质粒。代谢质粒还包括可编码固氮功能的质粒、合成抗生素的质粒等。

质粒在原核微生物的生长中不像染色体那么重要。质粒携带着某些染色体没有的基因，这些基因并不是菌体生存所必需的。质粒携带的遗传信息能赋予微生物某些特性，如产毒、抗药、固氮、降解有毒物质等功能，并有利于其在某些特定环境条件下生存。某些外界因素经常会使质粒发生丢失或转移，也可能自行丢失。某种细菌的质粒丧失后，菌体并不会死亡，只是由该质粒决定的某些性状会丧失。

质粒的主要特点有：①可转移性，质粒可通过细胞间的接合作用从供体细胞转移到受体细胞；②可重组性，不同来源的质粒之间可以发生重组；③可消除性，在某些因素作用下，质粒可能被消除但不影响宿主细胞的生存，只是会失去质粒携带的遗传信息所控制的某些表现性状；④不亲和性，如果将某类型的质粒导入已含有另一种质粒的宿主细胞，经少数几代后，大部分子细胞中只含有其中一种质粒，说明这两种质粒是不亲和的。

（二）质粒育种

质粒育种是将两种或多种微生物通过细胞结合或融合技术，使质粒从供体菌转移到受体菌体内，受体菌获得供体菌的功能质粒时仍然保留自身的功能质粒。

有些质粒例如 F 因子、R 因子能通过细胞与细胞的接触而转移，质粒从供体细胞转移到不含该质粒的受体细胞中，使受体细胞获得该质粒决定的遗传性状。有的质粒还可携带供体的一部分染色体基因一起转移到受体细胞，受体细胞获得供体细胞质粒决定的遗传性状和供体细胞部分染色体决定的某些遗传性状。

细菌质粒是 DNA 重组技术中常用的载体。利用质粒可以构建具有多功能的超级细菌。例如把可以降解芳烃、萜烃、多环芳烃的质粒都转移到能降解脂烃的假单胞菌体内，结果假单胞菌变成同时能降解 4 种烃类的超级细菌，比自然菌种对污染物的降解速率快很多。

鉴于细菌的质粒本身容易丢失或转移，重组到受体菌内的质粒也会再次丢失或转移。并且质粒间具有不相容性，使多种不同的质粒不能稳定地共存于同一宿主内。只有在特定条件下，属于不同的不相容群的质粒才能稳定地共存于同一宿主中。

二、基因工程技术在环境工程中的应用

基因工程是指在基因水平上的遗传工程，又称为基因剪接或核酸体外重组。基因工程是将不同来源的基因，在体外构建杂种 DNA 分子，然后导入活细胞，以改变生物原有的遗传特性，获得新品种。基因工程技术的要素包括外源 DNA、载体分子、工具酶和受体细胞等。

一个完整的、用于生产目的的基因工程操作分 7 个步骤：①外源目标基因的分离、克隆以及目标基因的结构与功能研究；②体外重组目的 DNA 片段和载体；③将重组体导入受体细胞；④外源基因在宿主基因组上的整合、表达，检测与筛选阳性克隆；⑤外源基因表达产物的分离、提纯；⑥新品种的选育和效益分析；⑦建立生态与进化安全保障机制，对新品种进行安全评价。

在环境保护方面，通过基因工程技术获得可分解多种有毒物质的多功能的超级细菌，可提高废水生物处理的效果。

在原核微生物与动物、动物与植物之间的基因工程均已获得成功。这为微生物与动植物之间超远缘杂交开辟了一条新途径。但需要注意基因工程应用的生态安全性问题。

三、聚合酶链式反应（PCR）技术在环境工程中的应用

PCR 即聚合酶链式反应，是一种用于体外扩增 DNA 片段的分子生物技术。PCR 的特点是能使微量的 DNA 得到大幅扩增。

PCR 的实质是在适当条件下进行多次重复的 PCR 循环（热变性-复性-延伸），一般进行 $20\sim35$ 个循环。PCR 的过程包括：①加热变性：将待扩增的 DNA 置于 $94\sim95℃$ 的高温水浴加热 5min，使双链 DNA 解链为单链 DNA，分开的两条单链 DNA 作为扩增的模板。②退火：将加热变性的单链 DNA 溶液的温度缓慢下降至 $50\sim65℃$，维持 $20\sim40s$。退火过

程中将引物 DNA 的碱基与单链模板 DNA 一端的碱基互补配对。③延伸：在退火过程中，当温度降至 72℃时，在耐热性 *Taq* DNA 聚合酶、适当的 pH 和一定的离子浓度下，寡核苷酸引物碱基和模板 DNA 结合延伸成双链 DNA。此步骤的温度取决于所用的 DNA 聚合酶。延伸所需的精确时间依赖于聚合酶及需要合成的 DNA 片段长度。④最终保持：最后一步将 PCR 仪反应室冷却至 4～15℃，可用于 PCR 产物的短期保存。⑤将扩增产物进行琼脂糖凝胶电泳观察。

首次 PCR 中延伸的产物在进入第二次循环变性后，再与引物互补，充当引导 DNA 合成的新模板。因此第二轮循环后，模板由首轮循环后得到的 4 条增为 8 条，以此类推，以后每一循环后的模板均比前一循环增加 1 倍。从理论上讲，扩增 DNA 产量可呈指数上升，即 n 个循环后，产量为 2^n 拷贝。

PCR 所需仪器为：全自动 PCR 仪和 DNA 的凝胶电泳仪。随着 PCR 技术的改进，出现了一系列新的相关技术和改良方法。例如巢式 PCR、递减 PCR、热启动 PCR、最大概率 PCR、逆转录 PCR（RT-PCR）和实时荧光定量 PCR 等技术。

PCR 技术可广泛应用于法医鉴定、医学、卫生检疫和环境检测等方面。从环境中采集到很少量的 DNA 后，先加入引物和 DNA 聚合酶，再经过变性和复性的过程，就可在体外扩增至足以进行检测、鉴定所需的量。PCR 技术可用来测定特定环境中微生物区系的组成结构、分析种群动态。例如 PCR 技术可对含酚废水生物处理活性污泥中的微生物种群组成及种群动态进行分析，其测定速度比经典的微生物分类鉴定要快很多。PCR 技术还可用于检测某环境中的特定微生物，如检测致病菌和工程菌等。

思考题

1. 什么是质粒？
2. 质粒有什么特点？
3. 质粒育种在环境工程领域有何作用？
4. PCR 技术在环境工程领域有何作用？
5. 固定化酶有什么作用？固定化酶有哪些固定方法？
6. 发酵法生产生物表面活性剂的方法有哪些？
7. 什么是微生物絮凝剂？
8. 微生物絮凝剂有何优点？简述微生物絮凝剂的应用范围。
9. 如何检测空气中细菌数量？
10. 生物监测与一般的理化监测相比有何优点？
11. 作为粪便污染指示菌，应满足哪些条件？
12. 大肠菌群有哪些检测方法？
13. 微生物絮凝剂的化学本质是什么？
14. 一般以何种微生物作为空气污染的指示菌？

第十章

环境工程微生物实验

环境工程微生物实验要求学生掌握微生物学实验的一套基本操作技术。在保证实验安全的前提下，既要掌握实验操作技能，学会培养、分离、接种、检测微生物的基本操作，进一步深入掌握相关的理论知识，又要培养实事求是、严谨、认真的科学态度；提高发现问题、分析问题、解决问题的能力及思考技能；树立勤俭节约、相互协作的优良作风。

虽然实验课程一般是采用的非致病菌或者是条件致病菌作为微生物材料，但这些微生物材料是否有致病性并不是绝对的，与条件、感染途径和数量等有关，所以在实验操作时必须将所有微生物材料都看成是具有潜在致病性来严格要求。因此进行环境工程微生物实验时，除了需要遵守一般实验室的要求和规定外，还需要特别注意生物安全。

为确保实验教学质量、有序和安全地开展实验，所有进入环境工程微生物实验室的师生都必须严格遵守各项规章制度、行为规范和安全注意事项。

环境工程微生物实验室的特殊危害、安全隐患、操作规范应告知所有实验人员，实验人员要仔细阅读生物安全操作手册，遵循标准的操作规程。

1. 实验准备工作

① 每次上课前，必须对实验内容进行充分预习；认真阅读实验指导材料，明确实验目的、实验原理、注意事项；熟悉实验内容、操作步骤，梳理实验流程和实验要求；做到心里有数、思路清晰，以提高实验效率和安全性。

② 实验前，认真检查、核实所用到的所有仪器、设备、试剂和药品；如有问题及时向实验管理员和指导老师报告。学生不得自己进行调换、修理；不能动用实验室非本次实验所用到的仪器、设备、试剂和药品；更不能去其他实验室私自拿取物品、随意活动。

③ 课前确认紧急冲洗站、洗眼站、急救箱、紧急出口、灭火器的位置和使用方法。

④ 进入实验室必须穿好白色实验服，并做好实验前的各项准备工作。不得带非实验人员来实验室。

⑤ 实验室应配备消防器材，实验人员要熟悉使用方法。

⑥ 实验室应保持清洁整齐，严禁摆放和实验无关的物品。

2. 人员防护

① 在实验室工作时，禁止穿裙子、短裤。禁止在实验室内穿凉鞋、拖鞋、高跟鞋、露脚趾的鞋子。留长发者，应该事先将头发束好。

② 禁止喧哗，禁止在实验室任何区域进食、饮水、吸烟、化妆。禁止在实验室区域储存食品和饮料。因为环境工程微生物实验中会使用到酒精灯、本生灯等高温器材，所以在实验时禁止佩戴隐形眼镜和美瞳。

③ 做实验时应佩戴护目镜、面罩或其他防护设备，以防在进行有喷溅可能的实验操作时，或在进行有微生物菌株的实验时受到泼溅物的伤害。

④ 在进行可能接触到培养基、菌液、染色液、实验药品和试剂等的操作时，应戴上合适的手套。手套用完摘除后必须洗手，不得将手套随意丢弃而应该放在实验室指定位置。

⑤ 与实验无关的书籍和其他用品请存放在指定的储藏柜中，以免受到污染。实验台面不得放书本、手机等非实验用品。

⑥ 在完成微生物实验后，以及在离开实验室工作区域前，必须用肥皂彻底洗手。

⑦ 有可能发生危害性材料溢出的实验区域，实验工作结束后，必须仔细清理实验工作区域。

实验一　普通光学显微镜的使用

一、实验目的

① 了解普通光学显微镜的结构、各组成部分的功能和使用方法。

② 正确使用、保养普通光学显微镜。

③ 能够用普通光学显微镜观察常见微生物的个体形态。

二、实验原理

显微镜是观察微观世界的重要工具。微生物实验室中最常用的是普通光学显微镜。普通光学显微镜是利用光学原理，通过目镜和物镜两组透镜系统把人眼所不能分辨的微小物体放大成像，以供人们提取微细结构信息的光学仪器，又称为复式显微镜，由机械装置和光学系统两部分组成。普通光学显微镜的结构示意图见图 10-1。

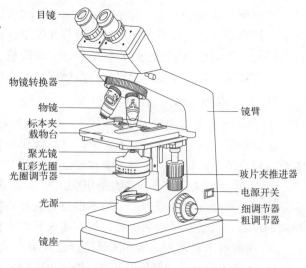

图 10-1　普通光学显微镜的结构示意图

1. 机械装置

① 镜座：镜座是普通光学显微镜的底座，用以支撑整台显微镜。

② 镜臂：用以连接镜筒和镜座。其作用是支撑镜筒、载物台、聚光镜、调焦装置等。镜筒上连目镜、下连转换器，光线从筒中通过。普通光学显微镜的标准筒长为 160mm，该数字标注在物镜的外壳上。

③ 物镜转换器：用于安装物镜的圆盘，其上可以安装 3～5 个物镜。选择使用不同物镜时，不能用手直接推动物镜，而应该旋转转换器使相应物镜到使用位置。

④ 载物台：载物台用于安放载玻片，中间有一通光孔。载物台上有玻片夹和玻片推动器。调节玻片推动器可使玻片前后、左右移动。推动器上有刻度标尺，可用来标定标本的纵横位置，便于重复观察。

⑤ 调焦装置：调焦装置是安装在镜臂两侧的粗调节器和细调节器，用于调节物镜与标本之间的垂直距离，用以聚集使物像更清晰。粗调节器旋转一圈可调节的距离为 20mm，细调节器旋转一圈可调节的距离为 0.1mm。

2. 光学系统

① 物镜：是光学显微镜中最重要的光学部件。物镜有低倍（4×，10×）、高倍（40×）、油镜（100×）等不同放大倍数。油镜上刻有"OIL"字样并刻有一圈白线作为标记，用于和其他物镜区分开。物镜上标有放大倍数、数值孔径、工作距离和要求盖玻片的厚度等参数。

数值孔径（numerical aperture，简称 NA）指介质的折射率与半镜口角正弦的乘积：

$$NA = n \cdot \sin(\alpha/2)$$

式中，n 为物镜与标本间介质的折射率；α 为镜口角，即透过标本的光线延伸到物镜前透镜边缘所形成的夹角。

光学显微镜的性能主要取决于分辨率而不能只看其放大倍数。分辨率是指光学显微镜能辨别物体两点间的最小距离（D）的能力：

$$D = \lambda/(2NA)$$

式中，λ 为光波的波长；NA 为物镜的数值孔径。

D 值越小，分辨率越高。可以看出，可以通过缩短光波波长、增大数值孔径来提高分辨率。增大数值孔径的最好方法是提高物镜与标本间介质的折射率，这就是使用油镜的原因。通常使用香柏油，其折射率为 1.52，而空气的折射率为 1。以空气为介质时数值孔径小于 1，而使用香柏油时的数值孔径一般为 1.2～1.4。使用油镜时滴加的香柏油还可以提高照明度。油镜的作用如图 10-2 所示。

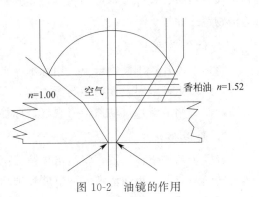

图 10-2　油镜的作用

② 目镜：目镜的作用是将物镜放大了的实像进行第二次放大，形成虚像映入眼帘。目镜上的字样 10×、15×，表示目镜的放大倍数。

普通光学显微镜的总放大倍数等于物镜放大倍数与目镜放大倍数的乘积。

③ 聚光镜：聚光镜有汇聚光线的作用，可以上下移动，其边框上刻有数值孔直径值。当用低倍物镜时聚光镜应下降，用高倍物镜时聚光镜应上升。在观察比较透明的标本时，光圈应缩小些。

三、实验材料

1. 仪器及器具

普通光学显微镜、擦镜纸。

2. 标本玻片

枯草芽孢杆菌、金黄色葡萄球菌、大肠杆菌、青霉、毛霉、根霉、面包酶、啤酒酵母、链霉菌、放线菌、细菌三型、颤蓝细菌、微囊蓝细菌、念珠蓝细菌、硅藻等染色标本玻片。

3. 试剂

香柏油、二甲苯、无水乙醇、镜片清洁剂、乙醚。

四、实验步骤

（一）准备工作

清理实验台，放置普通光学显微镜于平整的实验台上，镜座距实验台边缘约 10cm 处。将聚光器上升到最高位置，调节适当照明亮度。

根据个人情况，调节普通光学显微镜的双筒目镜间距以适应不同观察者的瞳距；调节目镜视度调整环，以便于双眼视力有差异的观察者观察。

（二）使用普通光学显微镜进行观察

利用普通光学显微镜观察微生物时，应遵守从低倍物镜到高倍物镜再到油镜的使用顺序。根据微生物大小不同选用不同放大倍数的物镜。在观察霉菌、酵母菌等个体较大的微生物个体形态时，选择低倍或高倍物镜；观察个体相对较小的细菌等微生物个体形态时，选择高倍物镜或油镜。

1. 低倍物镜观察

将标本玻片置于载物台上，用标本夹夹住，通过调节玻片推动器使观察目标在物镜的正下方。旋动粗调节器，使物镜与标本玻片距离约为 0.5cm 后，再用细调节器调焦，使物像清晰。然后调节玻片推动器，将观察目标移至视野的中心位置，仔细观察并绘图记录。

2. 高倍物镜观察

轻轻转动物镜转换器，将高倍物镜移至工作位置，调节聚光镜光圈及视野亮度，然后慢慢旋转细调节器使物像清晰，调节玻片推动器找到需要观察的部位，并移至视野中心仔细观察并记录。

3. 油镜观察

在高倍物镜下找到合适的观察目标并将其移至视野中心后，旋转物镜转换器将高倍物镜转离工作位置，将油镜慢慢转到工作位置，在目标区域滴加一滴香柏油。从侧面观察，小心慢慢下降油镜，使油镜镜头浸在油滴中至油圈不扩大为止，镜头几乎与玻片接触，但不可压及玻片。将聚光镜升至最高位置并开大光圈。微调细调节器使物像清晰，调节玻片推动器移动标本仔细观察并记录。如果因镜头下降未到位或镜头上升太快没有发现目标，必须重新调节，再从侧面观察，将油镜再次降下，重复操作直至看清目标。

(三) 普通光学显微镜使用后的处理

使用完毕，抬升物镜，取下载玻片。

立即用擦镜纸擦去油镜镜头上的油，然后另取洁净擦镜纸蘸少许二甲苯擦去镜头上残留的油迹（按一个方向擦拭，不要来回擦拭），二甲苯的使用量不宜过多，时间也不宜过长。最后再用洁净的擦镜纸擦去残留的二甲苯，并用洁净的擦镜纸清洁其他物镜和目镜。用绸布清洁光学显微镜的金属部位。

将光学显微镜各部件还原，将光源等亮度调低并关闭。将电源关闭，拔下电源插头。将载物台下降至最低，物镜转成"八"字形，降下聚光镜。套上防尘盖，置阴凉干燥处存放，可放回柜内或镜箱中。

如果光学显微镜停用时间较长，应将物镜、目镜从主机上取下并放入干燥器内保存，在干燥器中放置有效干燥剂。主机应该盖好防尘盖并用防尘罩将主机严密遮盖保存。

(四) 普通光学显微镜的保养

① 光学显微镜是精密仪器，操作时要小心，避免突然、剧烈的震动。

② 避免光学显微镜在阳光下暴晒。应放在干燥、通风、清洁、无酸碱蒸气的室内，以免镜头发霉。在不使用时应用专门的防尘罩罩起来。

③ 清洁镜头，光学显微镜中的目镜和物镜都有镀膜。擦拭时首先把可见的灰尘吹去，然后用擦镜纸蘸取少许镜片清洁剂或无水乙醇擦拭镜片表面。重的污垢和指印用擦镜纸蘸少许酒精和乙醚的混合液轻轻擦拭。

不能随意拆卸光学显微镜上的零件，尤其是物镜、目镜、镜筒。否则容易造成功能失调、性能下降。

④ 操作时双手要干净无油。不能用手沾抹镜头，否则影响观察。当镜片沾有有机物后会发霉。每次使用光学显微镜后，必须用擦镜纸仔细擦净所有的目镜和物镜。

⑤ 禁止在光学显微镜下观察含有浸蚀剂且未干的试样，以免腐蚀物镜等光学元件。禁止将显微镜与挥发性药品或腐蚀性酸类一起存放，避免这些物质对显微镜金属质机械装置和光学系统有害，例如碘片、盐酸、硫酸、醋酸、酒精等。

五、注意事项

① 光学显微镜属于精密仪器，在取放时应使光学显微镜保持直立、平稳，不能单手拎提。应一手握住镜臂，一手托住底座。不要随意取下目镜，以防止尘土落入物镜，也不要随意拆卸各种零件，以防损坏。

② 佩戴眼镜进行观察时，应注意不要使眼镜镜片与目镜镜头接触，以免产成划痕。光学显微镜有聚焦校正功能，在观察时可以不戴眼镜。

③ 在使用低倍物镜观察中，将物镜采用粗调节器向下调节时，眼睛不能从目镜观察而应注视着物镜，以免物镜和载玻片相碰，当物镜距离载玻片约 0.5cm 时，停止向下旋转并使用细调节器进行调焦。

④ 二甲苯等清洁剂对镜头会造成损伤，使用时不要过量，在镜头上停留时间不要过长，不能有残留。切忌用手或其他纸张擦拭镜头，以免损坏镜头。

六、实验结果

① 分别绘出用低倍镜或高倍镜观察到的不同微生物的形态。

② 绘出用油镜观察到的微生物个体形态图，注意观察其个体形态、大小、排列方式、芽孢位置等细节。

七、思考题

① 在载玻片和油镜镜头之间滴加香柏油有什么作用？使用油镜时应注意哪些事项？

② 香柏油比较贵，并且用来清洗时用到的二甲苯有一定的毒性，请问可以采用哪些物质来替代香柏油或二甲苯？

③ 影响光学显微镜分辨率的因素有哪些？是否放大倍数越大看得越清楚？

④ 光学显微镜使用时间较长后，镜头上会有一些污点，在调焦时会造成把污点错以为是观察到的样品目标。请说明如何判别是污点还是样品目标。

实验二　细菌和酵母菌的染色观察

一、实验目的

① 学习细菌和酵母菌简单染色方法。

② 观察细菌和酵母菌的个体形态特征。

③ 通过亚甲基蓝染色判断酵母菌的死细胞和活细胞。

二、实验原理

微生物尤其是细菌小而透明，用压滴法或悬滴法在光学显微镜下观察时，菌体和背景没有明显的反差，不易识别。为了增加色差需要对细菌进行染色，着色后的菌体折光性弱，色差明显，容易观察。

微生物细胞表现出两性电解质的性质，在酸性溶液中带正电；在碱性溶液中带负电。而细菌的等电点 pH 值为 2~5，所以当细菌在中性（pH=7）、碱性（pH>7）或偏酸性（pH 为 6~7）的溶液中时，细菌带负电荷，并且容易与碱性染料结合。所以细菌用碱性染料染色的多。亚甲基蓝、结晶紫、番红等为碱性染料。

酵母菌是单细胞真菌。个体直径比细菌大 10 倍左右，多为圆形或椭圆形，不经染色也可在光学显微镜下看到。用亚甲基蓝水浸片染色后，在光学显微镜下不仅可以观察酵母菌的形态，还可以区分死细胞和活细胞。亚甲基蓝是一种无毒性染料，其氧化型是蓝色的而还原型是无色的。由于活细胞新陈代谢旺盛，还原力强，能使亚甲基蓝从氧化型的蓝色变为还原型的无色，结果活的酵母菌经染色后呈无色，而死酵母或代谢缓慢的老龄细胞被亚甲基蓝染成蓝色或淡蓝色。

三、实验器材

1. 仪器与器具

普通光学显微镜、载玻片、盖玻片、接种环、擦镜纸、吸水纸、酒精灯或本生灯、试管夹、无菌镊子、染色废液烧杯、护目镜。

2. 菌种

枯草杆菌斜面菌种、金黄色葡萄球菌斜面菌种和酿酒酵母斜面菌种各 2 支。

3. 试剂

0.2％草酸铵结晶紫染色液、0.1％吕氏碱性亚甲基蓝染色液、无菌蒸馏水、香柏油、二甲苯。

四、实验步骤

实验全程戴口罩、护目镜、手套。

(一) 细菌简单染色

1. 涂片

取保存在酒精溶液中的洁净载玻片，小心地在酒精灯上微微加热以去除残留酒精，冷却。用记号笔在载玻片右侧注明菌名和染色类型。

在载玻片中央滴加一小滴无菌蒸馏水。取一接种环在酒精灯火焰上灼烧灭菌，冷却后以无菌操作方式从菌种的斜面上挑取少量菌苔，在玻片中央的水滴中涂布均匀成一薄层，涂布面积不宜过大，面积一般约 $1cm^2$ 即可。

2. 干燥、固定

在空气中自然风干，为了加速干燥，可将涂片的涂面向上放在 45℃ 的烘片机上加热一小会。

涂片干燥后，涂面向上在微小火焰上快速通过 2～3 次，使菌体完全固定在载玻片上。但不宜在高温下长时间烤干。

3. 染色

将涂片平放，在涂面上滴加 0.2％草酸铵结晶紫染色液染色 3～5min，加染色液的量以盖满菌膜为宜。

4. 水洗

倾去染色液，斜置载玻片，用水冲去多余染色液，直到流出的水呈无色。用吸水纸吸干涂片周围的残余水滴。

5. 干燥

自然风干，或微热烘干。

6. 镜检

按光学显微镜的操作步骤观察细菌个体形态，记录，绘制形态图。

7. 实验后处理

清洁光学显微镜；清洗染色载玻片，将染色废液烧杯中废液倒入实验室指定废液桶。

（二）亚甲基蓝浸片法观察酵母菌

1. 制片

取保存在酒精溶液中的洁净载玻片，小心地在酒精灯上微微加热以去除残留酒精，冷却。用记号笔在载玻片右侧注明菌名和染色类型。

在载玻片中央滴加一小滴 0.1% 吕氏碱性亚甲基蓝染色液。取一接种环在酒精灯火焰上灼烧、冷却，以无菌操作从培养了 48h 的酿酒酵母菌种的斜面上挑取少量菌苔，加在玻片中央的吕氏亚甲基蓝染色液中，使菌体与染色液混合均匀。

用镊子夹取一片盖玻片，先将盖玻片的一边与液滴接触，再将整个盖玻片慢慢放下小心地盖在液滴上。注意不能有气泡。染色 3min。

2. 镜检

将上述水浸片置于光学显微镜下，进行镜检。先用低倍物镜观察，然后换高倍物镜观察酵母菌的形态、出芽情况，观察染色情况区别死细胞与活细胞。

细胞的计数：在一个视野里计数死细胞和活细胞，然后换一个视野继续计数，一共计数 5~6 个视野，最后取平均数。

染色 30min，再观察酵母菌死细胞和活细胞的比例。

3. 实验后处理

清洁光学显微镜；清洗染色载玻片，将染色废液烧杯中废液倒入实验室指定废液桶。

五、注意事项

① 涂片用的载玻片要洁净无油污；挑取的菌苔量不能太多，涂片应该薄一点，因为涂片太厚时其菌体会重叠起来，不易观察清楚。

② 染色过程中不能使染色液干涸。

③ 酵母菌的亚甲基蓝浸片染色中，染色液不能加太多也不能太少。太多时在加盖玻片时菌液会溢出；而太少时在加盖玻片时与载玻片之间会出现气泡，影响观察。

④ 染色过程中产生的废液，每位同学先收集在各自的染色废液烧杯中，最后收集在实验室指定的相应废液桶中。

六、实验结果

1. 细菌简单染色结果

将细菌简单染色结果记录于表 10-1 中。

表 10-1　细菌简单染色结果

菌种	枯草杆菌	金黄色葡萄球菌
简单染色结果 绘图描述		

2. 酵母菌染色结果

观察不同染色时间后酿酒酵母死细胞和活细胞数量的变化情况，将结果记录于表 10-2。并计算死亡率。

表 10-2　酵母菌染色结果

染色时间	视野 1	视野 2	视野 3	视野 4	视野 5	平均
染色 3min						
染色 30min						

七、思考题

① 细菌简单染色中，涂片和固定时需要注意什么？为什么要固定？

② 利用吕氏碱性亚甲基蓝染色液对酿酒酵母进行染色时，如何判断死细胞和活细胞？说明其原理。

实验三　细菌的革兰氏染色

一、实验目的

① 熟悉细菌的革兰氏染色原理和操作方法。

② 学习 KOH 快速鉴别革兰氏阳性和革兰氏阴性菌的方法。

二、实验原理

革兰氏染色法是细菌学中很重要的一种鉴别染色方法，1884 年由丹麦医生 Gram 创立。

按照细菌对此染色法的不同反应，可把细菌分为革兰氏阳性菌和革兰氏阴性菌两大类。细菌先用碱性染料草酸铵结晶紫染液着色，然后采用革兰氏碘液进行媒染，再用95％乙醇脱色，最后用番红染液进行复染。如果细菌能保持草酸铵结晶紫与碘的复合物留在胞内而不被酒精脱色，最后则呈紫色，称为革兰氏阳性菌（G$^+$）；如果能被酒精脱色而后被番红染液染成红色，则称为革兰氏阴性菌（G$^-$）。

革兰氏染色的机理主要与细菌的细胞壁结构和成分有关。革兰氏阴性菌的细胞壁含有较多类脂质，但肽聚糖层交联度低并且很薄，当用脱色剂处理时，类脂质被溶解从而增加了细胞壁的通透性，结果由于草酸铵结晶紫和碘的复合物容易渗出细胞壁而被脱色，再经番红染色液复染后呈现红色。相反革兰氏阳性菌的细胞壁肽聚糖层厚且交联度高而紧密，但类脂质含量少，经脱色处理时肽聚糖层的孔径缩小，结果使其通透性降低，因为草酸铵结晶紫和碘的复合物会留在细胞壁内而不被脱色，仍然保持紫色，所以当再用番红染色液进行复染时不能被染成红色而是保持紫色。

鉴别革兰氏阳性菌和革兰氏阴性菌时，也可采用KOH快速鉴别方法。该方法的原理是：革兰氏阴性菌的细胞壁肽聚糖含量低，类脂质含量高，所以革兰氏阴性菌的细胞壁在稀碱溶液中易于破裂，释放出脂多糖、蛋白质和DNA复合物，使氢氧化钾菌悬液呈现黏性，然后用接种环搅拌时能拉出黏丝来；而革兰氏阳性菌的细胞壁坚固、肽聚糖含量高、类脂质含量低，与强碱接触时没有上述反应，也不能拉出黏丝来。采用KOH法能够区分革兰氏阳性菌和革兰氏阴性菌，该方法既快速、简易又敏感，可用于革兰氏阴性菌与革兰氏阳性菌的鉴别。

三、实验器材

1. 仪器与器具

普通光学显微镜、高压蒸汽灭菌器、恒温培养箱、酒精灯（或本生灯）、接种环、接种针、载玻片、吸水纸、擦镜纸、染色废液烧杯、护目镜。

2. 菌种

枯草杆菌、大肠杆菌、金黄色葡萄球菌的斜面菌种各一支，未知细菌斜面菌种一支。

3. 试剂

草酸铵结晶紫染色液、革兰氏碘液、0.5％番红染液、95％乙醇、二甲苯、香柏油、30g/L 的 KOH 溶液、无菌蒸馏水。

四、实验步骤

实验全程戴口罩、护目镜、手套。

（一）经典革兰氏染色法

1. 涂片

① 常规涂片法（单菌涂片法）：取一洁净的载玻片，在其中央滴一小滴无菌蒸馏水，在无菌操作条件下用无菌接种环从斜面挑取少许菌种与载玻片上的水滴混合，在载玻片上涂布

成面积约 1cm² 的薄层。若菌种材料为液体培养物或固体培养物中把菌苔洗下来制备的菌液，则可用无菌接种环挑取 1～3 环菌液直接涂布于载玻片上即可。

② 三区涂片法：在洁净玻片的左右两端各滴加一小滴无菌蒸馏水，用无菌接种环挑取少量枯草杆菌菌种到左边水滴中混合，并将少量枯草杆菌菌液延伸至两滴水的中央。再用无菌接种环挑取少量大肠杆菌菌种到右边水滴中混合，并将少量大肠杆菌菌液延伸到两滴水的中央，与枯草杆菌混合成含有两种细菌的混合区域。三区涂片法如图 10-3 所示。

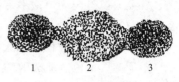

图 10-3　三区涂片法

未知细菌采用单菌涂片法。

2. 干燥、固定

在室温中自然风干。

将已经干燥的涂片菌面朝上，在微火上快速通过 2～3 次，使菌体牢固附着在载玻片上。

3. 染色

待冷却后，再进行染色。

染色过程中产生的废液，每位学生先收集在各自的染色废液烧杯中，最后收集在实验室指定的废液桶。

① 初染：将已经固定的载玻片平放，滴加适量（以盖满菌膜为度）草酸铵结晶紫染色液于菌膜部位，染色 1～2min。然后倾去染色液，水洗。

② 媒染：用革兰氏碘液冲去残留水，滴加革兰氏碘液覆盖菌膜，媒染 1～2min，水洗。

③ 脱色：滴加体积分数为 95% 的乙醇，30～45s 后立即水洗；或滴加体积分数为 95% 的乙醇到菌膜上，将载玻片晃几下即倾去乙醇，如此重复 2～3 次后立即水洗。

④ 复染：滴加番红染色液覆盖菌膜，染色 2～3min，水洗。干燥。

4. 镜检

按光学显微镜操作步骤观察染色情况，并判断该细菌属于革兰氏阳性菌还是革兰氏阴性菌。

5. 实验后处理

清洁光学显微镜；清洗染色载玻片，将染色废液烧杯中废液倒入实验室指定废液桶。

（二）KOH 快速鉴别法

① 取一洁净载玻片，放平，滴加一滴 30g/L 的 KOH 溶液到载玻片中央。

② 用无菌接种环挑取适量细菌菌苔加到载玻片上 30g/L 的 KOH 溶液中混匀为菌液，然后用无菌接种针不停地搅动菌液，使菌体溶于 KOH 溶液。

③ 搅动菌液 30～60s，当菌体完全溶于 KOH 溶液时，观察菌液是否变成黏稠的胶冻状，当慢慢提起接种环时，能否拉出黏丝来。如果菌液变黏稠并能拉出黏丝则为革兰氏阴性菌；若菌液不能形成黏稠状、不能拉出黏丝则为革兰氏阳性菌。

五、注意事项

① 宜选用幼龄菌进行革兰氏染色实验。因为当用老龄菌时，会将革兰氏阳性菌误认为

是革兰氏阴性菌，出现假阴性。

② 载玻片要洁净无油。

③ 经典革兰氏染色法中，挑取菌的量要少些，涂片要薄，否则太厚时菌体重叠不易观察；而 KOH 快速鉴别法中，挑取的菌苔要多一些。

④ 革兰氏染色过程中不能使染色液干涸。水洗后，尽量除去残水以免稀释染色液。

⑤ 革兰氏染色实验成败的关键是脱色时间是否合适。脱色时间太长，革兰氏阳性菌可能被误认为是革兰氏阴性菌，出现假阴性；相反如果脱色时间太短，革兰氏阴性菌则有可能会被误认为是革兰氏阳性菌出现假阳性。

六、实验结果

将实验结果记录于表 10-3 和表 10-4。

表 10-3　经典革兰氏染色结果

菌种	菌体颜色	菌体形态（图示）	G$^+$ 或 G$^-$
大肠杆菌			
枯草杆菌			
金黄色葡萄球菌			
细菌未知种			

表 10-4　KOH 快速法鉴别结果

菌种	搅动后菌液状态、能否拉出丝来	G$^+$ 或 G$^-$
大肠杆菌		
枯草杆菌		
金黄色葡萄球菌		
细菌未知种		

七、思考题

① 简述革兰氏染色（经典染色）步骤。

② 经典革兰氏染色法中，哪些步骤会影响到染色结果的正确性？其中最关键的步骤是哪一步？为什么？

③ 经典革兰氏染色法中，把革兰氏染色步骤中的草酸铵结晶紫染色液和番红染色液的使用顺序颠倒一下，能不能达到判断细菌革兰氏染色结果的目的？为什么？

④ 经典革兰氏染色法中，能先使用革兰氏碘液再使用草酸铵结晶紫吗？采用乙醇脱色后番红染色液使用之前，革兰氏阳性菌和革兰氏阴性菌分别是什么颜色，能否区分开？

⑤ 说明 KOH 快速鉴别革兰氏阳性菌和革兰氏阴性菌方法的原理和特点。

实验四 霉菌形态的观察

一、实验目的

① 学习水浸片的制作，观察霉菌的形态。
② 掌握观察霉菌形态的几种基本方法。

二、基本原理

霉菌是真菌的一种，其特点是菌丝体较发达，霉菌在固体培养基中生长时呈棉絮状、蜘蛛网状、绒毛状、地毯状等。构成霉菌体的基本单位称为菌丝，呈长管状，直径为 3～10μm。在固体基质上生长时，部分菌丝深入基质吸收养料，称为营养菌丝或基质菌丝；营养菌丝向空中生长的称为气生菌丝，气生菌丝生长到一定阶段会分化产生繁殖菌丝，然后由繁殖菌丝产生孢子。

霉菌菌丝体尤其是繁殖菌丝及孢子的形态特征、菌落形态特征是霉菌分类和鉴定的重要依据。霉菌菌丝和孢子的直径通常比细菌和放线菌的大，常是细菌菌体直径的几倍至几十倍，因此，用低倍光学显微镜即可观察到。

常用的观察霉菌形态的方法有浸片法、粘片法和小室载玻片培养法等。其中小室载玻片培养法是在无菌操作条件下先将培养基制成薄层琼脂块置于载玻片上，然后进行接种、盖上盖玻片培养。在载玻片和盖玻片之间的薄层培养基的有限空间内霉菌沿盖玻片横向生长。培养一定时间后，将载玻片上的培养物直接置于光学显微镜下观察。相对其他方法而言这种方法能保持霉菌自然生长状态，并且便于观察霉菌在不同发育期的培养状态。

三、实验器材

1. 仪器与器具

普通光学显微镜、高压蒸汽灭菌器、电子天平、无菌培养皿、无菌吸管、U 形玻璃棒、剪刀、无菌解剖刀、无菌镊子或无菌解剖针、酒精灯（或本生灯）、载玻片、盖玻片、滤纸、吸水纸、透明胶带。

2. 菌种

青霉、曲霉、根霉、毛霉培养约 2～5d 的马铃薯琼脂平板培养物。

3. 试剂

乳酸石炭酸棉蓝染色液、无菌蒸馏水、50％乙醇、无菌 20％甘油、碘液、灭菌的马铃薯培养基（简称 PDA）。

四、实验步骤

实验全程戴口罩、护目镜、手套。

(一)浸片法

1. 制片

取一洁净无油载玻片，滴加一小滴乳酸石炭酸棉蓝染色液于载玻片中央。

用无菌解剖针从生长有霉菌的平板中挑取少量带有孢子的霉菌菌丝。先在 50% 的乙醇里浸润一下以洗去脱落的孢子，再将其置于载玻片上的染色液滴中，用解剖针将菌丝仔细地分散开来。盖上盖玻片。

2. 镜检

用光学显微镜观察。先用低倍物镜，必要时转换高倍物镜进行镜检并记录观察结果。

(二)粘片法

1. 制片

取一洁净无油载玻片，滴加一小滴乳酸石炭酸棉蓝染色液于载玻片中央。

取一段透明胶带，用胶带粘取一下霉菌平板上的培养物，然后将胶带粘面朝下，放在载玻片的染色液上。用吸水纸吸一下胶带周围多余的染色液。

2. 镜检

用光学显微镜观察。先用低倍物镜，必要时转换高倍物镜进行镜检并记录观察结果。

(三)小室载玻片培养法

取八套培养皿，分别标记青霉、曲霉、根霉、毛霉，每一种霉菌两套。

1. 灭菌

培养基：根据配方配制 PDA 培养基 200mL，115℃灭菌 20min。

小室准备：将略小于培养皿底的圆形滤纸铺在培养皿底，在圆形滤纸上放置一个 U 形玻璃棒，然后放置一载玻片在 U 形玻璃棒上，在载玻片的两端各放一块盖玻片，盖上皿盖。包扎后，121℃灭菌 20min。

将 20% 甘油放入 100mL 锥形瓶中，加塞，包扎，121℃灭菌 20min。

2. 琼脂块制作

取已灭菌的 PDA 培养基，将适量已经冷却至 50℃左右的 PDA 培养基加入无菌培养皿中（每皿加 6~7mL），凝固成薄层。然后用无菌解剖刀切成约 1cm×1cm 大小的薄层琼脂块。取两块薄层琼脂块移至灭菌小室中的载玻片两端。

3. 接种和培养

用无菌接种环，挑取少许霉菌的孢子接种至薄层琼脂块边缘上，然后用无菌镊子将盖玻片覆盖在薄层琼脂块上，轻轻地压一下。

然后向小室里平皿底部的滤纸上加 3~5mL 的无菌 20% 甘油，使滤纸完全浸湿，盖上皿盖。置于28℃恒温培养箱，正置培养3～5d。

4. 镜检

将小室内的载玻片拿出，用光学显微镜观察。先用低倍物镜观察，再换高倍物镜观察。

五、注意事项

① 制片时，应该挑取少量带有孢子的菌丝，菌丝取得过多时反而不宜观察。

② 制作水浸片加盖玻片时不要有气泡，以免影响观察，不要移动盖玻片以免弄乱菌丝。

③ 小室载玻片培养法中，盖玻片不能紧压在载玻片上，要使两者间留有缝隙，目的是保持通气并且让霉菌的菌丝体有生长空间，易于观察。

④ 小室载玻片培养法中，注意要无菌操作，接种量要少，尽可能将孢子分散接种在琼脂块的边缘上，避免菌丝过密时影响观察。

⑤ 标本制好后，先用低倍镜观察，再用高倍镜观察。注意观察菌丝有无横隔膜，有无假根、足细胞等特殊形态的菌丝，孢子着生的方式和孢子的形态、大小及孢子囊形态等。

六、实验结果

将实验结果记录于表 10-5。

表 10-5　霉菌形态特征观察结果

霉菌	青霉	曲霉	根霉	毛霉
个体形态（绘图）				
特征描述				

七、思考题

① 在光学显微镜下观察时，根据哪些特征可以把青霉、曲霉、根霉、毛霉区分开？

② 采用小室载玻片培养法观察霉菌时，需要注意什么？观察重点是什么？

实验五　培养基的配制和灭菌

一、实验目的

① 掌握培养基配制的基本原理。

② 学习配制细菌培养基。

③ 学会各类物品的包装、稀释水等的配制、灭菌。

本实验除了学习配制培养基和灭菌外，还为实验六准备培养基和稀释水。

二、实验原理

培养基是微生物生长的基质，是按照微生物生长繁殖所需要的各种营养物质的比例配制而成的。不同微生物对营养物质的要求不同，另外由于实验目的不同，培养基有很多种类。培养基中含有微生物需要的水、碳源、氮源、无机盐、生长因子，还需要适宜的 pH 和合适的渗透压等条件。

牛肉膏蛋白胨培养基是应用最广泛的细菌基础培养基。其中牛肉膏提供碳源、能源、磷酸盐和维生素；蛋白胨提供氮源和维生素；氯化钠提供无机盐。牛肉膏蛋白胨固体培养基的配方：牛肉膏，3.0g；蛋白胨，10.0g；NaCl，5.0g；琼脂，15~20g；水，1000mL；调节pH 为 7.2~7.4。牛肉膏蛋白胨半固体培养基的配方：牛肉膏，3.0g；蛋白胨，10.0g；NaCl，5.0g；琼脂，5g；水，1000mL；调节 pH 为 7.2~7.4。牛肉膏蛋白胨液体培养基配方为上述培养基中不加琼脂。

高压蒸汽灭菌的原理是利用一定压力下提高蒸汽温度来达到灭菌的目的，现在大多使用的是电热全自动灭菌器，使用安全、方便。使用人员须经过培训考试合格后，才能使用高压蒸汽灭菌器。

三、实验器材

1. 仪器和器具

高压蒸汽灭菌器、电热干燥箱、电子天平、冰箱、恒温培养箱。

试管、涂布棒、锥形瓶、烧杯、量筒、漏斗、乳胶管、弹簧夹、纱布和棉花、牛皮纸、线绳、pH 试纸、电炉或电热板、移液器、玻棒、滤纸、玻璃珠、铁架台、表面皿、称量纸、锥形瓶和试管的硅胶塞、记号笔、护目镜。

2. 试剂

牛肉膏、蛋白胨、NaCl、琼脂、1mol/L 的 NaOH、1mol/L 的 HCl。

四、实验步骤

实验全程戴口罩、护目镜、手套。

1. 准备实验

玻璃器皿在使用前必须洗涤干净，并自然晾干或在电热干燥箱中低温烘干。

将待灭菌的物品包装好。

锥形瓶和试管的塞子可以用硅胶塞或自制棉塞。

实验六中用到的培养皿，可以干热灭菌（160℃，2h）也可以湿热灭菌（121℃，20min）。

2. 培养基的配制

本次实验配制的是牛肉膏蛋白胨固体培养基。

① 称量：根据用量依次称取各成分。其中牛肉膏可用玻棒挑取放在小烧杯或表面皿中称量；蛋白胨易吸湿，称量时要快速。

② 溶解：取一烧杯，加入一定量（少于所需要的水量）的蒸馏水或自来水，加热。逐一加入各成分使其溶解，其中牛肉膏用热水融化后加入烧杯。等煮沸后，加入琼脂，要不停地用玻棒搅拌使琼脂溶解，注意别烧焦或溢出。最后，补足所需水分。

③ 调节 pH：刚配好的牛肉膏蛋白胨培养液呈弱酸性，滴加 1mol/L 的 NaOH 溶液调节 pH 值至 7.2～7.4。

④ 过滤：配制好的培养基，用四层纱布趁热过滤去除杂质，以利于后续实验的观察。如果所培养的微生物无特殊要求，可以省略过滤这一步。

⑤ 分装：根据不同的实验要求，可以将配制好的培养基分装入试管或锥形瓶。

分装锥形瓶：培养基的量不要超过锥形瓶总容量的 1/2。

分装试管：每支试管中装的量不能超过试管高度的 1/5，制作斜面时，斜面的长度不能超过管长的 1/2。

⑥ 包扎，灭菌：分装完成后，加塞，在塞子外包牛皮纸进行包扎。高压蒸汽灭菌：121℃灭菌 20min。

⑦ 斜面的制作：灭菌后的培养基，冷却至 50～60℃时，将试管搁置成一定的斜度，斜面长度不超过试管长度的 1/2（图 10-4）。灭菌后摆好斜面，为实验六作准备。

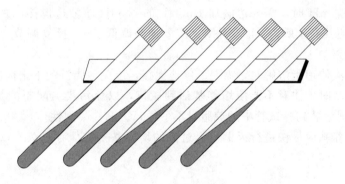

图 10-4　斜面的摆放

⑧ 同时分别配制牛肉膏蛋白胨半固体培养基和液体培养基：半固体培养基分装 8 支试管，每支试管中加的培养基高度为试管高度的 1/3，液体培养基分装 8 支试管，每支试管中加的液体培养基高度为试管高度的 1/3。为实验六作准备配制方法基本同上，只是配制半固体培养基时加的琼脂为 0.5%，液体培养基中不用加琼脂。

3. 稀释水的制备

① 锥形瓶稀释水：取一个干净的 250mL 规格的锥形瓶，放 20 颗玻璃珠，加 99mL 蒸馏水或生理盐水，加塞，包扎后灭菌。高压蒸汽灭菌：121℃灭菌 20min。

② 试管稀释水：取 5 支试管，分别装 9mL 蒸馏水或生理盐水，加塞。5 支试管放入一烧杯然后统一包扎，灭菌。高压蒸汽灭菌：121℃灭菌 20min。

4. 灭菌

通常微生物实验要求无菌操作，所以实验中用到的材料、器皿、培养皿、培养基等需要包装灭菌。

高压蒸汽灭菌器的操作步骤：

① 开启电源开关，接通电源。

② 打开容器，取出内层灭菌桶，向灭菌器内加蒸馏水至水位线处，注意水位不能太低也不能超过水位线标志，以免水浸湿被灭菌物品。

③ 向灭菌桶内放置被灭菌物品。注意物品之间应留有适当的空隙，以免影响灭菌效果。将灭菌桶放入灭菌器。

④ 盖好容器盖子，使盖子与容器密合。

⑤ 设置灭菌工作参数，即灭菌温度、灭菌时间和保温温度等，启动灭菌程序。

⑥ 灭菌程序结束后，等压力降为零，温度降至 50～60℃时，打开高压蒸汽灭菌器，取出灭好菌的物品，断开电源开关。

⑦ 排掉高压蒸汽灭菌器中的水。

5. 无菌检查

经灭菌的培养基冷却后置于 37℃恒温培养箱内，培养 24～48h，进行无菌检查。

五、注意事项

① 调节培养基 pH 时，需要边滴加 1mol/L 的 NaOH 溶液边搅拌，并随时检测其 pH，不要滴加太快而使其高于所需 pH，否则又需要加酸调低 pH，反复调节会影响培养基内各种离子的浓度。

② 加热培养液使琼脂溶解时，需要不停地搅拌，以免琼脂沉淀下来被烧焦。

③ 分装培养基时，注意不要使培养基沾到瓶口，以免污染。配制的是固体培养基时，分装要趁热，否则分装到各试管中的琼脂量不一样，影响其凝固性。

④ 配制的培养基应尽快进行灭菌。灭过菌的培养基不宜保存过久，以免其中的营养成分发生变化。

六、实验结果

① 描述本次实验配制培养基的灭菌效果。

② 画出本实验的流程图。

七、思考题

① 配制好培养基后，根据实验要求需要分装到多支试管中，为什么每支试管中不能装太多？液体培养基、固体培养基和半固体培养基的试管分装时，对加入的培养基的量有什么要求，为何不同？

② 配制培养基时能否用铜器皿或铁器皿？为什么？

③ 培养基经灭菌后为什么需要进行无菌检查？

实验六　细菌的纯种分离、纯化和接种技术

一、实验目的

① 掌握从土壤中分离、纯化细菌的方法。
② 掌握常用的分离和纯化细菌的方法。
③ 学会几种接种技术。
④ 熟练进行无菌操作。

二、实验原理

土壤是微生物生活的大本营，无论是种类还是数量都很丰富，可以从其中分离得到很多有价值的菌株。在土壤中，细菌和其他微生物杂居在一起，为了生产和科研的需要，需要从混杂的群体中分离出某些具有特殊功能的纯种微生物。

微生物实验室常用单菌落分离的方法从环境中分离细菌。细菌在固体培养基上生长形成的单个菌落，一般是由一个细胞繁殖而成的聚集体。因此，挑取单菌落可获得一种纯培养物。获得单个菌落的方法有：稀释倾注平板法、稀释平板涂布法、平板划线法。但平板上的肉眼看到的单个菌落其实并不一定是纯培养物，需要多次划线分离纯化并结合显微镜检测其个体形态，经过一系列特征鉴定才能得到纯化培养物。

微生物接种技术是微生物实验中常用的基本操作技术。接种是在无菌操作条件下，将某种微生物的纯种移接到新鲜培养基中的一种操作。最常用的接种方法有斜面接种、穿刺接种、液体接种等方法。

微生物的分离培养和接种等操作需要在无菌室或生物超净台等无菌环境中进行。由于本科教学实验时学生人数多，无法容纳太多实验者到无菌室等条件下做实验，一般在微生物实验室进行实验，实验前要对实验室卫生进行打扫，清理桌面，用湿布擦净实验台；然后用75％酒精擦拭桌面，等自然晾干后，在酒精灯的火焰旁基本可以达到无菌条件。为避免因空气流动而带来污染，操作时关闭门窗，切忌聊天或随意走动。

三、实验器材

1. 仪器和器具

恒温培养箱、冰箱、电热干燥箱、电子天平、普通光学显微镜、管腔式电热杀菌装置、无菌培养皿、无菌试管、锥形瓶、无菌涂布棒、接种环、接种针、酒精灯或本生灯、无菌小铲、无菌牛皮纸袋、75％酒精棉球、记号笔、试管架、移液器、护目镜、标签纸。

2. 培养基和试剂

灭菌的牛肉膏蛋白胨琼脂斜面培养基、灭菌的牛肉膏蛋白胨半固体培养基、灭菌的牛肉膏蛋白胨液体培养基、无菌蒸馏水。

3. 菌源

选定土样采集地点，用无菌小铲将 2～5cm 的表层土铲去，然后取 5～10cm 处的土壤适量，放入无菌牛皮纸袋中，贴标签纸标注后带回实验室备用，土样采集后应及时进行细菌分离实验。

枯草杆菌斜面菌种 3 支。

四、实验步骤

实验全程戴口罩、护目镜、手套。

(一) 土壤稀释液的制备

将灭菌的锥形瓶（装有 99mL 蒸馏水）、试管（分装有 9mL 蒸馏水）从高压蒸汽灭菌器取出，等温度降到室温。取四支试管（分装有 9mL 蒸馏水），按 10^{-3}、10^{-4}、10^{-5}、10^{-6} 依次编号标记在试管上。

在无菌操作条件下，称取 1.000g 土样加入装有 99mL 蒸馏水的锥形瓶中，摇匀（或用混合器）将土壤颗粒打散，成为 10^{-2} 的稀释液；从 10^{-2} 的稀释液中用无菌移液器取 1mL 加入 9mL 无菌试管水中，摇匀，为 10^{-3} 的稀释液，以此类推，稀释到 10^{-6}（图 10-5）。

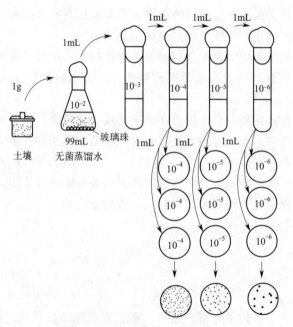

图 10-5　土样稀释和接种流程图

（二）平板分离培养

本实验采用三种平板分离培养法进行实验。

1. 稀释倾注平板法

① 准备培养基：将灭菌的牛肉膏蛋白胨琼脂培养基从高压蒸汽灭菌器取出，或将灭菌后放冰箱冷藏保存的培养基取出加热熔化。等温度降到50℃左右后放在恒温水浴锅上保温，备用。

② 平板制作：取10套无菌培养皿编号标记，一套为空白对照；10^{-4}、10^{-5}、10^{-6}各3套。

加菌液：分别移取1mL稀释度为10^{-4}、10^{-5}、10^{-6}的土壤稀释液加入相应编号的无菌培养皿内。

倒平板：将温度为50℃左右的培养基，分别倒入已经加有不同稀释度的土壤稀释液的培养皿中（约10～15mL，以铺满培养皿底为限），置水平位置立即轻轻旋动培养皿，使培养基和土壤稀释液充分混匀（图10-5）。

空白对照：向一无菌培养皿中加1mL无菌蒸馏水，然后倒入50℃左右的培养基，置水平位置立即轻轻旋动培养皿。

等冷凝后即成平板，倒置于37℃恒温培养箱内培养24～48h。

结果观察：待长出菌落后，进行观察、分析实验结果。

2. 稀释平板涂布法

① 准备培养基：将灭菌的牛肉膏蛋白胨琼脂培养基从高压蒸汽灭菌器取出，或将灭菌后放冰箱冷藏保存的培养基取出加热熔化。等温度降到50℃左右后放在恒温水浴锅上保温，备用。

② 平板制作：取10套无菌培养皿编号标记，一套为空白对照；10^{-4}、10^{-5}、10^{-6}各3套。

倒平板：将温度为50℃左右的培养基，分别倒入10套培养皿（约10～15mL，以铺满培养皿底为限），置于水平位置，冷凝后即成平板。

平板涂布：分别从10^{-4}、10^{-5}、10^{-6}土壤稀释液中移取0.1mL到相应编号平板上，立即用无菌涂布棒旋转涂布均匀（图10-5）。

起初不能倒置，先正置一段时间后再倒置。然后置于37℃恒温培养箱内培养24～48h。

空白对照：取0.1mL无菌蒸馏水加到空白编号平板上，立即用无菌涂布棒旋转涂布均匀。

结果观察：待长出菌落，观察、分析实验结果。

3. 平板划线法

① 准备培养基：将灭菌的牛肉膏蛋白胨琼脂培养基从高压蒸汽灭菌器取出，或将灭菌后放冰箱冷藏保存的培养基取出加热熔化。等温度降到50℃左右后放在恒温水浴锅上保温，备用。

② 平板制作：取4套无菌培养皿编号标记，一套为空白对照；平板划线三套。

倒平板：将温度为50℃左右的培养基，分别倒入4套培养皿（约10～15mL，以铺满培养皿底为限），置于水平位置，冷凝后即成平板。

③ 平板划线：用无菌接种环从上述加有土壤的锥形瓶中挑取一环土壤悬液（10^{-2}），在

平板上轻轻划线，划线的方式见图 10-6、图 10-7。划线完毕立即盖好皿盖。先正置一段时间后再倒置于 37℃ 恒温培养箱内培养 24~48h 后观察结果。

用无菌接种环挑取一环无菌蒸馏水，在空白对照平板上划线。

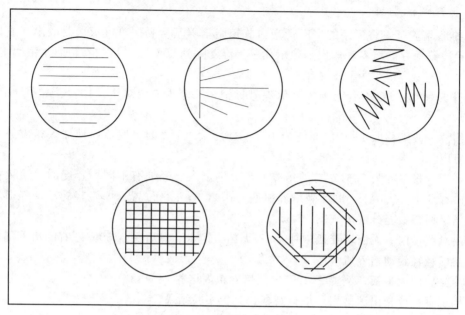

图 10-6　平板划线的形式

（三）纯化培养

1. 菌落选择

培养 24~48h 后，从分离平板中选择具有明显不同菌落特征的几种单菌落进行编号记录。

2. 纯化检查

分别对所挑选的各个单菌落再进行一次平板划线，于 37℃ 恒温培养箱内培养 24~48h 后，观察平板上长出的单菌落特征是否一致，不一致的话针对不同菌落继续进行平板划线分离。菌落特征一样后，取该单菌落

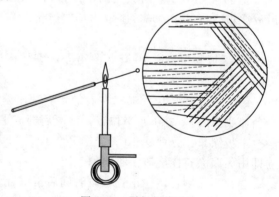

图 10-7　平板划线手法

的一半进行简单染色，通过镜检检查其个体形态是否一致；挑取另一半菌落接种于斜面培养基上，置于 37℃ 恒温培养箱内培养 24~48h 后，挑取菌苔进行简单染色后镜检，若发现其个体形态有不一致的情况，则需要重新纯化培养，直到获得几株纯细菌培养物。最后记录各菌株的菌落特征和个体形态特征，通过简单染色观察其个体形态。低温保藏，备用。

（四）斜面接种

（1）斜面准备

将实验五中制备的斜面培养基从冰箱中取出。擦去试管外的冷凝水，将试管贴上标签，

标注接种信息。

（2）接种

点燃酒精灯或打开本生灯。

左手持试管：将一支斜面菌种和一支待接种的无菌斜面放在左手的食指、中指和无名指之间，将两试管底部放在手掌心，试管的斜面保持在水平状态，让试管稍向上倾斜，试管口齐平朝向火焰旁的无菌操作区域内。具体见图 10-8。

灼烧接种环：右手取接种环，先将镍铬丝环扣在外火焰处灼烧至红热灭菌，再将可能伸入试管的部分通过火焰灼烧灭菌，然后将接种环置于火焰旁的无菌操作区域内。

进行接种：①右手小拇指和无名指与手掌先后夹住两试管的塞子，将其拔出。同时将开启的试管口快速通过火焰灭菌后让试管

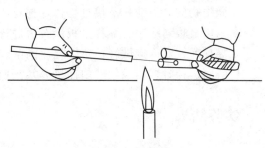

图 10-8　斜面接种

口停留在火焰旁的无菌操作区域内，保持斜面呈水平状态，试管口面朝向火焰附近。②将灭过菌的接种环伸入菌种管中，先用接种环轻轻触碰试管壁降温；然后用接种环接触斜面菌种试管内无菌苔的培养基部位以检查其温度是否合适；再用接种环的前缘部位挑取少许菌苔，并转移到待接试管斜面，将接种环上的菌体划线接种于斜面培养基表面上，斜面划线形式见图 10-9。然后抽出接种环，同时将两支试管的试管口和塞子过一下火焰，然后把塞子塞到各自试管上。③接种完毕，立即灼烧接种环以杀死其上残留的菌体。也可以将含菌接种环伸入管腔式电加热杀菌装置以杀灭接种环残留菌体。

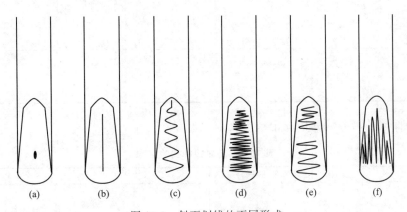

(a)　　　　(b)　　　　(c)　　　　(d)　　　　(e)　　　　(f)

图 10-9　斜面划线的不同形式

（3）培养观察

将接种后的试管置于试管架上，于 37℃ 恒温培养箱内培养 24h，观察菌苔生长情况。

（五）培养物的后处理

1. 清洗

菌种若需要保留，可用无菌纸包装试管或锥形瓶的塞子一端后放在 4℃ 冰箱保存。

将废弃的培养物连塞子进行高压蒸汽灭菌后再进行洗刷处理。

2. 清理实验台

实验后，对实验台进行消毒处理和清洁。整理台面，打扫、清理实验室的地面。

五、注意事项

① 微生物的分离纯化及接种操作，都要严格在无菌操作条件下进行。

② 采用平板划线法、稀释平板涂布法进行分离纯化时，不能划破培养基。

③ 接种前核对待接试管标签上标注的菌名是否与菌种管的菌名一致，防止混淆。

④ 斜面接种时，切忌划破斜面培养基，划线不能超出斜面。

六、实验结果

① 将从土壤中分离纯化的几株细菌的个体形态和菌落形态特征记录于表 10-6。

表 10-6 土壤中分离细菌的菌落形态和个体形态

细菌菌株编号	菌落形态描述	个体形态(描述、绘图)

② 将斜面接种培养后的情况记录于表 10-7。

表 10-7 斜面接种实验结果

菌名	划线状况(画图)	菌苔特征	有无污染

七、思考题

① 为防止斜面接种时被杂菌污染，在操作过程中应注意哪些问题？

② 琼脂在固体培养基中有什么作用？固体培养基使用琼脂有何优点？

③ 从土壤中分离细菌时为什么要进行稀释？

实验七　水中细菌总数的测定

一、实验目的

① 学习水样中细菌总数测定的方法。

② 掌握平板菌落计数法。

③ 了解水中细菌数量对水质的影响及在饮用水监测中的重要性。

二、实验原理

　　水中细菌总数可以说明水体的水质状况和被微生物污染的程度，是有机污染程度的一个重要指标，也是一个卫生指标，可指示该饮用水在卫生指标上是否达到饮用标准。细菌学检验是水质评估的重要方法之一。水中细菌总数与水体受有机污染的程度呈正相关，细菌菌落总数越大说明水体被污染得越严重。

　　细菌菌落总数是指将 1mL 水样加入新鲜无菌的营养琼脂培养基中，于 37℃ 条件下培养 24h 后所生长的细菌菌落总数（colony-forming units，简称 CFU）。

　　生活饮用水中的细菌菌落总数不能超过 100CFU/mL。

　　水中细菌种类繁多，对生长条件的要求也各不相同，实际工作中很难找到适合所有细菌生长的同一种培养基和培养条件，所以本实验采用平板菌落计数法测定水中细菌总数所得的细菌菌落总数是一个近似值。

三、实验器材

　　1. 仪器和器具

恒温培养箱、高压蒸汽灭菌器、菌落计数器、电子天平、微波炉、水样采样器、试管、无菌锥形瓶、无菌培养皿、移液器、酒精灯或本生灯、洁净载玻片。

　　2. 试剂

灭菌的牛肉膏蛋白胨琼脂培养基、无菌生理盐水。

四、实验步骤

　　实验全程戴口罩、护目镜、手套。

（一）生活饮用水细菌总数测定

　　1. 水样的采集

将自来水水龙头擦拭干净，并用火焰灼烧水龙头约 3min 进行灭菌；再拧开水龙头流水

5～10min后，采用无菌锥形瓶接取水样，并立即检测。

2. 准备培养基

将灭菌并保温至50℃的牛肉膏蛋白胨琼脂培养基从高压蒸汽灭菌器取出，或将灭菌后放冰箱冷藏保存的培养基取出加热熔化。等温度降到50℃左右后置于恒温水浴锅上保温，备用。

3. 水样的稀释

将水样摇匀，在无菌操作条件下，用无菌移液器取1mL水样到装有9mL无菌生理盐水的试管中，混匀，为10^{-1}的稀释液；从10^{-1}的稀释液中用无菌移液器取1mL加入盛有9mL无菌生理盐水的试管中，摇匀，为10^{-2}的稀释液。

4. 平板制作

取10套无菌培养皿编号标记：1套为空白对照；10^{-0}、10^{-1}、10^{-2}各3套。

加菌液：分别移取1mL稀释度为10^{-0}、10^{-1}、10^{-2}的自来水稀释液加入相应编号的培养皿内。

倒平板：将温度为50℃左右的牛肉膏蛋白胨琼脂培养基，分别倒入已经加有不同稀释度的自来水稀释液的培养皿中（约10～15mL，以铺满培养皿底为限），置水平位置迅速轻轻旋动培养皿，使培养基和自来水稀释液充分混匀。空白对照：向一无菌培养皿中加1mL无菌生理盐水，然后倒入50℃左右的培养基，混匀。

等冷凝后即成平板，倒置于37℃恒温培养箱内培养24～48h。

结果观察：待长出菌落，取在平板上有30～300个菌落的平板进行计数、分析实验结果。

（二）河水细菌总数测定

1. 水样的采集

采用水样采样器进行采集，将采样器坠入所需深度，拉起瓶盖绳即可打开瓶盖开始采样，水样取够后松开瓶盖绳自行盖好瓶口，停止采样，取出采样瓶后立即送回实验室进行检测。

2. 准备培养基

将灭菌并保温的牛肉膏蛋白胨琼脂培养基从高压蒸汽灭菌器取出，或将灭菌后放冰箱冷藏保存的培养基取出加热熔化。等温度降到50℃左右后置于恒温水浴锅上保温，备用。

3. 水样的稀释

将水样摇匀，在无菌操作条件下，用无菌移液器取1mL水样到装有9mL无菌生理盐水的试管中，混匀，为10^{-1}的稀释液；从10^{-1}的稀释液中用无菌移液器取1mL加入9mL无菌生理盐水中，摇匀，为10^{-2}的稀释液，以此类推，稀释到10^{-6}。

4. 平板制作

取10套无菌培养皿编号标记：1套为空白对照；10^{-4}、10^{-5}、10^{-6}各3套。

加菌液：分别移取1mL稀释度为10^{-4}、10^{-5}、10^{-6}的水样稀释液加入相应编号的无菌培养皿内。

倒平板：将温度为 50℃左右的培养基，分别倒入已经加有不同稀释度的水样稀释液的培养皿中（约 10～15mL，以铺满培养皿底为限），置水平位置迅速轻轻旋动培养皿，使培养基和水样稀释液充分混匀。空白对照：向一无菌培养皿中加 1mL 无菌生理盐水，然后倒入 50℃左右的培养基，混匀。

等冷凝后即成平板，倒置于 37℃恒温培养箱内培养 24～48h。

结果观察：待长出菌落，取在平板上有 30～300 个菌落的平板进行计数，分析实验结果。

五、注意事项

① 整个实验在无菌操作条件下进行，防止污染。

② 将水样稀释时，移液枪头不可混用。

③ 水样采集后，应快速送回实验室检测。来不及测定时放在 4℃冰箱中保存，当无低温保存条件时，需要在报告中注明水样采集和测定的间隔时间。

六、实验结果

进行平板菌落计数时，可以用肉眼直接观察计数，也可用菌落计数器进行计数。

记录同一浓度水样的三个平板菌落数，取平均值，计入表 10-8 进行分析。

表 10-8　稀释度选择和菌落总数报告

例次	不同稀释度的平均菌落数			符合要求的两个稀释度菌落数之比	菌落总数 /(CFU/mL)	报告方式 /(CFU/mL)
	10^{-0}（原水）	10^{-1}	10^{-2}			
自来水 1						
自来水 2						
例次	不同稀释度的平均菌落数			符合要求的两个稀释度菌落数之比	菌落总数 /(CFU/mL)	报告方式 /(CFU/mL)
	10^{-4}	10^{-5}	10^{-6}			
河水 1						
河水 2						

选择平均菌落数在 30～300CFU/mL 之间者进行计数。如果平板上有较大片状菌落生长，则说明没有涂匀故不宜采用。

① 若只有一个稀释度的平均菌落数符合 30～300CFU/mL 范围时，则将该平均菌落数乘以相应稀释倍数记入报告。

② 若有两个稀释度平板上生长的菌落平均数都在 30～300CFU/mL 之间，则需要根据两者菌落数之比值来决定：其比值小于 2，则以两者的平均数进行报告；其比值大于等于 2，则取其中稀释度较小的菌落总数记入报告。

③ 若所有稀释度的平均菌落数均大于 300，则应按稀释度最高的平均菌落数乘以相应稀释倍数记入报告。

④ 若所有稀释度的平均菌落数均小于 30，则应按稀释度最低的平均菌落数乘以相应稀

释倍数记入报告。

⑤ 若所有稀释度的平均菌落数均不在 30～300 之间时，以最接近 30 或 300 的平均菌落数乘以相应稀释倍数记入报告。

七、思考题

① 分析自来水中细菌总数的实验结果，该自来水是否符合生活饮用水的标准？
② 所取的河水污染程度如何？属于哪一类水？
③ 测定水中细菌菌落总数有什么实际意义？有什么指示作用？

实验八　水中总大肠菌群的测定

一、实验目的

① 掌握水中总大肠菌群的检测方法。
② 了解总大肠菌群在水质检测中的重要性。
③ 了解大肠菌群的生化特性。

二、实验原理

饮用水水质的好坏会影响人们的身体健康和正常生活，许多致病细菌常常存在于水体中，人们饮用后会引发疾病。饮用水中病原菌的检测，一般采用总大肠菌群作为指示菌，每升水中的总大肠菌群数量称为总大肠菌群指数。我国《生活饮用水卫生标准》（GB 5749—2022）规定总大肠菌群不得检出。当水样中检出总大肠菌群时，应进一步检验大肠埃希菌或耐热大肠菌群。

粪便中除了含有大肠杆菌外，可能还有肠道致病菌（霍乱弧菌、伤寒沙门氏菌等）。如果水体被粪便污染，水体中可能含有这些肠道致病菌。但这些致病菌在水体中易死亡、数量少又难以分离，对其进行鉴别和检测又费时，而大肠杆菌一般不致病并且容易检出，所以大肠杆菌可作为水体被致病菌污染的指示菌。水体中大肠杆菌的数量，不仅可以直接说明水体被粪便污染的程度，并且可以间接推测水体有可能被肠道致病菌污染。当水体中大肠杆菌数量很少或没有时，意味着与大肠杆菌一起排出的致病菌存在的可能性比较低。可采用多管发酵法测定总大肠菌群。

总大肠菌群：是指一群好氧和兼性厌氧、革兰氏阴性、无芽孢的杆状细菌，并且在乳糖培养基中经 37℃ 培养 24～48h 能产酸产气。

多管发酵法包括初发酵试验、确定性试验（平板分离）和复发酵试验三个部分。发酵管内装有乳糖蛋白胨液体培养基，并倒置一杜氏小管。乳糖能起选择作用，因为很多细菌不能发酵乳糖，而大肠菌群能发酵乳糖而产酸产气。

三、实验器材

1. 仪器和器具

恒温培养箱、高压蒸汽灭菌器、电子天平、水样采样器、试管、杜氏小管、无菌锥形瓶、无菌培养皿、移液器、酒精灯或本生灯、载玻片、棉塞。

2. 培养基和试剂

乳糖胆盐蛋白胨培养基（乳糖、牛胆盐、蛋白胨、牛肉膏、NaCl、质量浓度为 16g/L 的溴甲酚紫溶液），3 倍乳糖胆盐蛋白胨发酵管，灭菌的伊红美蓝琼脂培养基（乳糖、蛋白胨、磷酸氢二钾、琼脂、质量浓度为 20g/L 的伊红水溶液、质量浓度为 6.5g/L 的美蓝溶液），革兰氏染色液一套，15g/L 的硫代硫酸钠溶液、无菌蒸馏水。

四、实验步骤

实验全程戴口罩、护目镜、手套。

（一）培养基制备与灭菌

1. 乳糖胆盐蛋白胨发酵管

配方：乳糖，5.0g；牛胆盐，3.0g；蛋白胨，10.0g；牛肉膏，3.0g；NaCl，5.0g；质量浓度为 16.0g/L 的溴甲酚紫溶液，1mL；蒸馏水，1000mL；pH 为 7.2～7.4。

制备乳糖胆盐蛋白胨发酵管：按配方分别称取乳糖、牛胆盐、蛋白胨、牛肉膏、NaCl 溶解于 1000mL 蒸馏水中，加热混匀，调整 pH 为 7.2～7.4。然后加 1mL 质量浓度为 16.0g/L 的溴甲酚紫溶液，混匀后分装于试管内，每支试管装 10mL。每支试管中放一倒置的杜氏小管，杜氏小管内不能有气泡，塞好棉塞，包扎，灭菌（115℃，20min），备用。

2. 3 倍乳糖胆盐蛋白胨发酵管

按上述乳糖胆盐蛋白胨培养液浓缩 3 倍配制，分装于试管中，每支试管装 10mL。每支试管中放一倒置的杜氏小管，杜氏小管内不能有气泡，塞好棉塞，包扎，灭菌（115℃，20min），备用。

3. 伊红美蓝琼脂培养基

制备伊红美蓝琼脂平板：取无菌培养皿，倒入灭菌后温度降至 50℃ 左右的伊红美蓝琼脂培养基，冷凝，制平板。

（二）水样的采集和保藏

1. 自来水采集

将自来水水龙头擦拭干净，并用火焰灼烧水龙头 2～3min 进行灭菌；再拧开水龙头放水 5～10min 后，用无菌锥形瓶接取所需的水量后盖上无菌塞子，并立即送实验室检测。

当自来水中有余氯时，需要提前在采样瓶中加入适量硫代硫酸钠以消除余氯对水中微生物的影响。

2. 湖水或河水采集

使用水样采样器采集，将采样器坠入所需深度，拉起瓶盖绳即可打开瓶盖开始采样，水样取够后松开瓶盖绳即自行盖好瓶口，停止采样，取出采样瓶后立即送回实验室检测。

3. 水样的保藏

采集水样后，应迅速送实验室进行检测。不能及时进行检验时，应放在4℃冰箱内保藏。若没有低温保藏条件时，需要在报告中注明水样采集与检验相隔的时间。较清洁的水样需要在12h内完成检验，而污水则需要在6h内完成检验。

（三）自来水中总大肠菌群的检测

1. 初发酵试验

取15支装有10mL的3倍乳糖蛋白胨培养液的发酵管，分别向5支中加入10.0mL水样，分别向5支中加入1.0mL水样，分别向5支中加入0.1mL水样。将各支试管混匀后，同时置于37℃恒温培养箱中培养24h。观察各发酵管中产酸产气情况。

情况分析：①若培养基为紫色，倒置的杜氏小管中没有气体，即不产酸不产气。说明无大肠菌群存在，该发酵管为阴性管。②若培养基由紫色变为黄色，倒置的杜氏小管中有气体，即产酸又产气。说明有大肠菌群存在，该发酵管为阳性管。③若培养基由紫色变为黄色，倒置的杜氏小管中没有气体，即产酸不产气。说明有大肠菌群存在，该发酵管为阳性管。④若培养基为紫色、不混浊，但倒置的杜氏小管中有气体，说明操作有问题需要重新做试验。

2. 确定性试验（平板分离）

经24h的培养后，在无菌操作条件下，分别将产酸产气、只产酸的发酵试管中的菌液划线接种于伊红美蓝琼脂平板上，置于37℃恒温培养箱中培养18～24h。观察菌落特征。

情况分析：如果在伊红美蓝琼脂培养基平板上的菌落呈深紫黑色，具有金属光泽；菌落呈紫黑色，不带或略带金属光泽；菌落呈淡紫红色，中心色较深；菌落呈紫红色。进行涂片、革兰氏染色后镜检，结果为革兰氏阴性的无芽孢杆菌时，说明有大肠菌群存在。

3. 复发酵试验

在无菌操作条件下，分别用接种环挑取具有上述菌落特征的革兰氏阴性的菌落接种于装有10mL灭菌的乳糖胆盐蛋白胨发酵管中（内有倒置的杜氏小管），置于37℃恒温培养箱中培养24h。观察发酵管中产酸产气情况。

有产酸产气者，说明有大肠菌群存在，该发酵管为阳性管。根据阳性管的数量及实验所用的水样量，运用数理统计原理可以计算出每100mL水样中总大肠菌群的最大可能数目（MPN），计算公式：

$$MPN = 1000 \times 阳性管数 / [阴性管数水样体积(mL) \times 全部水样体积(mL)]^{0.5}$$

(四) 湖水或河水中总大肠菌群的检测

1. 水样稀释

在无菌操作条件下，将水样按 10 倍稀释法稀释至 10^{-1}、10^{-2}。

2. 初发酵试验

取 15 支装有 10mL 的乳糖蛋白胨培养液的发酵管，分别向 5 支中加入 1mL 原水样，分别向 5 支中加入 1mL 10^{-1} 的水样，分别向 5 支中加入 1mL 10^{-2} 的水样，各支试管混匀后，同时置于 37℃恒温培养箱中培养 24h。观察发酵管中产酸产气情况。

3. 确定性试验（平板分离）和复发酵试验

同自来水中总大肠菌群的检测方法。

五、注意事项

① 向乳糖蛋白胨发酵管中放倒置杜氏小管时，注意杜氏小管中不能有气泡。从高压蒸汽灭菌器中取出时需要检查是否有气泡。

② 初发酵试验中，在杜氏小管中即使仅存在微小的气泡也认为是有产气，或在杜氏小管内虽然没有气体但在管壁有缓慢上升的小气泡时，轻轻敲动或摇动试管如有气泡沿管壁上浮，则考虑是有气体产生，需要进行复发酵试验。

③ 试验中合理控制所加的水样量。

六、结果记录

将实验结果记录于表 10-9。

表 10-9　不同水样中总大肠菌群测试结果

水样种类	10mL	1mL	0.1mL(10^{-1})	0.01mL(10^{-2})	总大肠菌群 MPN/100mL
自来水				—	
河水或湖水	—				

七、思考题

① 假如某水体中含有致病菌霍乱弧菌，采用多管发酵法检测总大肠菌群时能否得到阳性结果？为什么？

② 伊红美蓝琼脂培养基中各成分在检测大肠菌群中有什么作用？

③ 大肠菌群检测试验中哪个步骤是关键的步骤？

④ 大肠菌群检测试验为什么需要经过两次发酵试验？

⑤ 人的肠道中主要存在大肠菌群、肠球菌和产气荚膜杆菌，为什么以大肠菌群为检验肠道致病菌的指示菌，而不是以肠球菌或产气荚膜杆菌为指示菌？

实验九 耐热大肠菌群的测定

一、实验目的

① 掌握水中耐热大肠菌群的检测方法。
② 了解耐热大肠菌群在水质检测中的重要性。
③ 了解耐热大肠菌群的生化特性。

二、实验原理

由于总大肠菌群不仅包括来源于粪便的耐热大肠菌群，也包括了其他非粪便的杆菌，所以不能直接反映水体是否受到粪便污染。

耐热大肠菌群是总大肠菌群的一部分，并非细菌学分类名称，而是卫生学上的用语，指能在 44.5℃ 生长并且能发酵乳糖产酸产气的一类粪源性大肠菌群，包括埃希菌属和克雷伯菌属，可以指示粪便污染。在自然界中易死亡，耐热大肠菌群的存在可表明水体近期受到了粪便污染，是目前国际上通行的监测水质是否受到粪便污染的指示菌，在卫生学上具有重要意义。《生活饮用水卫生标准》中规定，耐热大肠菌群（MPN/100mL 或 CFU/100mL）不得检出。

测定耐热大肠菌群的方法主要有多管发酵法和滤膜法。其中多管发酵法是经典方法。

三、实验器材

1. 仪器和器具

隔水式恒温培养箱、高压蒸汽灭菌器、水样采样器、试管、杜氏小管、无菌锥形瓶、无菌培养皿、移液器、酒精灯或本生灯、载玻片、棉塞。

2. 试剂

乳糖胆盐蛋白胨培养基（乳糖、牛胆盐、蛋白胨、牛肉膏、NaCl、质量浓度为 16g/L 的溴甲酚紫溶液），3 倍乳糖胆盐蛋白胨发酵管。

伊红美蓝琼脂培养基（乳糖、蛋白胨、磷酸氢二钾、琼脂、质量浓度为 20g/L 的伊红水溶液，质量浓度为 6.5g/L 的美蓝溶液）。

革兰氏染色液一套、15g/L 的硫代硫酸钠溶液、无菌蒸馏水。

EC 培养液 [胰蛋白胨，20.0g；乳糖，5.0g；胆盐混合物或 3 号胆盐，1.5g；磷酸氢二钾（$K_2HPO_4 \cdot 3H_2O$），4.0g；磷酸二氢钾（KH_2PO_4）1.5g；NaCl，5.0g；蒸馏水，1000mL]。

四、实验步骤

实验全程戴口罩、护目镜、手套。

（一）培养基配制与灭菌

1. 乳糖胆盐蛋白胨发酵管制备

制备乳糖胆盐蛋白胨发酵管：按配方分别称取乳糖、牛胆盐、蛋白胨、牛肉膏、NaCl 溶解于 1000mL 蒸馏水，加热混匀，调整 pH 为 7.2～7.4。然后加 1mL 质量浓度为 16g/L 的溴甲酚紫溶液，混匀后分装于试管内，每支试管装 10mL。每支试管中放一倒置的杜氏小管，杜氏小管内不能有气泡，塞好棉塞，包扎，灭菌（115℃，20min）。灭菌结束后，取出置于阴冷处备用。

2. EC 培养液制备

将 EC 培养液配方中各成分加热溶解后，分装于内装倒置杜氏小管的试管中，每支试管装 10mL。包扎后灭菌（115℃，20min），灭菌后 pH 值应为 6.9。灭菌结束后，取出置于阴冷处备用。

3. 伊红美蓝琼脂培养基制备

制备：将蛋白胨、磷酸氢二钾、琼脂溶解于蒸馏水，调节 pH 为 7.1，加入乳糖，再加入伊红水溶液和美蓝溶液，混匀。分装到锥形瓶中，加塞，灭菌（115℃，20min），备用。

制备伊红美蓝琼脂平板：取无菌培养皿，倒入灭菌后温度降至 50℃ 左右的伊红美蓝琼脂培养基，冷凝，制平板。

（二）水样的采集和保藏

1. 自来水采集

将自来水水龙头擦拭干净，并用火焰灼烧水龙头 2～3min 进行灭菌；再拧开水龙头放水 5～10min 后，用无菌锥形瓶接取所需的水量后盖上无菌塞子，并立即送实验室检测。

当自来水中有余氯时，需要提前在采样瓶中加入适量硫代硫酸钠以消除余氯对水中微生物的影响。

2. 湖水或河水采集

使用水样采样器采集，将采样器坠入所需深度，拉起瓶盖绳即可打开瓶盖开始采样，水样取够后松开瓶盖绳即自行盖好瓶口，停止采样，取出采样瓶后立即送回实验室检测。

3. 水样的保藏

采集水样后，应迅速送实验室进行检测。当来不及及时检验时，应放在 4℃ 冰箱内保藏。若没有低温保藏条件时，需要在报告中注明水样采集与检验相隔的时间，较清洁的水样需要在 12h 内完成检验，而污水则需要在 6h 内完成检验。

（三）多管发酵法测定自来水中的耐热大肠菌群

1. 接种

取 15 支装有 10mL 的乳糖蛋白胨培养液的发酵管，分别向 5 支发酵管中加入 10mL 水样、向 5 支发酵管中加入 1mL 水样、向 5 支发酵管中加入 0.1mL 水样，各支试管混匀后，均置于 37℃ 恒温培养箱中培养 24h。观察各发酵管中产酸产气情况。

2. 培养

在无菌操作条件下，将在37℃培养了24h后产酸产气或只产酸的发酵管中的菌液分别接种到装有EC培养液的发酵管中，将各试管置于44.5℃±0.2℃隔水式恒温培养箱中培养18～24h。

3. 观察

在44.5℃±0.2℃隔水式恒温培养箱中培养18～24h后，观察EC培养液发酵管中产气情况。若所有EC培养液发酵管都不产气，则报告为阴性。若有的EC培养液发酵管产气，则将其转接于伊红美蓝琼脂平板上，置于44.5℃±0.2℃隔水式恒温培养箱中培养18～24h。

观察伊红美蓝琼脂平板上的菌落，当平板上存在具有大肠菌群的典型菌落特征者，则说明有耐热大肠菌群，实验结果为阳性。

4. 结果报告

按总大肠菌群多管发酵法计算方法，换算成每100mL水样含有的耐热大肠菌群数。可查最可能数（MPN）检索表，报告每100mL水样含有的耐热大肠菌群数的最可能数值。

（四）多管发酵法测定河水或湖水中的耐热大肠菌群

① 在无菌操作条件下，将水样按10倍稀释法稀释至10^{-1}、10^{-2}。
② 接种、培养、观察和报告方法同多管发酵法测定自来水中的耐热大肠菌群。

五、注意事项

① 本实验中要使用精准的恒温培养箱，一般用隔水式恒温培养箱，能够确保温度维持在44.5℃±0.2℃。
② 准备实验时，发酵管中倒置的杜氏小管中不能有气泡。
③ 当水质好时，可采用滤膜法测定耐热大肠菌群。

六、实验结果

将实验结果记录于表10-10。

表 10-10　不同水样中耐热大肠菌群测试结果

水样种类	10mL	1mL	0.1mL(10^{-1})	0.01mL(10^{-2})	总大肠菌群 MPN/100mL
自来水				—	
河水或湖水	—				

七、思考题

① 耐热大肠菌群数和总大肠菌群数的测定有何异同？
② 为什么在44.5℃±0.2℃隔水式恒温培养箱培养出来的耐热大肠菌群更能代表水质受

粪便污染的情况？

实验十　苯酚降解菌的分离与降解活性的测定

一、实验目的

　　① 掌握从工业废水、活性污泥中筛选分离可以降解苯酚的细菌。
　　② 学习分离纯化苯酚降解菌的操作过程。
　　③ 测定苯酚降解菌的活性。

二、实验原理

　　苯酚是石油化工、炼焦、塑料和纺织等工业废水中的主要污染物，有很强的生物毒性，即使在低浓度时对人体和农作物也有毒害作用，已被列入环境优先污染物的名单。苯酚降解菌是能够把苯酚降解为其他物质的细菌的总称，广泛存在于土壤和水体中。

　　本实验从环境中采样后，以苯酚为唯一碳源进行富集培养，进一步分离纯化筛选出苯酚降解菌，并测定苯酚降解菌的活性。

三、实验器材

　　1. 仪器和器具
　　恒温培养箱、恒温振荡器、高压蒸汽灭菌器、紫外可见分光光度计、电子天平、无菌培养皿、接种环、酒精灯（或本生灯）、锥形瓶、无菌玻璃珠、无菌试管、移液器、容量瓶、全玻璃蒸馏瓶、无菌具塞比色管。

　　2. 培养基
　　无酚培养液：蒸馏水，1000mL；蛋白胨，0.5g；K_2HPO_4，0.1g；$MgSO_4$，0.05g；调节 pH 为 7.2～7.4。灭菌（121℃，20min），备用。
　　含酚培养基：蒸馏水，1000mL；苯酚，0.05g；蛋白胨，0.5g；K_2HPO_4，0.1g；$MgSO_4$，0.05g；琼脂，18g；调节 pH 为 7.2～7.4。灭菌（121℃，20min），备用。
　　含酚斜面培养基若干。

　　3. 试剂
　　① 1000mg/L 苯酚溶液：精准称取苯酚 1.000g，溶于 1000mL 无菌蒸馏水，贮存于冰箱中。
　　② 苯酚标准溶液：精准称取苯酚 1.000g，溶于 100mL 饱和的四硼酸钠溶液，定容为 1000mL，摇匀。量取 10mL 此溶液至 100mL 容量瓶中并定容，此溶液中苯酚浓度为 0.1mg/mL。

③ pH 为 10 的缓冲溶液：称取 2.0g 氯化铵溶于 100mL 氨水中，加塞，置于冰箱中保存。

④ 9mol/L 硫酸：量取分析纯浓硫酸 50mL，缓慢加入 150mL 蒸馏水中。

⑤ 10％硫酸铜溶液：称取化学纯硫酸铜 10.0g，溶于 100mL 蒸馏水中。

⑥ 8％铁氰化钾溶液：称取 8.0g 铁氰化钾溶于 100mL 蒸馏水，置于冰箱中保存，一周内可使用。

⑦ 3％的 4-氨基安替比林溶液：称取分析纯 4-氨基安替比林 3.0g，溶于 100mL 蒸馏水，置于棕色瓶内，保存在冰箱中，两周内可使用。

⑧ 无菌蒸馏水。

四、实验步骤

实验全程戴口罩、护目镜、手套。

（一）富集培养

取一规格为 500mL 的锥形瓶，向其中加 20 颗无菌玻璃珠、0.5mL 的 1000mg/L 苯酚溶液、50mL 无酚培养液、一定量的含酚活性污泥或土壤。置于 30℃恒温振荡培养箱中培养 48h。

用无菌移液器吸取 1mL 上述培养 48h 后的培养液到另一瓶装有 50mL 新鲜无酚培养液的锥形瓶中，加入 1.0mL 的 1000mg/L 苯酚溶液，置于 30℃恒温振荡培养箱中培养 48h。

如此连续培养转接 5 次进行驯化，每次转接培养时添加的酚溶液量按 0.5mL 逐渐增加，最后得到经富集的培养液中含有较多的苯酚降解菌。

（二）分离和纯化

1. 稀释

吸取 1mL 上述富集培养液加入 9mL 无菌蒸馏水中，混匀，得到 10^{-1} 稀释度，以此类推，稀释至 10^{-2}、10^{-3}、10^{-4}、10^{-5}。

2. 倒平板

首先取 10 个无菌培养皿，分别向其中加 10～15mL 融化并冷却至 50℃左右的含酚固体培养基。冷凝后即成含酚平板。在培养皿底部标注 10^{-1}、10^{-2}、10^{-3}、10^{-4}、10^{-5}，每个稀释度做两个平行平板。

3. 涂布

分别吸取各稀释度菌液一滴，滴加到相应含酚平板中央，立即用无菌玻璃涂布棒涂布均匀，在室温无菌室放置 20min 后，倒置于 30℃恒温培养箱中培养 24～48h。

4. 平板划线纯化

分别挑取平板上具有不同形态的菌落，在含酚培养基平板上划线纯化，并标记。然后倒置平板，于 30℃恒温培养箱中培养 1～2d。将不同形态的菌落编号记录，观察各菌株菌落形态，通过简单染色后观察各菌株的个体形态（简单染色方法参考实验二）。

（三）斜面接种

挑选经纯化后不同形态的菌落，转接至含酚斜面培养基上，于 30℃ 恒温培养箱中培养 1d。注意编号标注各菌株。

（四）降解活性测定

1. 绘制标准曲线

取 8 支 50mL 的无菌具塞比色管，编号，分别向其中加入 0.0mL、0.5mL、1.0mL、3.0mL、5.0mL、7.0mL、10.0mL、12.5mL 苯酚标准溶液，加无菌蒸馏水至 50mL 标线。分别加 0.5mL 缓冲溶液混匀，加 1.0mL 3% 的 4-氨基安替比林溶液混匀，加 1.0mL 铁氰化钾溶液，充分混匀后，放置 10min。利用紫外可见分光光度计，用 20mm 比色皿，在以无菌蒸馏水作参比、510nm 波长下测定其吸光度。经空白校正，绘制标准曲线。

2. 降解实验

针对每一株苯酚降解菌株进行降解实验。

在无菌操作下，取一环斜面酚降解菌加到盛有 100mL 无酚培养液的锥形瓶中，并做 2 个平行样；另外做两个对照组，其中无酚培养液中不接种。置于 30℃ 恒温培养箱中培养 24h。

然后向每个培养瓶中加入 10mL 的 1000mg/L 苯酚溶液，再次置于 30℃ 恒温培养箱中培养 24h 后，取出测每个培养瓶中苯酚的浓度。

3. 测定降解实验的苯酚含量

取待测定的培养液 50mL，加入 500mL 蒸馏瓶中，依次向蒸馏瓶中加入 100mL 的 10% 硫酸铜溶液、10mL 的 9mol/L 硫酸溶液、200mL 无菌蒸馏水，然后进行蒸馏。蒸馏液收集到 250mL 容量瓶中，当蒸馏液达到 200mL 左右时停止蒸馏，并用无菌蒸馏水定容至 250mL。

移取 50mL 上述蒸馏液于无菌具塞比色管中，并用与测定标准曲线相同的方法测定其吸光度。

减去空白实验的吸光度，查标准曲线后可得出培养液中剩余苯酚的含量。

4. 计算结果

$$苯酚浓度(mg/L) = 苯酚的质量(mg) \times 1000/50$$

苯酚降解率＝(未接种前培养液中苯酚量－终止时培养液中苯酚量)/未接种前培养液中苯酚量

五、注意事项

① 苯酚有毒，使用时注意安全，实验全程戴口罩、手套和护目镜。

② 进行苯酚降解菌的纯化时，需要经过多次平板划线观察其菌落形态和个体形态才能确保其纯度。

六、结果记录

将实验结果记录于表 10-11。

表 10-11　不同菌株对苯酚的降解情况

菌株号	菌落特征	个体形态特征	苯酚降解能力
1			
2			
3			
4			
...			

七、思考题

① 对富集培养的含有苯酚降解菌的混合培养物，如何进行分离和纯化？

② 设计一个从电镀废水中筛选可降解氰化物的微生物的实验方案。

实验十一　发光细菌的生物毒性检测

一、实验目的

① 了解发光细菌法进行生物毒性检测的原理，能够根据发光细菌发光强度的变化判断受试物的毒性。

② 学习发光细菌的生物毒性检测方法。

二、实验原理

发光细菌是一类非致病的革兰氏阴性微生物。发光细菌的生物发光反应，是由分子氧作用、细胞内荧光酶催化，将还原态的黄素单核苷酸及长链脂肪醛氧化为黄素单核苷酸及长链脂肪酸，同时会释放出最大发光波长在 $475\sim490nm$ 左右的蓝绿光。细菌代谢正常时，发光细菌的发光强度稳定，并可维持较长时间。当外界环境影响到发光细菌代谢时，发光强度会改变，其发光强度随着毒物浓度的增加而减弱。因此，可通过检测水样中发光细菌的相对发光度来指示水环境中有毒物质的急性毒性。水质的急性毒性水平通常用 EC_{50} 值来表征，

EC_{50} 值是指当毒性物质对发光细菌作用后，发光强度下降为对照组50％时的毒性物质浓度。

在检测生物毒性的方法中，发光细菌检测法具有灵敏、可靠、简便、快速的特点，从而被广泛应用于评价水体、土壤、化学物质和沉积物的毒性。

本实验通过测定发光细菌在不同浓度苯酚溶液中的发光强度来确定其急性毒性。本实验中采用的发光细菌为淡水型的非致病性青海弧菌，在使用过程中不会引起二次污染。

三、实验器材

1. 仪器和器具

生物发光光度计、旋涡混合器、移液器、电子天平、试管、50mL 容量瓶、100mL 容量瓶。

2. 试剂

0.8％的无菌 NaCl 溶液（用作复苏液）、10％乳糖溶液、分析纯苯酚。

3. 菌种

发光细菌（淡水型的非致病性青海弧菌）冻干粉剂。

四、实验步骤

1. 发光细菌冻干粉的复苏

取 1 支发光细菌冻干粉剂瓶（内含 1g 发光细菌冻干粉），加入 1mL 复苏液（0.8％的无菌 NaCl 溶液），在室温（15～25℃）下置于旋涡混合器上进行充分混合、融化，使发光细菌得到复苏。复苏平衡 15min 后在暗室中观察是否有蓝绿色荧光；如果没有发出蓝绿色荧光，需要换一支发光细菌冻干粉剂瓶重新进行复苏。

2. 苯酚溶液的配制

称取 100mg 的苯酚溶解于 100mL 的 10％乳糖溶液中，配制成浓度为 1000mg/L 的苯酚母液。

取八个 50mL 的容量瓶，用移液器分别向其中加 1.0mL、2.0mL、3.0mL、4.0mL、6.0mL、8.0mL、10.0mL、12.0mL 苯酚母液，然后以 10％乳糖溶液定容至 50mL。立即进行发光测定。

3. 发光强度测定

将每个浓度的苯酚溶液设立 3 个平行样，分别取 0.9mL 加入测量杯中，同时以 10％乳糖溶液作为空白对照。逐个分别加入 $100\mu L$ 复苏后的发光细菌悬液，轻轻振荡，使发光细菌悬液和苯酚溶液充分混匀，室温放置 15min。然后采用生物发光光度计检测其发光强度。样品发光强度与对照发光强度的比值为样品的相对发光强度。

五、注意事项

① 测定发光强度时，不能以蒸馏水作为空白对照，而是以 10％乳糖溶液作为空白对照。

② 整个操作过程应在室温（15～25℃）下进行，同一批样本在测定时要求温度波动范围不超过±5℃。所有测试用到的器皿和试剂、溶液在测量前1h，都需要置于相应的温度下达到平衡状态。

③ 使用生物发光光度计时，不能在有可能产生电波干扰、灰尘、有酸性挥发性气体的场所使用，并要避免强光直接照射。

④ 实验前需要判断发光细菌是否符合测试要求。

六、实验结果

1. 不同浓度苯酚溶液中细菌的发光强度

将实验结果填入表10-12。

表 10-12　不同浓度苯酚溶液中细菌的发光强度

苯酚母液体积/mL	空白	1.0	2.0	3.0	4.0	6.0	8.0	10.0	12.0
苯酚浓度/(mg/L)									
发光强度									

2. 计算相对发光率、抑制光率和 EC_{50} 值

① 相对发光率(L)＝样品管发光量强度/对照管发光量强度×100％；

② 抑制光率(％)＝(对照管发光量强度－样品管发光量强度)/对照管发光量强度×100％；

③ 计算样品对应相对发光率减少50％时的物质浓度(EC_{50})。

七、思考题

① 发光细菌毒性检测法主要可应用在哪些方面？

② EC_{50} 值和水质急性毒性水平有何关系？

③ 发光细菌毒性检测过程中，温度、体系 pH 对发光细菌的发光特性是否有影响，如何影响？

实验十二　酵母细胞固定化实验

一、实验目的

① 了解细胞固定化的原理和意义。

② 能够制备固定化酵母细胞。

③ 学习用固定化酵母进行乙醇发酵。

二、实验原理

细胞固定化是利用物理或化学方法将细胞固定在一定空间的技术，包括包埋法、化学结合法和物理吸附法等固定化方法，使其能够作为固体生物催化剂。通常采用包埋法固定。

常用的包埋载体有明胶、琼脂糖、海藻酸钠、醋酸纤维和聚丙烯酰胺等。本实验选用海藻酸钠作为载体进行包埋啤酒酵母细胞。

三、实验器材

1. 仪器与器具

水浴锅、高压蒸汽灭菌器、电子天平、20mL 无菌注射器、无菌小烧杯（50mL、100mL、200mL）、试管、锥形瓶、培养皿、玻璃棒、酒精灯或本生灯、电炉或电热板、烧瓶、冷凝管。

2. 菌种

啤酒酵母斜面菌种或啤酒酵母粉。

3. 培养基

无菌酵母浸出粉胨葡萄糖培养基（YPD）、麦芽汁培养基。

4. 试剂

海藻酸钠、无水氯化钙、葡萄糖、无菌蒸馏水。

$CaCl_2$ 溶液：称取 0.83g 无水氯化钙，加入 150mL 蒸馏水中，溶解，灭菌（121℃，20min），备用。

10%葡萄糖溶液：称取 15g 葡萄糖溶于 150mL 水中，灭菌（115℃，15min），备用。

四、实验步骤

1. 酵母菌种子培养液制备

用无菌接种环挑取一环新鲜啤酒酵母斜面菌种，加入装有 10mL 无菌 YPD 液体培养基的试管中，置于 25℃恒温振荡培养箱中培养 24～30h。

或：取 1g 啤酒酵母粉加入 10mL 无菌蒸馏水，搅拌混合均匀成糊状，放置 1h 使其活化。

2. 海藻酸钠凝胶固定化啤酒酵母

① 溶化海藻酸钠：称取 0.7g 海藻酸钠置于一无菌 50mL 烧杯中，加少量无菌蒸馏水调成糊状，再加入少量无菌蒸馏水加热溶化，两次加入的无菌蒸馏水量一共为 10mL。灭菌（121℃，20min）。

② 海藻酸钠溶液与酵母细胞混合：经灭菌的海藻酸钠冷却至 35℃后，加入预热至 35℃左右的酵母菌种子培养液，混合均匀。

③ 固定化酵母细胞：用 20mL 无菌注射器吸取海藻酸钠与酵母细胞的混合液，在一定

的高度（一般距液面 12～15cm 处，距离过低时凝胶珠会呈不规则形状，距离过高则容易使液体发生飞溅），缓慢将混合液滴加到经灭菌的 $CaCl_2$ 溶液中，观察液滴在 $CaCl_2$ 溶液中形成凝胶珠的情形。将凝胶珠在 $CaCl_2$ 溶液中浸泡 30min 左右使其充分固定。然后将凝胶珠转移到无菌的 500mL 锥形瓶中，并用无菌蒸馏水洗涤 3 次。

④ 凝胶珠的质量检查：取凝胶珠进行挤压，如果不容易破裂，并且没有液体流出，说明凝胶珠制作成功；在实验桌上用力摔打凝胶珠，如果凝胶珠很容易弹起，也能表明制备的凝胶珠是成功的。如果制作的凝胶珠颜色过浅，呈白色，说明其中的海藻酸钠浓度偏低，而固定的酵母细胞数目较少；如果形成的凝胶珠不呈圆形或椭圆形，则说明其中海藻酸钠的浓度偏高。

3. 固定化酵母细胞发酵

将固定好的凝胶珠加入装有 100mL 无菌麦芽汁培养基的锥形瓶中，密封锥形瓶，置于 25℃发酵 24h，观察结果。

同时取 10mL 未经固定化的酵母种子液加入装有 100mL 无菌麦芽汁培养基的锥形瓶中，密封锥形瓶，置于 25℃发酵 24h，观察结果。

实验一开始时，凝胶球沉在锥形瓶底部。24h 后，凝胶球浮在溶液上层，而且可以观察到凝胶球不断产生气泡，说明固定化的酵母细胞正在利用培养基中的葡萄糖进行发酵，凝胶球内产生的二氧化碳气泡使凝胶球悬浮于溶液上层。

结果观察：打开瓶盖，闻气味，观察培养液的变化。

五、注意事项

① 配制海藻酸钠溶液的浓度要适宜，如果浓度太高，比较难以形成凝胶珠；如果浓度太低，则形成的凝胶珠中所包埋的酵母细胞数目过少，影响固定化的效果。

② 配制海藻酸钠溶液时，宜采用小火加热，或间断的加热方式，而不能用大火进行快速加热。

③ 海藻酸钠与酵母细胞进行混合时，必须要等海藻酸钠溶液冷却到 35℃时才能与酵母细胞进行混合。

六、实验结果

将实验结果填入表 10-13 中。

表 10-13　海藻酸钠固定化酵母菌结果

固定化细胞	凝胶珠（绘图描述）	固定化酵母细胞发酵情况
海藻酸钠固定化酵母菌		

七、思考题

① 酵母细胞活化的目的是什么？

② 为什么凝胶珠刚制备好时需要在 $CaCl_2$ 溶液中浸泡一定时间？

③ 分析可能导致酵母细胞包埋效果不理想的原因。

④ 如何判断海藻酸钠固定化酵母细胞是否制备成功？

⑤ 利用固定化细胞进行工业生产过程中，是否需要无菌操作？

⑥ 灭菌的海藻酸钠与酵母细胞进行混合时，海藻酸钠的温度为什么不能过高而需经冷却？

实验十三　自生固氮菌的分离

一、实验目的

① 掌握自生固氮菌分离的原理。

② 学习用选择性培养基分离自生固氮菌。

二、实验原理

土壤中微生物数量很多，在肥沃的土壤中存在不少固氮菌。固氮菌分为自生固氮菌和共生固氮菌两类。分离自生固氮菌的培养基中不能含有氮源，常用阿什比无氮培养基。阿什比无氮培养基是一种选择培养基，控制在适宜的环境条件下，可以使自生固氮菌大量繁殖，然后通过平板划线法进行分离纯化，使其在固体培养基上形成单菌落。

在制备阿什比无氮培养基时，要严格控制培养基的成分，所用的琼脂也要提前用蒸馏水浸泡洗涤数次，以防带入含氮化合物，并且需要严格控制自生固氮菌的培养时间，如果培养时间太长，在无氮培养基上生长的固氮菌会向培养基中分泌含氮化合物，结果在固氮菌菌落周围会生长出一些微嗜氮菌。

三、实验器材

1. 仪器及器具

恒温培养箱、普通光学显微镜、高压蒸汽灭菌器、冰箱、电子天平、无菌试管、无菌培养皿、无菌移液器、无菌镊子、剪刀、接种针、酒精灯或本生灯。量筒、无菌吸管、pH 试纸、电炉或电热板、擦镜纸、载玻片、盖玻片。

2. 培养基及其成分

无菌阿什比无氮固体培养基、无菌阿什比无氮液体培养基、无菌生理盐水、无菌蒸馏水。

阿什比无氮液体培养基配方：甘露醇，10g；KH_2PO_4，0.2g；$MgSO_4 \cdot 7H_2O$，0.2g；NaCl，0.2g；$CaSO_4 \cdot 2H_2O$，0.2g；$CaCO_3$，5g；蒸馏水，1000mL；pH 为 7.2～7.4。115℃灭菌 20min，备用。

当制备阿什比无氮固体培养基时，向阿什比无氮液体培养基中加 2‰琼脂（琼脂需提前用蒸馏水浸泡洗涤数次）。

3. 菌源

肥沃的菜园土壤。

四、实验步骤

提前制备阿什比无氮液体培养基和阿什比无氮固体培养基，灭菌（115℃，20min），备用。

（一）液体培养分离法

1. 选择培养

称取 5g 土壤，加入经灭菌后冷却至室温的 45mL 阿什比无氮液体培养基中，混匀，置于 28℃恒温振荡培养箱中振荡培养 3～4d 后，培养液变得浑浊。

2. 稀释液制备

取 1mL 上述浑浊的培养液，加入装有 9mL 无菌生理盐水的试管中，混匀，相当于把培养液稀释了 10 倍，记为 10^{-1}；然后取 1mL 的 10^{-1} 稀释液加入另一支装有 9mL 无菌生理盐水的试管中，混匀，记为 10^{-2}；以此类推，进行 10^{-3}～10^{-7} 系列稀释。

3. 平板制作

将灭菌的阿什比无氮固体培养基从高压蒸汽灭菌器取出，或将灭菌后放冰箱冷藏保存的培养基取出加热熔化。等温度降到 50℃左右后放在恒温水浴锅上保温，备用。

取 13 套无菌培养皿进行编号标记：1 套为空白对照；10^{-4}、10^{-5}、10^{-6}、10^{-7} 各 3 套。

将温度为 50℃左右的阿什比无氮固体培养基，分别倒入 13 套无菌培养皿（每个培养皿加约 10～15mL，以铺满培养皿底为限），置于水平位置，冷凝后即成平板。

4. 涂布平板

在无菌操作条件下，分别从 10^{-4}、10^{-5}、10^{-6}、10^{-7} 稀释液中取 0.1mL 加到相应编号平板上，立即用无菌涂布棒涂布均匀。空白对照平板加入 0.1mL 无菌蒸馏水进行涂布。

5. 培养

刚涂布好的平板不宜倒置，先正置一段时间后再倒置于 28℃恒温培养箱内培养 3～7d。每隔一定时间观察是否长出菌落。对长出的菌落进行标号记录。

（二）平板划线分离纯化

1. 制作平板

将灭菌后温度降为 50℃左右的阿什比固体培养基倒入无菌培养皿，制作多个平板。进行标记。

2. 平板划线纯化分离

分别用无菌接种环挑取上述实验中培养出的菌落，在冷凝平板上划线，倒置于 28℃恒温培养箱内培养 3~7d。

3. 培养

对上述平板上出现的单菌落，按无菌操作分别接种于斜面培养基试管中，置于 28℃恒温培养箱内培养 4d。

4. 镜检

对上述各斜面上长出的菌株进行涂片、染色、镜检。如果是粗短杆状或球状的单一形态的菌体细胞，常呈单个或"8"字排列，在细胞表面有较厚的荚膜者为自生固氮菌。如有杂菌，需要进一步平板划线进行纯化分离。

将得到的纯化菌株，移接到新鲜无菌阿什比培养基斜面试管中，置于 28℃恒温培养箱内培养后，可冷冻保藏，备用。

五、注意事项

① 在微生物分离纯化的每一步操作环节，都要严格无菌操作。
② 平板划线时，划线部位不可重叠；划线时，每次都要将接种环上多余菌体烧掉。
③ 尽量采取富含固氮菌的土壤作菌源进行分离，例如种过大豆的土壤。

六、实验结果

将实验结果记录于表 10-14。

表 10-14　液体培养法分离纯化得到的自生固氮菌

培养方法	菌落 1(绘图描述)	菌落 2(绘图描述)	菌落 3(绘图描述)
液体培养法			

七、思考题

① 分析阿什比无氮培养基的成分，说明其适用于分离自生固氮菌的原因。
② 平板划线时，划线部位为什么不能重叠？
③ 如何从土壤中分离得到你所需要的纯培养微生物？应该注意哪些问题？

附　录

附录 1　常用培养基配方

1. 牛肉膏蛋白胨琼脂培养基

成分：牛肉膏，5.0g；蛋白胨，10.0g；NaCl，5.0g；pH，7.0～7.2；琼脂，15～20g；蒸馏水，1000mL。

牛肉膏蛋白胨半固体培养基：琼脂，3～5g，其他成分同上。

牛肉膏蛋白胨液体培养基：牛肉膏，5.0g；蛋白胨，10.0g；NaCl，5.0g；蒸馏水，1000mL；pH，7.0～7.2。

灭菌条件：121℃，15～20min。

2. 马铃薯培养基（简称 PDA）

成分：去皮马铃薯，200.0g；蔗糖，20.0g；琼脂，15～20g；蒸馏水，1000mL；自然 pH。

去皮马铃薯切成小块，加水煮沸 30min（注意搅拌、火力的控制）；然后用纱布过滤，向滤液中加蔗糖和琼脂，溶解后补充水至 1000mL，分装入锥形瓶中，加塞，包扎，高温蒸汽灭菌。

灭菌条件：115℃，20～30min 或 121℃，15～20min。

3. 麦芽汁培养基

成分：麦芽膏粉，130.0g；琼脂，15g；氯霉素，0.1g；蒸馏水，1000mL；pH，6.0。

灭菌条件：115℃，15～20min。

4. 牛肉膏蛋白胨淀粉琼脂培养基

成分：牛肉膏，3.0g；蛋白胨，10.0g；NaCl，5.0g；琼脂，15～20g；淀粉，2.0g；蒸馏水，1000mL；pH，7.4～7.8。

灭菌条件：121℃，15～20min。

5. 无氮培养基

成分：甘露醇（或蔗糖、葡萄糖），10g；KH_2PO_4，0.2g；$MgSO_4 \cdot 7H_2O$，0.2g；NaCl，0.2g；$CaSO_4 \cdot 2H_2O$，0.2g；$CaCO_3$，5.0g；水洗琼脂，20g；蒸馏水，1000mL；pH，7.2～7.4。

灭菌条件：115℃，15～20min。

6. 分离扩增噬菌体的培养基

上层培养基成分：蛋白胨，10.0g；牛肉膏，5.0g；酵母浸膏，3.0g；葡萄糖，1.0g；琼脂，6g；蒸馏水，1000mL；pH，7.2。

下层培养基成分：蛋白胨，10.0g；牛肉膏，5.0g；酵母浸膏，3.0g；葡萄糖，1.0g；琼脂，15～20g；蒸馏水，1000mL；pH，7.2。

灭菌条件：115℃，20～30min。

7. 发光细菌培养基

成分：胰蛋白胨，5.0g；酵母浸膏，5.0g；甘油，3.0g；KH_2PO_4，1.0g；NaH_2PO_4，5.0g；NaCl，3.0g；琼脂，15.0～20.0g；蒸馏水，1000mL；pH，6.5。

灭菌条件：115℃，20～30min。

8. 乳糖胆盐发酵培养基

成分：乳糖，5.0g；牛胆盐，3.0g；蛋白胨，10.0g；牛肉膏，3.0g；NaCl，5.0g；质量浓度为16g/L的溴甲酚紫溶液，1mL；蒸馏水，1000mL；pH为7.2～7.4。

灭菌条件：121℃，15～20min。

9. LB培养基

成分：胰蛋白胨，10.0g；NaCl，5.0g；酵母膏，10.0g；蒸馏水，1000mL；pH，7.2。

灭菌条件：121℃，15～20min。

10. 伊红美蓝琼脂培养基

成分：乳糖，10.0g；蛋白胨，10.0g；磷酸氢二钾，2.0g；质量浓度为20g/L的伊红水溶液，20mL；琼脂，18g；蒸馏水，1000mL；pH为7.2；质量浓度为6.5g/L的美蓝溶液，10mL。

灭菌条件：115℃，20min。

11. 酵母浸出粉胨葡萄糖培养基（简称YPD）

成分：酵母膏，10g；蛋白胨，20g；葡萄糖，20g；蒸馏水，1000mL；自然pH。

配制：溶解10g酵母膏和20g蛋白胨于900mL蒸馏水中，于115℃灭菌15～20min；溶解20g葡萄糖于100mL蒸馏水中，于115℃灭菌15～20min。葡萄糖、酵母膏和蛋白胨溶液混合后在高温下可能会发生化学反应，导致培养基成分发生变化，所以需要分别灭菌降温后再混合。

灭菌条件：115℃，15～20min。

12. 蛋白胨水培养基

成分：蛋白胨，10.0g；NaCl，5.0g；蒸馏水，1000mL；pH，7.6。

灭菌条件：121℃，15～20min。

13. 糖发酵培养基

① 蛋白胨水培养基，1000mL；质量浓度为 16g/L 的溴甲酚紫溶液，1～2mL；pH，7.6。

② 配制质量浓度为 20g/L 的糖溶液（葡萄糖、乳糖、蔗糖等），分装试管，每支试管10mL糖溶液。灭菌条件：112℃，30min。

③ 将①中加了指示剂的蛋白胨水培养基分装于试管中，每支试管中放一支倒置的杜氏小管，杜氏小管中充满培养液而且不能有气泡。灭菌条件：121℃，20min。

④ 灭菌后，向每支加了指示剂蛋白胨水培养基的试管中加入 0.5mL 糖溶液。

14. 丁酸菌培养基

成分：牛肉膏，5.0g；蛋白胨，10.0g；NaCl，0.5g；葡萄糖，30.0g；$(NH_4)_2SO_4$，1.0g；$FeSO_4 \cdot 7H_2O$，0.1g；$MgSO_4 \cdot 7H_2O$，0.3g；$CaCO_3$，30.0g；蒸馏水，1000mL；自然 pH。

如配制固体培养基时，可在上述培养液内加入 2.0％琼脂。

灭菌条件：115℃，20min。

15. EC 培养液（用于粪大肠菌群、大肠杆菌的测定）

成分：胰蛋白胨，20.0g；乳糖，5.0g；胆盐混合物或 3 号胆盐，1.5g；磷酸氢二钾（$K_2HPO_4 \cdot 3H_2O$），4.0g；磷酸二氢钾（KH_2PO_4），1.5g；NaCl，5.0g；蒸馏水，1000mL。

灭菌条件：115℃，20min。

附录2　常用染色液的配制

1. 抗酸染色液

（1）吕氏碱性亚甲基蓝染色液

成分：溶液 A 为亚甲基蓝，0.3g；95％乙醇，30mL。溶液 B 为 KOH，0.01g；蒸馏水，100mL。

制法：将 0.3g 亚甲基蓝溶解于 30mL 的 95％乙醇中，配制成溶液 A。将 0.01g 的KOH 溶解于 100mL 蒸馏水，配制成溶液 B。然后将溶液 A 和溶液 B 混合均匀，可长期保存。根据需要可配制成稀释亚甲基蓝染色液，按 1∶10 或 1∶100 稀释均可。

（2）石炭酸品红染色液

成分：溶液 A 为碱性品红，0.3g；95％乙醇，10mL。溶液 B 为石炭酸，5.0g；蒸馏水，95mL。

制法：将 0.3g 碱性品红在研钵中研细，逐渐加入 95％乙醇，继续研磨使其溶解，配制成溶液 A。将 5.0g 石炭酸溶解于 95mL 蒸馏水中，配制成溶液 B。然后将溶液 A 和溶液 B 混合均匀即成石炭酸品红染色液。使用时可将其稀释 5～10 倍，但稀释液容易变质失效，一次不宜多配。

2. 革兰氏染色液

（1）草酸铵结晶紫染色液

成分：溶液 A 为结晶紫，2.0g；95％乙醇，20mL。溶液 B 为草酸铵，0.8g；蒸馏水，80mL。

制法：将 2.0g 结晶紫在研钵中研细，逐渐加入 95％乙醇，继续研磨使其溶解，配制成溶液 A。将 0.8g 草酸铵溶解于 80mL 蒸馏水，配制成溶液 B。然后将溶液 A 和溶液 B 混合均匀，静置 24～48h，过滤，备用，避光保存于棕色瓶中。草酸铵结晶紫染色液不宜保存太久，当染色液中有沉淀后不能继续使用，需重新配制。

（2）革兰氏碘液

成分：碘片，1.0g；碘化钾，2.0g；蒸馏水 300mL。

制法：先将 2.0g 碘化钾溶解于少量蒸馏水中，再将 1.0g 碘片溶解于碘化钾溶液中，然后加足蒸馏水即可。配制成的革兰氏碘液，需避光保存在棕色瓶内备用，当革兰氏碘液变为浅黄色时不能继续使用，需要重新配制。

（3）脱色液

95％乙醇溶液，或丙酮-乙醇溶液（95％乙醇，70mL；丙酮，30mL）。

（4）0.5％番红染色液

成分：番红，2.5g；95％乙醇，100mL；蒸馏水，80mL。

制法：将 2.5g 番红溶解于 100mL 的 95％乙醇中，为 2.5％番红乙醇母液，避光保存于棕色瓶中。使用时需稀释：取 20mL 的番红乙醇母液与 80mL 蒸馏水混合，即成 0.5％番红染色液。避光保存于棕色瓶中。

3. 芽孢染色液

（1）孔雀绿染色液

成分：孔雀绿，7.6g；蒸馏水，100mL。

制法：将 7.6g 孔雀绿在研钵中研细，加入少许 95％乙醇将其溶解，然后加蒸馏水至 100mL。过滤后备用。

（2）芽孢复染液（0.5％番红染色液）

成分：番红，2.5g；95％乙醇，100mL；蒸馏水，80mL。

制法：将 2.5g 番红溶解于 100mL 的 95％乙醇中。取 20mL 的番红乙醇溶液与 80mL 蒸馏水混合即成 0.5％番红染色液。避光保存于棕色瓶中。

（3）苯酚品红染色液

成分：碱性品红，3g；5％苯酚，90mL；70％酒精，100mL；冰醋酸，6mL；38％的甲醛，6mL；45％醋酸，90mL；山梨醇，1.5g。

制法：原液 A，取 3g 碱性品红溶于 100mL 70％酒精中，此液可以长期保存。原液 B，取 A 液 10mL 加入 90mL 5％苯酚水溶液中（2 周内使用）。原液 C，取 B 液 55mL 加入 6mL 的冰醋酸和 6mL 38％的甲醛。

染色液：取 C 液 10～20mL，加入 90mL 45％醋酸和 1.5g 山梨醇。放置 2 周后使用。

4. 荚膜染色液

（1）黑色素水溶液

成分：水溶性黑色素，10.0g；蒸馏水，100mL；福尔马林（40％甲醛），0.5mL。

制法：先将 10.0g 黑色素加入蒸馏水中煮沸 5min，然后加入 0.5mL 福尔马林，过滤后备用。

（2）墨汁染色液

成分：绘图墨汁，40mL；甘油，2mL；5％石炭酸，2mL。

制法：将墨汁用多层纱布过滤，向滤液中加 2mL 甘油，混合后水浴加热，再加 2mL 的 5％石炭酸搅匀，冷却后备用，避光保存。

5. 鞭毛染色液

鞭毛染色液 A 液：丹宁酸 5.0g，$FeCl_3$ 1.5g，15％甲醛（福尔马林）2.0mL，1％ NaOH 1.0mL，蒸馏水 100mL。

鞭毛染色液 B 液：$AgNO_3$ 2.0g，蒸馏水 100mL。

6. 乳酸石炭酸棉蓝染色液

成分：石炭酸，10.0g；蒸馏水，10mL；乳酸（相对密度为 1.21），10mL；甘油，20mL；棉蓝，0.02g。

制法：先将 10.0g 石炭酸加入 10mL 的蒸馏水中并加热溶解，然后加入 10mL 乳酸和 20mL 甘油，最后加入 0.02g 棉蓝，混合，溶解后即成。冷却后使用。每次使用后拧紧瓶盖，以免挥发或变质。

7. 聚 β-羟基丁酸染色液

（1）苏丹黑染色液

成分：苏丹黑，0.3g；70％乙醇，100mL。

制法：将 0.3g 苏丹黑加入 100mL70％的乙醇，用力振荡，静置过夜备用。使用之前需要过滤。

（2）退色剂

二甲苯。

（3）复染液

成分：番红，0.5g；蒸馏水，100mL。

制法：将 0.5g 的番红溶解于 100mL 蒸馏水中，混匀。

8. 异染粒染色液

（1）溶液 A

成分：甲苯胺蓝，0.15g；95％乙醇，2mL；冰醋酸，1mL；孔雀绿，0.2g；蒸馏水，100mL。

制法：先将 0.15g 的甲苯胺蓝和 0.2g 的孔雀绿溶于 2mL 的 95％乙醇中制成染料液，

再把冰醋酸和蒸馏水混合，并把混合液加入染料液中混匀，放置24h，备用。

（2）溶液 B

成分：碘，2.0g；碘化钾，3.0g；蒸馏水，300mL。

制法：先将3.0g碘化钾溶解于少量蒸馏水中，再将2.0g碘溶解于碘化钾溶液中，然后加足蒸馏水即可。避光保存在棕色瓶内，备用。

先用 A 液染色1min，倾去 A 液后，用 B 液冲去 A 液，并染1min。异染粒呈黑色，其他部分为暗绿或浅绿色。

9. 富尔根氏核染色液

（1）席夫试剂

成分：碱性品红，1.0g；1mol/L HCl，20mL；$Na_2S_2O_5$，3.0g；蒸馏水，200mL。

制法：将1.0g碱性品红加入煮沸的200mL蒸馏水中，振荡5min；冷却至50℃左右，过滤，然后向滤液中加入20mL的1mol/L HCl，摇匀。等冷却至室温时，向其中加入3.0g的$Na_2S_2O_5$，摇匀后装在棕色瓶中，并用黑纸包好棕色瓶并放置于暗处过夜。此时的试剂应该为淡黄色，如果为粉红色时则不能用，需要重新配制。过夜后再加中性活性炭，在避光条件下进行过滤，将滤液振荡1min后再次过滤，将滤液置于冷暗处备用。

注意：整个过程中使用的所有器皿必须十分洁净、干燥，以消除器皿上面还原性物质的影响。

（2）Schandiun 固定液

成分：饱和氯化汞溶液，50mL；95%乙醇，25mL；冰醋酸，1mL。

制法：向50mL饱和氯化汞溶液中加入25mL的95%乙醇，混合均匀。取9mL混合液，向其中加入1mL的冰醋酸，混合后加热至60℃。

（3）亚硫酸水溶液

成分：10%偏重亚硫酸钠水溶液，5mL；1mol/L HCl，5mL；蒸馏水，100mL。

制法：取5mL的10%偏重亚硫酸钠水溶液，向其中加入5mL的1mol/L HCl；然后再加100mL蒸馏水混合均匀。

参 考 文 献

[1] 王大耜. 细菌分类基础 [M]. 北京：科学出版社，1977.

[2] 周群英，王士芬. 环境工程微生物学 [M]. 4版. 北京：高等教育出版社，2015.

[3] 王国惠. 环境工程微生物学：污染生物控制原理 [M]. 2版. 北京：科学出版社，2020.

[4] Prescott L M. Microbiology [M]. 5版. 北京：高等教育出版社，2002.

[5] 崔艳华. 高等微生物学 [M]. 哈尔滨：哈尔滨工业大学出版社，2015.

[6] 任南琪，马放，杨基先. 污染控制微生物学 [M]. 4版. 哈尔滨：哈尔滨工业大学出版社，2011.

[7] 李丹丹，孙中文. 微生物学基础 [M]. 2版. 北京：中国医药科技出版社，2013.

[8] 万洪善. 微生物应用技术 [M]. 2版. 北京：化学工业出版社，2018.

[9] 王国惠. 环境工程微生物学 [M]. 北京：科学出版社，2011.

[10] 李建政. 环境工程微生物学 [M]. 北京：化学工业出版社，2004.

[11] 郑平，冯孝善. 废物生物处理 [M]. 北京：高等教育出版社，2006.

[12] 郑平. 环境微生物学教程 [M]. 北京：高等教育出版社，2010.

[13] 袁林江. 环境工程微生物学 [M]. 北京：化学工业出版社，2011.

[14] 张小凡. 环境微生物学 [M]. 上海：上海交通大学出版社，2013.

[15] 殷士学. 环境微生物学 [M]. 北京：机械工业出版社，2006.

[16] 陈剑虹. 环境工程微生物学 [M]. 武汉：武汉理工大学出版社，2003.

[17] 李明春，刁虎欣. 微生物学原理与应用 [M]. 北京：科学出版社，2018.

[18] 王伟东，洪坚平. 微生物学 [M]. 北京：中国农业大学出版社，2015.

[19] 周德庆. 微生物学教程 [M]. 3版. 北京：高等教育出版社，2011.

[20] 乐毅全，王士芬. 环境微生物学 [M]. 2版. 北京：化学工业出版社，2011.

[21] 沈萍，陈向东. 微生物学 [M]. 8版. 北京：高等教育出版社，2016.

[22] 丁林贤，盛贻林，陈建荣. 环境微生物学实验 [M]. 北京：科学出版社，2016.

[23] 孔繁翔. 环境生物学 [M]. 北京：高等教育出版社，2000.

[24] 常学秀，张汉波，袁嘉丽. 环境微生物学 [M]. 北京：高等教育出版社，2006.

[25] 顾夏声，胡洪营，文湘华，等. 水处理生物学 [M]. 6版. 北京：中国建筑工业出版社，2018.

[26] 李军，杨秀山，彭永臻. 微生物与水处理过程 [M]. 北京：化学工业出版社，2002.

[27] R. E. 斯皮思. 工业废水的厌氧生物技术 [M]. 李亚新，译. 北京：中国建筑工业出版社，2001.

[28] 王国惠. 环境工程微生物学：原理与应用 [M]. 3版. 北京：化学工业出版社，2015.

[29] 陈淑范. 食品微生物检测技术 [M]. 北京：中国环境出版社，2014.

[30] 边才苗. 环境工程微生物学实验 [M]. 杭州：浙江大学出版社，2019.

[31] 陈兴都，刘永军. 环境微生物学实验技术 [M]. 北京：中国建筑工业出版社，2018.

[32] 龙建友，阎佳. 环境工程微生物实验教程 [M]. 北京：北京理工大学出版社，2019.

[33] 苑宝玲，李云琴. 环境工程微生物学实验 [M]. 北京：化学工业出版社，2006.

[34] 王英明，徐德强. 环境微生物学实验教程 [M]. 北京：高等教育出版社，2019.

[35] 徐德强，王英明，周德庆. 微生物学实验教程 [M]. 4版. 北京：高等教育出版社，2019.

[36] 王家玲. 环境微生物学 [M]. 2版. 北京：高等教育出版社，2004.